Vladimir Hubka

Theorie der Konstruktionsprozesse

Analyse der Konstruktionstätigkeit

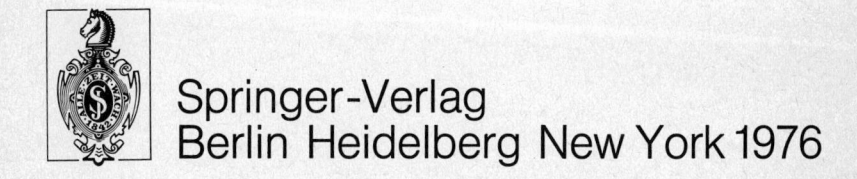

Springer-Verlag
Berlin Heidelberg New York 1976

Dipl.-Ing. VLADIMIR HUBKA
Institut für Grundlagen der Maschinenkonstruktion
der Eidgen. Technischen Hochschule Zürich

Mit 71 Abbildungen

ISBN 3-540-07767-7 Springer-Verlag Berlin Heidelberg New York
ISBN 0-387-07767-7 Springer-Verlag New York Heidelberg Berlin

Library of Congress Cataloging in Publication Data
Hubka, Vladimir
Theorie der Konstruktionsprozesse (Hochschultext)
Bibliography: p. Includes index.
1. Engineering. 2. Engineering design. I. Title.
TA145.H8   620   76-18260

Das Werk ist urheberrechtlich geschützt. Die dadurch begründeten Rechte, insbesondere die der Übersetzung, des Nachdruckes, der Entnahme von Abbildungen, der Funksendung, der Wiedergabe auf photomechanischem oder ähnlichem Wege und der Speicherung in Datenverarbeitungsanlagen bleiben, auch bei nur auszugsweiser Verwertung, vorbehalten.
Bei Vervielfältigungen für gewerbliche Zwecke ist gemäß § 54 UrhG eine Vergütung an den Verlag zu zahlen, deren Höhe mit dem Verlag zu vereinbaren ist.
© by Springer-Verlag, Berlin/Heidelberg 1976.
Printed in Germany

Die Wiedergabe von Gebrauchsnamen, Handelsnamen, Warenbezeichnungen usw. in diesem Buche berechtigt auch ohne besondere Kennzeichnung nicht zur Annahme, daß solche Namen im Sinne der Warenzeichen- und Markenschutz-Gesetzgebung als frei zu betrachten wären und daher von jedermann benutzt werden dürften.
Offsetdruck: fotokop wilhelm weihert kg, Darmstadt · Einband: Konrad Triltsch, Würzburg

Vorwort

Nach der positiven Aufnahme der "Theorie der Maschinensysteme" wird hiermit der zweite Teil einer wissenschaftlichen Konstruktionslehre vorgelegt. Die "Theorie des Konstruktionsprozesses" integriert die vielfältigen Erkenntnisse über das Konstruieren und kann somit als Schwerpunkt der Konstruktionswissenschaft angesehen werden. Dabei sind die Beziehungen zu andern Bereichen, namentlich zu "Theorie der Maschinensysteme" und zu Fachinformationen von großer Bedeutung. Eine ausführliche Darlegung dieser Auffassung von der Konstruktionswissenschaft findet der interessierte Leser in [38].

Das vorliegende Buch bringt eine neue Konzeption der Struktur und Grenzen des Gebietes, wobei viele Elemente dem erfahrenen Konstrukteur bekannt vorkommen werden; denn wenn er diese nicht explizit irgendwo gelernt hat, so hat er gewisse Erkenntnisse intuitiv aus der Erfahrung erworben.

Bei der Ausarbeitung wurden mehrere Zielsetzungen verfolgt:
- eine ganzheitliche Orientierung, die möglichst vollständige und homogene Informationen auf dem abgesteckten Gebiet des Konstruktionsprozesses beinhaltet;
- die Beziehungen zwischen einzelnen Teilgebieten und ihren Einflußfaktoren stark ins Bewußtsein zu bringen, und dadurch die einzelnen Kategorien der Konstruktionswissenschaft in einem neuen Lichte zu zeigen;
- intuitive, "selbstverständliche" Kenntnisse explizit und im entsprechenden Zusammenhang zu behandeln;
- zu einer klaren und eindeutigen Formulierung wichtiger Kategorien des Gebietes beizutragen.

Die Strukturierung des Stoffes ist neu. Die hier benutzte Einteilung nach Einflußfaktoren des Konstruktionsprozesses bietet die Möglichkeit, die Beziehungen dieser Teilgebiete systematisch zu erleuchten und relativ abgeschlossene Wissensgebiete aufzubauen.

Die Verbindung aller Teilgebiete durch einen Prozeß - also durch ein dynamisches System - hat sowohl die Rolle des formalen Rahmens wie auch die des erkenntnistheoretischen Konzeptes.

Die Auswahl des Inhaltes der einzelnen strukturellen Elemente wurde durch den Adressaten - also den Studenten - und den praktizierenden Konstrukteur sowie durch den Stoff selbst beeinflußt. So ließ es sich nicht vermeiden, daß die einzelnen Kapitel unterschiedlich ausgefallen sind. Sehr abstrakte Überlegungen z.B. im Rahmen der Ausführungen über die Konstruktionsmethodik, folgen praxisnahen Aufzählungen von technischen Mitteln. Sie spiegeln damit nur den Konstruktionsprozeß wieder, der aus heterogenen Phasen besteht.

Ein Hinweis für den Leser: Die Orientierung wird erleichtert, wenn man die Aussagen im Anhang 1 studiert, die vor dem Lesen des Buches als Gedankenkette und Definitionssammlung dienen können; nach dem Lesen rekapitulieren sie die wichtigsten Schlußfolgerungen.

Die erste Fassung des Buches entstand nach anregenden Diskussionen mit meinen tschechischen Freunden, denen der erste Dank gilt. Dies liegt bereits zehn Jahre zurück. Die vorliegende deutsche Fassung wurde durch freundliche Zusammenarbeit sehr gefördert. Die Unterstützung durch den Institutsvorstand Herrn Prof. Dr. H. Ott hat gute Voraussetzungen für das Gelingen des Vorhabens geschaffen. Den Herren Dipl.-Ing. J. Zbojnowicz und Dipl.-Ing. B. Buluschek danke ich für das Durchlesen des Manuskriptes oder Teilen davon. Fräulein H. Suter hat mit großer Bereitschaft alle Schreibarbeiten inkl. Reinschrift erledigt. Besondere Verdienste trägt mein Kollege Dipl.-Ing. M. M. Andreasen, Dozent an der DTH Lyngby; neben der Anfertigung der Abbildungen verdanke ich ihm viele wertvolle Hinweise zum Inhalt des Buches. Dem Springer Verlag sei für die gute Zusammenarbeit vor und während der Herstellungsarbeiten gedankt.

V. Hubka

Zürich, im Frühjahr 1976

Übersicht der benutzten Symbole

A	Arbeits...	N	Neben...
An	Antriebs...	No	Normiert, Genormt
ARVO	Arbeisvorbereitung		
Au	Aussehens...	O	Operation
		Od	Operand
Bd	Funktionsbedingte	Od^1	Operand im Zustand 1 (vorhanden)
Be	Betriebs...	Od^2	Operand im Zustand 2 (gewünscht)
Bg	Bedingung	Od_n	Operand n
Bw	Bewertung		
		Ot	Operator (Einflußfaktor)
Dar	Darstellung	Ou	Output, Ausgang
E	Element, Elementar	P	Prozeß
Ei	Eigenschaft	Pr	Problem
Ei^i	Ei im Zustand i	Pz	Prinzip
Ei_n	Eigenschaft n		
Erg	Ergonomisch	R	Relation, Beziehung
Fe	Fertigungs...	S	System
Fu	Funktion	SR	Steuerung, Regelung
Fu^i	Funktion mit i Bedingungen	Str	Struktur
Fu_n	Funktion n		
		T	Technisch
		Te	Teil...
		TKoP	Theorie des Konstruktionsprozesses
I	Information	TMS	Theorie der Maschinensysteme
I^I	Nicht fixierte Information	Tg	Technologie
I^{II}	Fixierte Information	Ty	Typisiert
I^{III}	Geordnete Information		
In	Input	Ur	Ursache
Ko	Konstrukteur, Konstruktions...	We	Wirtschaflich
Ks	Kosten	Wi	Wirkung, Einwirkung
Lö	Lösung, Lösungs...		
M	Maschine, Maschinen...	○ ▭ ▢	Maschinensystem (MS)
Me	Mensch	⟶	Einwirkung (Wi)
ME	Maschinenelement	→	Transformation
Met	Methode, Methodik		
Mat	Material	▭ ◇	Prozeß
Mit	Mittel	△ ◺	Eigenschaft (Ei)
MS	Maschinensystem		(einschließlich Funktion)

Inhaltsverzeichnis

1. <u>Einleitung</u> 1

2. <u>Der Konstruktionsprozeß</u> 3
    2.1 Der Konstruktionsprozeß als Element von mehreren Systemen 3
    2.2 Die Aufgabe des Konstruktionsprozesses 5
    2.3 Objekt des Konstruktionsprozesses 5
    2.4 Zielsetzungen beim Konstruieren 5
    2.5 Die Bedeutung des Konstruierens 6
    2.6 Die Voraussetzungen für das Konstruieren 7
    2.7 Charakter des Konstruktionsprozesses und der Konstruktionsarbeiten .. 7
    2.8 Die Struktur des Konstruktionsprozesses 8
    2.9 Klassen von Fachtätigkeiten im Konstruktionsprozeß 13
    2.10 Operationen des Konstruktionsprozesses 14
    2.11 Das allgemeine Modell des Konstruktionsprozesses 16
    2.12 Bewertungskriterien des Konstruktionsprozesses und
         Daten über den Konstruktionsprozeß 17
    2.13 Arten der Konstruktionsprozesse 24
    2.14 Zusammenfassung 25

3. <u>Der Konstrukteur</u>
    3.1 Bedeutung des Konstrukteurs 26
    3.2 Aufgaben des Konstrukteurs 27
    3.3 Charakter und Merkmale der Konstruktionsarbeit 29
    3.4 Anforderungen an den Konstrukteur 30
        3.4.1 Modell eines idealen Konstrukteurs 30
        3.4.2 Qualifikationsbild des Konstrukteurs 32
        3.4.3 Berufsbild des Konstrukteurs 34
        3.4.4 Stellenbeschreibung 34
        3.4.5 Entwicklung der Eigenschaften des Konstrukteurs 34
    3.5 Die Bewertung von Konstrukteuren 36

3.6	Die Mitarbeitergruppen im Konstruktionsbüro	38
	3.6.1 Spezialisierung im Konstruktionsbüro	38
	3.6.2 Mitarbeitergruppen im Konstruktionsbüro	39
3.7	Der Operator "Konstrukteur"	41
	3.7.1 Erscheinungsformen des Operators	41
	3.7.2 Beziehungen des Operators "Konstrukteur" zur Umwelt	42
3.8	Ausbildung zum Konstrukteur	42
	3.8.1 Ausbildungswege zum Konstrukteur	43
	3.8.2 Die Ausbildungsphase	44
	3.8.3 Einige Hinweise für die Ausbildung der Konstrukteure nach der Schule	45
3.9	Zusammenfassung	46

4. Die Fachinformation

4.1	Informations- und Dokumentationsgebiet	47
	4.1.1 Eigenschaften der Information	48
	4.1.2 Informationsarten und -klassen	48
	4.1.3 Informations-Ordnungssystem	49
	4.1.4 Informationsträger, Informationsbank	51
	4.1.5 Grundlegende Tätigkeiten des Informationsgebietes	52
	4.1.6 Hilfsmittel in der Informationstätigkeit	54
	4.1.7 Informationssysteme	56
4.2	Informationsbedarf des Konstrukteurs	56
4.3	Informationsträger für den Konstrukteur	58
4.4	Informationssysteme des Konstrukteurs	61
4.5	Zusammenfassung	63

5. Arbeitsmethoden beim Konstruieren

5.1	Nichtmethodisches Vorgehen beim Konstruieren	66
	5.1.1 Intuition	67
	5.1.2 Konstruktionsgefühl	68
	5.1.3 Verhältnis zwischen intuitiver und methodischer Arbeitsweise	69
	5.1.4 Kreativität	70
5.2	Konstruktionsmethodik	71
	5.2.1 Allgemeine Fragen	71
	5.2.2 Grundlegende Erkenntnisse	75
	5.2.3 Konstruktionsablauf - Konstruktionsstrategie	92
	5.2.4 Methoden - Konstruktionstaktik	112
	5.2.5 Arbeitsgrundsätze	113
	5.2.6 Hilfsmittel für das methodische Konstruieren	117

    5.3 Typische Mängel in der Konstruktionsarbeit 118

    5.4 Einige Bemerkungen zur Aneignung des methodischen Konstruierens   122

    5.5 Beziehungen der Arbeitsmethoden zu den anderen Faktoren 123

    5.6 Zusammenfassung 123

6. Darstellung beim Konstruieren

    6.1 Merkmale des Modells (Darstellungsart) 126

    6.2 Darstellungstheorie 127

        6.2.1 Theorie der Zeichen 128

        6.2.2 Informationstheorie 128

        6.2.3 Kommunikationsprozeß 128

        6.2.4 Ähnlichkeit zwischen Original und Modell 128

        6.2.5 Die darzustellenden Eigenschaften des Maschinensystems 130

        6.2.6 Die Kenntnisse zur Darstellung der einzelnen Eigenschaften . . . 130

    6.3 Darstellungsarten (Modellsystematik) 130

    6.4 Anforderungen an die Modelle 131

    6.5 Parameter der Darstellung 132

    6.6 Darstellungsarten der Maschinensysteme 132

        6.6.1 Darstellungsmöglichkeiten der elementaren Konstruktions-
             eigenschaften der MS 132

        6.6.2 Darstellungsmöglichkeiten einiger weiterer Eigenschaften der MS   134

        6.6.3 Die Zeichnung als die verbreitetste Darstellungsart 135

        6.6.4 Dreidimensionale Modelle des MS 136

    6.7 Darstellungsarten der Prozesse 138

    6.8 Darstellungsarten der Beziehungen 138

    6.9 Darstellungstechniken 139

    6.10 Eine Skizze der historischen Entwicklung der Darstellung 140

    6.11 Zusammenfassung 142

7. Arbeitsmittel

    7.1 Die Klassen der Arbeitsmittel 145

    7.2 Allgemeine Anforderungen an die Arbeitsmittel 145

    7.3 Kriterien für die Wahl und den Einsatz von Arbeitsmitteln 146

    7.4 Assortiment von Arbeitsmitteln 147

        7.4.1 Mittel für die Informationsarbeiten 147

        7.4.2 Mittel für die Darstellungsarbeiten - Modelltechnik 147

        7.4.3 Mittel für die Berechnungsarbeiten 149

        7.4.4 Konventionelle Büroausstattung 149

		7.4.5 Mittel der Reproduktionstechnik	150
		7.4.6 Mittel für die Arbeit mit Zeichnungen	150
		7.4.7 Mittel für das Prüfen der Maschinensysteme und für Experimente	150
	7.5	Arbeitsmittelsysteme	151
		7.5.1 Filmtechnik	151
		7.5.2 Kinofilm-Technik	152
		7.5.3 Video-Technik	152
		7.5.4 Rechnergestütztes Konstruieren	152
	7.6	Zusammenfassung	154
8.	<u>Leitung des Konstruierens</u>		
	8.1	Allgemeine Aufgaben der Leitung	155
	8.2	Leitungslehre	155
		8.2.1 Leitungsinstrumente	156
		8.2.2 Management-Techniken	156
		8.2.3 Prinzipien der Leitung	157
	8.3	Teilfunktionen der Leitung	158
		8.3.1 Aufgaben festlegen und zuteilen	159
		8.3.2 Planen	159
		8.3.3 Anweisungen erteilen	162
		8.3.4 Arbeitsmethoden festlegen	162
		8.3.5 Arbeit koordinieren	164
		8.3.6 Spezialisieren	164
		8.3.7 Organisieren	164
		8.3.8 Information beschaffen und Kommunikation herstellen	165
		8.3.9 Mitarbeiter anstellen und entlassen	167
		8.3.10 Entlöhnung der Konstrukteure	168
		8.3.11 Kontrollieren, Überwachen	168
		8.3.12 Motivieren	169
		8.3.13 Weiterbildung der Mitarbeiter	169
	8.4	Zusammenfassung	169
9.	<u>Arbeitsbedingungen im Konstruktionsbüro</u>		
	9.1	Arbeitsplatz des Konstrukteurs	171
	9.2	Physikalische Arbeitsbedingungen	172
		9.2.1 Lage des Konstruktionsbüros im Unternehmen	172
		9.2.2 Größe des Büros	173
		9.2.3 Ausstattung und Anordnung der Arbeitsmittel	173

	9.2.4 Beleuchtung	174
	9.2.5 Klimatische Verhältnisse im Konstruktionsbüro	175
	9.2.6 Lärm im Konstruktionsbüro	175
	9.2.7 Farben im Konstruktionsbüro	175
9.3	"Psychologische Arbeitsbedingungen"	176
9.4	Einige weitere allgemeine Einflüsse auf den Konstruktionsprozeß	177
9.5	Einige Einflüsse auf den Konstrukteur	177
	9.5.1 Der Gesundheitszustand	177
	9.5.2 Das Familienleben	178
	9.5.3 Freizeitbeschäftigung	178
9.6	Zusammenfassung	178

Anhang

Anhang 1	Aussagensystem der "Theorie der Konstruktionsprozesse"	179
Anhang 2	Aussagensystem der "Theorie der Maschinensysteme"	185
Anhang 3	Stellenbeschreibung des Projektleiters	186
Anhang 4	Auswahl von DK-Klassen für den Konstrukteur	188
Anhang 5	Aufstellung der Informationsträger in einem Gruppen-Informationssystem	189
Anhang 6	Klassen der Eigenschaften der Maschinensysteme	191
Anhang 7	Einige Vorgehensmodelle beim Konstruieren	192
Anhang 8	Aufstellung der Hilfsmittel des Konstrukteurs	197
Anhang 9	Bilder - Modelltechnik	199

Literaturverzeichnis 201

Sachverzeichnis 207

1. Einleitung

Die Theorie des Konstruktionsprozesses als ein Gebiet der Konstruktionswissenschaft [38] untersucht die eigentlichen Konstruktionstätigkeiten und ihre gegenseitigen Beziehungen sowie alle Gesetzmäßigkeiten des Konstruierens und Einflussfaktoren hierauf. Dabei wird von der Aufgabe ausgegangen, objektive, ganzheitliche und geordnete Kenntnisse über das Konstruieren zu ermitteln. Die Ergebnisse sollen der Lehre und dem praktizierenden Konstrukteur zugänglich gemacht werden.

Im vorliegenden Buch wird "Konstruieren" als Oberbegriff für sämtliche Tätigkeiten benutzt, welche für die Umwandlung einer Problemsituation oder Aufgabenstellung in die Beschreibung des konstruierten Objektes erforderlich sind. Neben den bekannten Tätigkeiten wie Konzipieren, Entwerfen und Zeichnen wird eine Reihe weiterer Operationen mit diesem Begriff gedeckt. Weil weder die Komplexität des konstruierten Objektes noch seine Originalität Ausscheidungskriterien für konstruktive Tätigkeiten bedeuten, wird hier der Begriff "Konstruieren" im weitesten Sinne gebraucht. So ist auch das Entwickeln gewisser technischer Objekte oder das Projektieren komplizierter Systeme als Konstruieren zu verstehen.

Als Objekt des Konstruierens können verschiedene künstliche Systeme in Frage kommen. Ohne eine allgemeine Gültigkeit der Aussagen zu verlieren, sollen die folgenden Ausführungen auf das Konstruieren von Maschinensystemen begrenzt bleiben.

Menge und Mannigfaltigkeit der zu konstruierenden Objekte und weitere Bedingungen des Konstruierens sind dafür verantwortlich, dass vieles von dem, was nachfolgend diskutiert wird, relativ abstrakt bleibt. Die Erfahrungen zeigen allerdings, dass die Konkretisierung solcher allgemeinen Aussagen, etwa für kleinere Familien (Gruppen und Typen) von Maschinensystemen oder für Teilphasen bzw. für ihre Weiterentwicklung, keine besonderen Schwierigkeiten darstellt.

Einen bedeutenden Einfluss auf die Konzeption der vorliegenden Veröffentlichung hat einerseits die heute herrschende Diskrepanz zwischen dem Zustand in der Praxis und dem in der Wissenschaft, anderseits die Situation in der Konstruktionswissenschaft selbst. Denn die Menge unseres Wissens über den Konstruktionsprozeß ist zwar groß, aber immer noch nicht befriedigend, und sie läßt sich durch drei Merkmale charakterisieren: Zersplitterung vorhandener Kenntnisse in viele Wissensgebiete; Existenz eher spezieller Kenntnisse, welche aus konkreten Fällen abgeleitet noch keine allgemeine Gültigkeit haben; Meinungsverschiedenheiten (z.B. bei der Konstruktionsmethodik), welche die rasche Übertragung der Theorie in die Praxis bremsen.

Die unbefriedigende Situation in der praktischen Konstruktionsarbeit hat sich noch nicht wesentlich gebessert; es gelten nach wie vor die Ergebnisse der Analysen, welche in den letzten Jahrzehnten angestellt worden sind [109, 111, 112]. Die noch überwiegend intuitive Arbeitsweise beim Lösungssuchen oder Bewerten wirkt der systematischen, ganzheitlichen Arbeitsmethode, der Optimierung und der Teamarbeit entgegen. Sie ist auch die Ursache dafür, daß es nicht genügend allgemeingültige Regeln und Unterlagen für das Konstruieren gibt. Damit verbunden sind auch die langen Aus- und Weiterbildungszeiten der Konstrukteure und andere diskutierte Mängel.

Noch eine Tatsache sei ins Bewußtsein gebracht. Das Wissensgebiet der Theorie des Konstruktionsprozesses geht von der Voraussetzung aus, daß Konstruktionstätigkeiten einander ähnlich sind, ob eine Turbine oder eine Werkzeugmaschine, ob ein Generator oder ein anderes technisches Gebilde konstruiert wird. Diese These, heute schon intuitiv akzeptiert, hätte vor einigen Jahrzehnten noch eine heftige Diskussion ausgelöst. Daß die beschriebenen Gesetzmäßigkeiten und Hinweise allgemein gültig sind, konnte durch Anwendung auf den verschiedensten Fachgebieten in ausreichendem Maße nachgewiesen werden. Die grundsätzliche Ähnlichkeit aller Arten von Maschinen, Geräten, Elementen usw. zu zeigen, war eine der Aufgaben des Buches "Theorie der Maschinensysteme" [37], das damit im wesentlichen die Fundamente für die nachfolgenden Ausführungen darstellt. Darüber hinaus liefert diese Tatsache einen wichtigen Beweis für die Existenz und Berechtigung einer allgemeinen Konstruktionslehre, welche nicht nur für ein Spezialgebiet gültig ist.

2. Der Konstruktionsprozeß

Als Konstruktionsprozeß wird eine Reihe von aufeinanderfolgenden Konstruktionstätigkeiten bezeichnet, welche, von der gestellten Aufgabe ausgehend, ein Produkt vorausdenken und beschreiben. Für denselben Sachverhalt wird auch der Begriff "Konstruktion" benutzt. Die verschiedenen Bedeutungen dieses Wortes sowie die Tatsache, daß in dem neuen Ausdruck eine Andeutung des Vorgehens und der Zugehörigkeit zu den Prozeßsystemen enthalten ist, befürworten die Wahl des Terminus "Konstruktionsprozeß".

2.1 Der Konstruktionsprozeß als Element von mehreren Systemen

Der Konstruktionsprozeß wird in verschiedenen Kontexten erwähnt; er kann sozusagen als eine Kreuzung verschiedener Dimensionen betrachtet werden. In den folgenden Systemen nimmt er eine wichtige Stelle ein.

(1) Der Konstruktionsprozeß bildet ein Element des komplexen Prozeßsystems der Entstehungs- und Betriebsphasen des Produktes (Abb.2.1)(Axiome 6.1 bis 6.5, Anhang 2). Dieses System determiniert einige Gruppen von Anforderungen, wie z.B. die Herstellungs-, Distributions- oder Betriebsbedingungen. Die Trennung dieser Etappen voneinander, besonders die zwischen Fertigung und Konstruktion, bringt erst die industrielle Herstellung. Bei einem Handwerker fliessen diese Funktionen ineinander.

(2) Ein weiterer Kreis von Relationen schließt die Kopplung jedes Konstruktionsprozesses mit weiteren Konstruktionen derselben Maschinensysteme (z.B. Weiterentwicklung oder Variantenkonstruktion), eventuell auch anderer Familien von Maschinensystemen ein. Die Konstruktion eines Produktes setzt folglich voraus, den Stand der diesbezüglichen Technik zu kennen, um die existierenden Erfahrungen bei der Schaffung marktgerechter Produkte auszunutzen.

(3) Eine andere Dimension zeichnet die Verbindung des Konstruierens mit Naturwissenschaften und Forschung. Das Konstruieren baut auf naturwissenschaftlichen Kenntnissen auf. Sie bringen allerdings nicht nur Hilfen, sondern auch Einschränkungen mit sich. Man spricht vom Konstrukteur als Transformator wissenschaftlicher Gesetzmäßigkeiten in die Empirie.

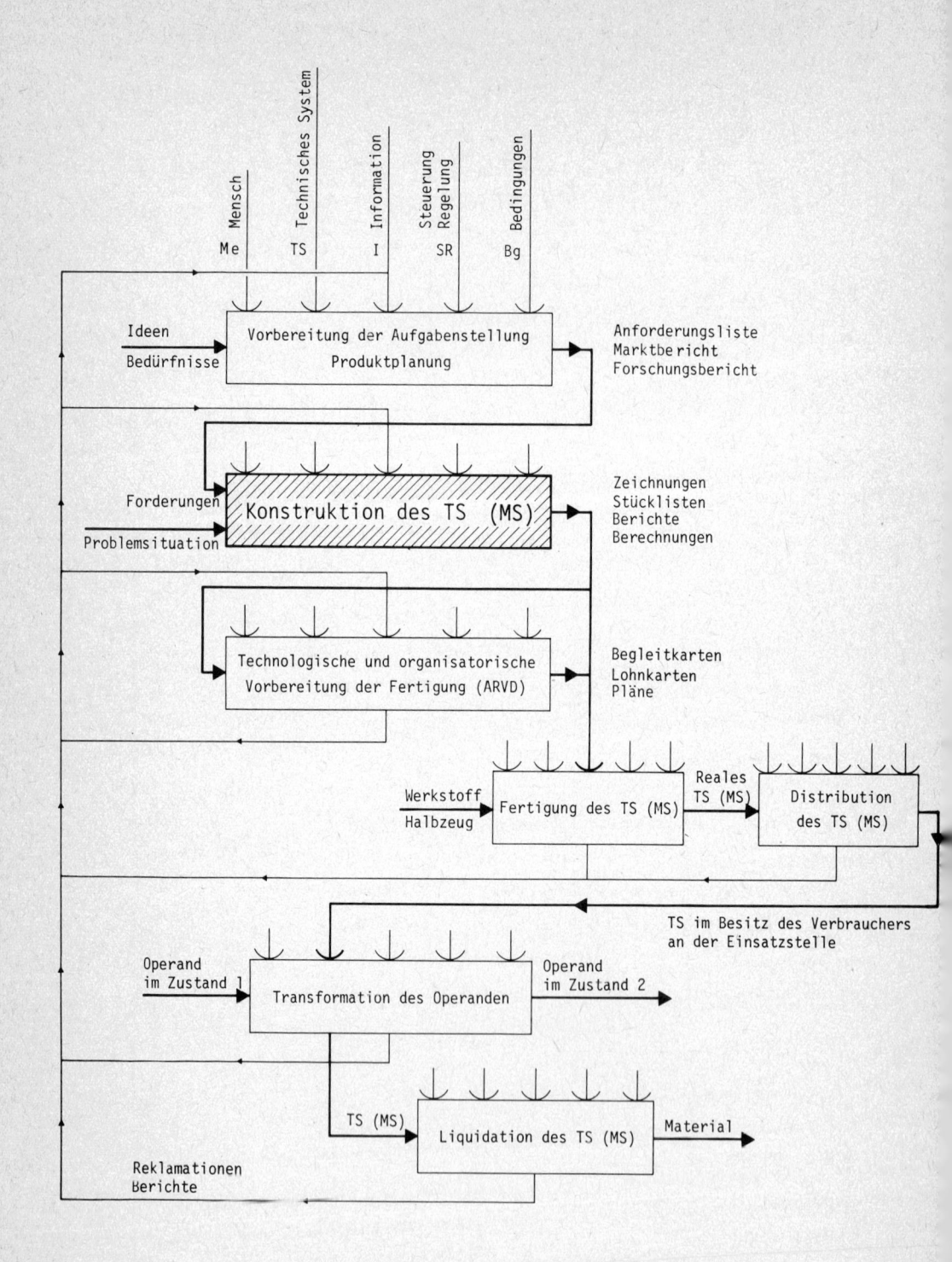

Abb.2.1. Der Konstruktionsprozeß bildet ein wichtiges Element der Entstehungs- und Betriebsphasen des technischen Systems

(4) Noch nicht immer klar erkannt ist die Stellung des Konstruktionsprozesses in der Reihe der Prozesse, die die Lösung von Problemen der Menschheit anstreben (Axiome 3.1 bis 3.7 im Anhang 2). Da kommt der ethische Aspekt des Konstruierens im Kontrast zu dem rein technischen Blickwinkel zum Ausdruck. Einige bittere Erfahrungen, besonders der letzten Jahrzehnte haben dazu geführt, dieser Funktion mehr Bedeutung beizumessen.

2.2 Die Aufgabe des Konstruktionsprozesses

Aus Abb.2.1 ist die Hauptaufgabe des Konstruktionsprozesses zu erkennen, nämlich die Umwandlung von gestellten Anforderungen (Problemsituation) in die Beschreibung des gewünschten Maschinensystems. Mit andern Worten: Es soll ein Maschinensystem als Träger der gewünschten Wirkungen (Fähigkeiten) und Eigenschaften vorausgedacht und in einer bestimmten Weise (Code) beschrieben werden.

Dabei müssen neben den gestellten Anforderungen andere Aspekte technischer und wirtschaftlicher Art verfolgt werden, sowohl hinsichtlich des Produktes als auch des Prozesses (vgl. Abschnitt 2.4).

2.3 Objekt des Konstruktionsprozesses

Als Objekt des Konstruierens kommen die verschiedensten technischen Systeme in Frage. Die vorliegenden Ausführungen beschränken sich auf Maschinensysteme [37] als Objekte des Konstruktionsprozesses; allerdings ist die Übertragung der hier präsentierten Aussagen auf nichtmaschinelle technische Systeme ohne weiteres möglich.

Die Kenntnis der Gesetzmäßigkeiten von Maschinensystemen bildet eine wesentliche Grundlage für die Entwicklung einer Konstruktionsmethodik, wie auch für andere Überlegungen. Die Theorie der Maschinensysteme [37] ist die Disziplin, welche diese Art von Kenntnissen zusammenfaßt. Bei der Behandlung des Konstruktionsprozesses wird nur auf die wichtigsten Erkenntnisse eingegangen (s.Abschn.5.2.2.4), im übrigen werden lediglich die Axiome aus Anhang 2 zitiert.

2.4 Zielsetzungen beim Konstruieren

Die Anforderungen an das Konstruieren steigen ständig, einerseits durch erhöhte Anforderungen an das Produkt, anderseits durch Anforderungen an den Konstruktionsprozeß bedingt.

Unter Beachtung des Standes von Wissenschaft und Technik kann man diese wichtigsten Zielsetzungen wie folgt ausdrücken:
- hohe Gesamtqualität (Summe der Eigenschaften) des konstruierten Produktes, optimiert für gegebene Bedingungen,

- hohe Effektivität des Konstruktionsprozesses,
- Verminderung des Risikos der Firma und des Konstrukteurs,
- Verringerung der Routine-Konstruktionsarbeiten,
- möglichst kurze Ausbildungszeit des Konstrukteurs.

Man könnte noch eine Reihe weiterer Zielsetzungen nennen, welche aus der Analyse der heutigen Mängel resultieren [38].

2.5 Die Bedeutung des Konstruierens

Das Konstruieren beeinflußt an erster Stelle maßgebend die Qualität der Produkte; das wirkt sich nicht nur auf die technischen, sondern auch auf die wirtschaftlichen Parameter aus. Obwohl das Konstruieren nur 10 bis 20 % der Verwaltungskosten ausmacht, beeinflußt es die Herstellungskosten zu 60 bis 80 %. Abb.2.2 zeigt einige Daten, welche die Bedeutung des Konstrukteurs im Betrieb illustrieren.

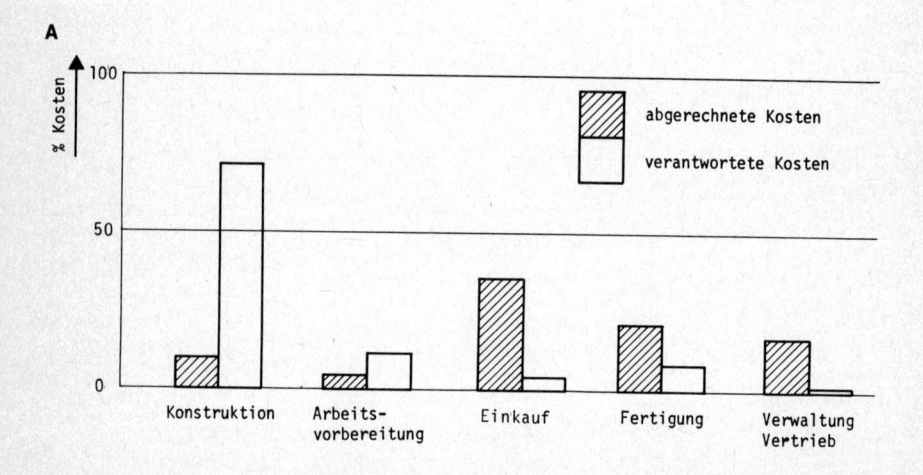

Kostenart	Anteil an Selbstkosten (%)	Kostenverantwortung (%)			
		Konstruktion	Arbeits-Vorbereitung	Fertigung	Weitere Abteilungen
Materialkosten	52	80	11	7	2
Lohnkosten	9	70	15	10	5
Gemeinkosten	39	10	20	30	40

Abb.2.2. Die Bedeutung des Konstrukteurs
   A. Die abgerechneten und verantworteten Kosten einiger Abteilungen des Betriebs
   B. Die Verantwortung für Material-, Lohn- und Gemeinkosten im Schwermaschinenbau

Daneben hat das Konstruieren eine gesellschaftliche Bedeutung, die daran zu erkennen ist, welchen Platz die Produkte in der menschlichen Gesellschaft einnehmen. Trotz aller Voreingenommenheit gegenüber der heutigen Technik ist der Wohlstand von Millionen von Menschen undenkbar ohne all die technischen Systeme, welche direkt oder indirekt ihr Leben begleiten. Je besser die vom Konstrukteur erzielten Eigenschaften der technischen Systeme sind, desto besser dienen sie dem Menschen bei richtigem Einsatz und zweckmäßiger Nutzung (vgl. Abb.3.1).

2.6 Die Voraussetzungen für das Konstruieren

Bevor das Maschinensystem die erwünschten Auswirkungen tatsächlich ausübt, bleibt die Existenz eines solchen Produktes, das die Anforderungen erfüllt, nur eine Hypothese. Die reichen Erfahrungs- und Forschungsergebnisse erhöhen zwar die Wahrscheinlichkeit des Erfolges bis zu hundert Prozent bei einfachen und bekannten Maschinensystemen, aber ein gewisses Risiko bleibt. Deshalb ist zu Beginn des Konstruierens, wie auch im Laufe der Arbeit die Erfüllung der Anforderungen und die Realisierbarkeit des Maschinensystems mit Rücksicht auf Naturgesetze, Herstellungstauglichkeit und Wirtschaftlichkeit mehrmals und immer wieder zu überprüfen. Erst eine genügend große Wahrscheinlichkeit des Erfolges macht es sinnvoll, mit einer Konstruktion zu beginnen.

2.7 Charakter des Konstruktionsprozesses und der Konstruktionsarbeiten

Aufgaben und Objekt des Konstruktionsprozesses bestimmen bereits grundsätzlich seinen Inhalt und Charakter.

```
Information                                      Information
im Zustand 1        Konstruktionsprozeß          im Zustand 2
─────────────►                            ─────────────────────►
Anforderungen      Umwandlung der Information    Beschreibung des
                                                 Maschinensystems
```

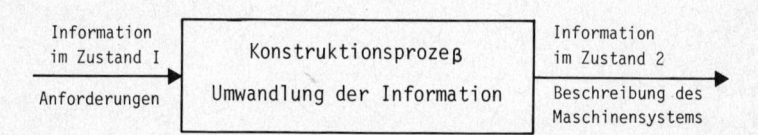

Abb.2.3. Im Konstruktionsprozeß werden die Anforderungen in die Beschreibung des Maschinensystems umgewandelt

(1) Der Konstruktionsprozeß ist in erster Linie ein informationsverarbeitender Prozeß. Abb.2.3 zeigt das Umsetzen der Information in Form von Anforderungen in jene der Beschreibung des Maschinensystems.

(2) Der Konstruktionsprozeß ist eine Synthese, d.h. ein Zusammenfügen von relativ bekannten Elementen zu einem einheitlichen, vorher nicht bekannten Ganzen mit den verlangten bestimmten Eigenschaften. Dies erfordert eine schöpferische Leistung. Daraus ergibt sich als eine wichtige Eigenartigkeit des Konstruktionsprozesses, daß der Mensch den überwiegenden Anteil bei der Verwirklichung der nötigen Arbeiten zu leisten hat.

(3) Vom Gesichtspunkt der Philosophie ist der Konstruktionsprozeß auch ein Prozeß des Erkennens: Ein verlangtes unbekanntes Maschinensystem wird erkannt. Aus diesem Grunde ist die Erkenntnistheorie ebenfalls eine Quelle der allgemeinen Gesetzmäßigkeiten für den Konstruktionsprozeß.

(4) Das Konstruieren kann auch als Lernprozeß aufgefaßt werden. Man kann darin - ähnlich wie beim Regeln - einen Kreisprozeß sehen [100].

(5) Jede Konstruktionsaufgabe kann durch eine Menge von unterschiedlichen Maschinensystemen gelöst werden. Die charakteristische Vielfalt der Lösungsmöglichkeiten ist bedingt durch die Anzahl der Konstruktionseigenschaften des Produktes, welche im Konstruktionsvorgang festgelegt werden müssen.

(6) Jeder Konstruktionsprozeß läßt sich in kleinere Bestandteile zerlegen (Phasen, Teilprozesse, Etappen, Operationen). Sie erfüllen seine Struktur.

(7) Die große Kompliziertheit der gegenseitigen Beziehungen führt dazu, daß man nach Abstrahieren und Annahmenwahl gewisse Phasen mehrmals wiederholen muß, um sukzessive alle nötigen Werte zu finden. Das iterative Vorgehen ist ein typisches Merkmal des Konstruierens.

(8) Die bisher überwiegend durch einzelne Konstrukteure durchgeführten Tätigkeiten werden durch Teams bewältigt, in welchen die Vorteile der größeren Informationskapazität und gegenseitigen Befruchtung ausgenutzt werden.

(9) Konstruieren ist eine anspruchsvolle schöpferische Arbeit, darf aber nicht als Kunst betrachtet werden, sondern ist eine wissenschaftliche Arbeit. Als Kunst würde das Konstruieren neben anderen Merkmalen einige irrationale Phasen enthalten, die nicht durch bewußte Denkvorgänge ersetzt werden könnten und die eine vollständige Transparenz des Konstruktionsprozesses verhinderten.

2.8 Die Struktur des Konstruktionsprozesses

Ein beliebiger Konstruktionsprozeß läßt sich in verschiedene komplexe Phasen, schließlich in Operationen und Schritte gliedern. Die Frage nach dem inneren Aufbau des Konstruktionsprozesses hat mehrere Gründe.

(1) Die allgemeinen strukturellen Bestandteile jedes Konstruktionsprozesses zu ermitteln, bedeutet, Konstruktionsprozesse zusammenbauen zu können.

(2) Die strukturellen Elemente des Konstruktionsprozesses bilden einen Katalog des Könnens eines Konstrukteurs, sind folglich die Elemente eines Berufsbildes.

(3) Das benötigte Wissen und Können des Konstrukteurs in diesen Tätigkeiten ist zugleich eine Zielsetzung für die Ausbildung.

(4) Die Strukturierungsgesetze bieten Anhaltspunkte für Führungszwecke (Planung, Spezialisierung). Es formiert sich eine allgemeine Funktionsstruktur des Konstruktionsprozesses.

(5) Nicht unbedeutend ist auch die Begriffsbestimmung und -vereinheitlichung durch Definition der Inhalte.

In unserer Aufstellung sollen nicht zuerst der Vorgang, also die zeitliche Reihenfolge der Operationen, oder andere Kriterien wie logische, kausale oder hierarchische Zusammenhänge gefördert werden. Abgesehen von der Schwierigkeit, diese Aspekte zu respektieren, sind wir vielmehr daran interessiert, die Beziehungen so gut wie möglich in das Strukturmodell einzubauen. Allerdings darf dies nicht auf Kosten der Übersichtlichkeit geschehen.

Konstruktionsprozeß — Leiten

1. Konstruktionsetappen
   - 1.1 Konzipieren
   - 1.2 Entwerfen
   - 1.3 Ausarbeiten

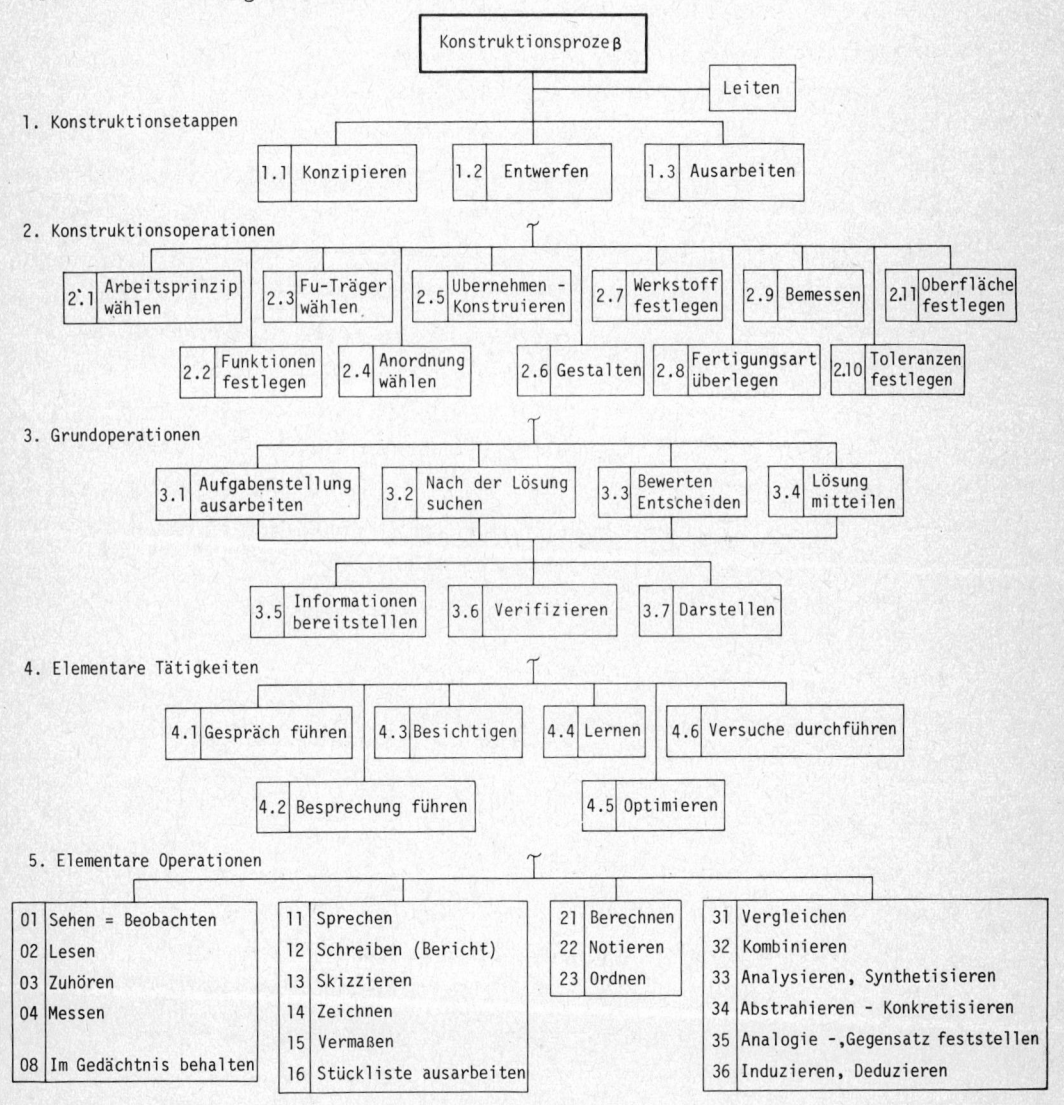

2. Konstruktionsoperationen
   - 2.1 Arbeitsprinzip wählen
   - 2.2 Funktionen festlegen
   - 2.3 Fu-Träger wählen
   - 2.4 Anordnung wählen
   - 2.5 Übernehmen - Konstruieren
   - 2.6 Gestalten
   - 2.7 Werkstoff festlegen
   - 2.8 Fertigungsart überlegen
   - 2.9 Bemessen
   - 2.10 Toleranzen festlegen
   - 2.11 Oberfläche festlegen

3. Grundoperationen
   - 3.1 Aufgabenstellung ausarbeiten
   - 3.2 Nach der Lösung suchen
   - 3.3 Bewerten Entscheiden
   - 3.4 Lösung mitteilen
   - 3.5 Informationen bereitstellen
   - 3.6 Verifizieren
   - 3.7 Darstellen

4. Elementare Tätigkeiten
   - 4.1 Gespräch führen
   - 4.2 Besprechung führen
   - 4.3 Besichtigen
   - 4.4 Lernen
   - 4.5 Optimieren
   - 4.6 Versuche durchführen

5. Elementare Operationen
   - 01 Sehen = Beobachten
   - 02 Lesen
   - 03 Zuhören
   - 04 Messen
   - 08 Im Gedächtnis behalten
   - 11 Sprechen
   - 12 Schreiben (Bericht)
   - 13 Skizzieren
   - 14 Zeichnen
   - 15 Vermaßen
   - 16 Stückliste ausarbeiten
   - 21 Berechnen
   - 22 Notieren
   - 23 Ordnen
   - 31 Vergleichen
   - 32 Kombinieren
   - 33 Analysieren, Synthetisieren
   - 34 Abstrahieren - Konkretisieren
   - 35 Analogie -, Gegensatz feststellen
   - 36 Induzieren, Deduzieren

Abb.2.4. Die Struktur des Konstruktionsprozesses
   Aussage: Jeder Konstruktionsprozeß läßt sich in mehrere strukturelle Elemente zerlegen, welche auf verschiedenen hierarchischen Ebenen liegen.

Wegweisend für den Aufbau eines solchen Strukturmodells kann die Erkenntnis der fast zwangsläufigen Koppelung gewisser Tätigkeiten im Konstruktionsprozeß sein. Diese "Blöcke" von Operationen stellen neben den "Klassen" von Operationen nach diversen Gesichtspunkten das Ordnungsprinzip des Strukturmodells in Abb.2.4 dar.

Zur Darstellung der Struktur ist noch zu bemerken, daß die einzelnen Ebenen, wie graphisch angedeutet, eine relativ selbständige Gliederung eines gewissen Gesichtspunktes des Konstruktionsprozesses abbilden. Es herrscht eine grundsätzliche hierarchische Ordnung: Eine höher liegende Operation enthält als Bestandteile einige der niedriger liegenden Operationen. Z.B. werden im Rahmen des Entwerfens (Ebene 1) folgende Konstruktionsoperationen durchgeführt: Anordnung festlegen, Gestalten, Dimensionieren usw. (Ebene 2), Aufgabenstellung bereinigen (aus der Ebene 3) und natürlich viele der elementaren Operationen aus der Ebene 5.

Diese Regelmäßigkeit ist jedoch nicht ohne Ausnahme. So können z.B. die Grundoperationen der Ebene 3 gelegentlich auch den Ebenen 1 und 2 übergeordnet sein, und zwar in dem Fall der Endprodukt-Konstruktion, wo oft im Rahmen der Suche nach der Lösung das Konzipieren, Entwerfen und alle Konstruktionsoperationen abgewickelt werden können. Einige andere Fälle findet man in der Ebene 5.

Ebene 1: Konstruktionsetappen

Das Ergebnis eines Konstruktionsprozesses ist die Beschreibung des Maschinensystems mit Hilfe von elementaren Konstruktionseigenschaften. Bei den meisten Maschinensystemen mit höheren Kompliziertheitsgraden ist es nicht möglich, diese Eigenschaften (Stufe 2) direkt zu suchen. Es müssen mehrere Modelle des Maschinensystems unterschiedlicher Abstraktionsstufen entwickelt werden, bevor die Konstruktionseigenschaften festgelegt werden können. Die Abbildung dieser Modelle erfolgt in Schemata, Skizzen und Zeichnungen.

Dieser Vorgang vom Abstrakten zum Konkreten wird gewöhnlich in drei Etappen gegliedert: Konzipieren, Entwerfen, Ausarbeiten (Abb.2.5). Diese Etappen werden im Kapitel 5 näher behandelt.

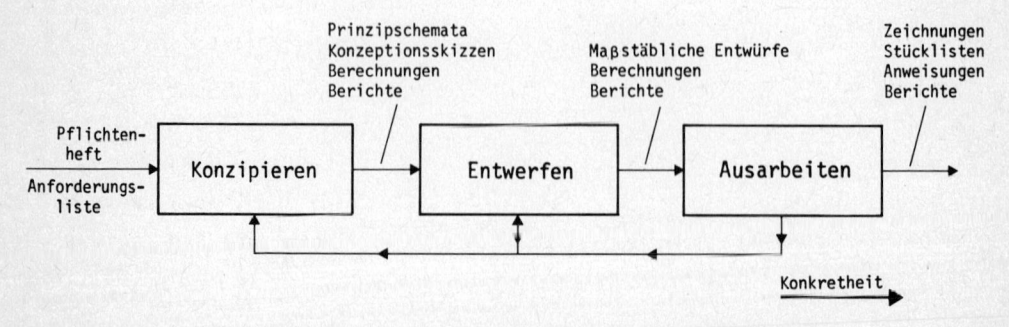

Abb.2.5. Der Konstruktionsvorgang vom Abstrakten zum Konkreten ist durch drei Etappen gekennzeichnet: Konzipieren, Entwerfen und Ausarbeiten.

Die Anwendung einer solchen Gliederung hat eine größere Bedeutung für das Planen der Aufgabe (Strategie) und die Organisation des Konstruktionsbüros als für die Arbeitsmethodik des einzelnen Konstrukteurs. In der Gesamtstrategie können die Abschlüsse der genannten Etappen als wichtige Verifikationspunkte benutzt werden.
Es sei noch betont, daß diese Gliederung für alle Kompliziertheitsstufen der Maschinensysteme gilt und sich in einem Konstruktionsprozeß mehrmals wiederholt.

Ebene 2: Konstruktionsoperationen

Im Sinne der früheren Aussagen sucht man im Konstruktionsprozeß nach elementaren Konstruktionseigenschaften. Es ist die Aufgabe der Konstruktionsoperationen, die Werte der elementaren Konstruktionseigenschaften festzulegen. In Anlehnung an deren Spezifikation ([15] Axiom 5.4 Anhang 2) und an die Erkenntnis, daß vorerst die Funktionen als maßgebende Eigenschaften eines Maschinensystems bestimmt werden müssen, wobei diese aufgrund des festgelegten technischen Prozesses (Arbeitsprinzip) ermittelt werden können, entsteht folgende Reihe von Konstruktionsoperationen:

- 2.1 Arbeitsprinzip wählen,
- 2.2 Funktionen festlegen,
- 2.3 Teilfunktionsträger wählen,
- 2.4 Anordnung wählen,
- 2.5 Entscheiden über Übernahme oder Konstruktion von Maschinenteilsystemen,
- 2.6 Gestalten (Form geben),
- 2.7 Werkstoff festlegen,
- 2.8 grundsätzliche Herstellungsart überlegen
- 2.9 Bemessen (Dimensionieren),
- 2.10 Oberflächenqualität festlegen,
- 2.11 Toleranzen festlegen.

Wir wollen nachstehend nicht im Detail auf diese Tätigkeiten eingehen, da sie im Kapitel 5 noch zur Sprache kommen werden. Die Reihenfolge dieser wichtigsten Konstruktionstätigkeiten ist pragmatisch und keinesfalls ein direkter Vorgehensplan (vgl. Anhang 7h).
Eine enge Beziehung der Konstruktionsoperationen zu den Konstruktionsetappen ist für den Konstrukteur ersichtlich. Jede Etappe beinhaltet nur einige dominierende Konstruktionsoperationen, welche für die Etappe charakteristisch sind; so z.B.

- Konzipieren (überwiegend die Operationen 2.1, 2.3, 2.5, 2.8)
- Entwerfen (überwiegend die Operationen 2.4, 2.6, 2.7, 2.8)
- Ausarbeiten (überwiegend die Operationen 2.6, 2.7, 2.8, 2.9, 2.10, 2.11).

Ebene 3: Grundprozesse oder Grundoperationen

Eine allgemeine Erfahrung bei der Problemlösung spiegelt der Block der Grundoperationen wider. Jeder rationale Mechanismus eines Vorganges setzt eine präzise Aufgabenstellung voraus, aus welcher dann in der Suche nach Lösungen mehrere Lösungsvarianten entwickelt werden sollen, die aufgrund des Bewertens die optimale Lösung zu finden gestatten (Abb.2.6). Im letzten Schritt wird die Lösung dargestellt. Dieser Hauptvorgang ist beständig von Arbeiten begleitet, die mit dem Bereitstellen von Informationen, Verifizieren der Tätigkeiten und Darstellen zu tun haben.

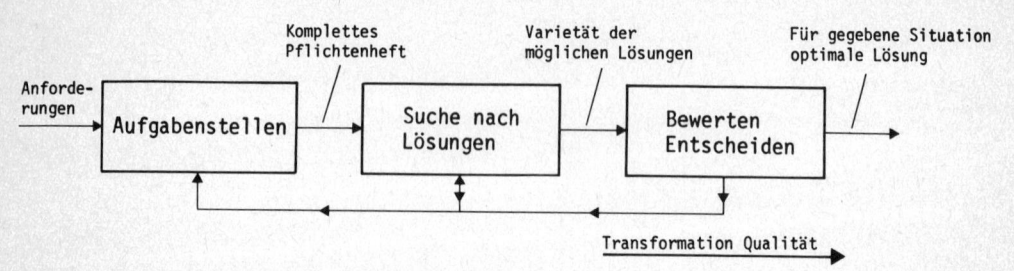

Abb.2.6. Jede Problemlösung spielt sich in drei Grundprozessen ab: Aufgaben stellen, Suche nach der Lösung und Bewerten, Entscheiden.

Auch dieser Operationsblock wird auf allen Kompliziertheitsgraden des Maschinensystems sowie bei allen Konstruktionstätigkeiten angewendet. So lohnt es sich z.B. auch bei relativ einfachen Konstruktionsoperationen, eine genaue Aufgabenstellung zu formulieren und mehrere Lösungsvarianten auszuarbeiten.
Das Auslassen eines dieser Schritte durch Vergessen, Unterschätzen oder intuitive Sprünge wirkt sich meist nachteilig aus, weil gerade dieser Block in jeder Tätigkeit bewußt und konsequent realisiert werden sollte.

Ebenen 4 und 5: Elementare Tätigkeiten und Operationen

Alle bisher aufgeführten Etappen oder Phasen sind verhältnismäßig komplizierte Prozesse, die sich noch in einfachere Operationen zerlegen lassen. So kommt man zu einer Reihe rein technischer Operationen, wie z.B. Skizzieren, Zeichnen, Stücklisten ausarbeiten, Versuche durchführen, Berechnen, Optimieren. Man entdeckt aber auch solche, die den ersten gegenüber nicht als gleichwertig betrachtet werden, wie Beobachten, Lesen, Zuhören, Gespräche führen, Vergleichen, Analysieren, Synthetisieren usw.
Die Annahme, daß jeder Konstrukteur die letztgenannten Operationen beherrsche, ist nicht gerechtfertigt. Man möchte fast das Gegenteil behaupten: Nur wenige sind in der Lage, effektvoll zu beobachten, zweckmäßig und schnell zu lesen usw. In jedem Fall ist es nicht überflüssig, in diesem Zusammenhang auch diese Tätigkeiten zu

nennen und als Bausteine jedes Konstruktionsprozesses, also nicht nur als Elemente der persönlichen Arbeitstechnik, zu zeigen.

Nachstehend sind die wichtigsten Klassen der elementaren Operationen aufgeführt.

(1) Elementare Tätigkeiten:

Tätigkeiten wie Gespräche führen (Dialoge), Besprechungen leiten, Lernen, Optimieren oder Versuche durchführen sind kompliziertere Prozesse, welche noch einige elementare Operationen aus der Ebene 5 beinhalten.

(2) Operationen für Aufnahme und Speicherung von Informationen:
    5.01 Beobachten,   5.04 Messen,
    5.02 Lesen,   5.05 Im Gedächtnis behalten;
    5.03 Zuhören,

(3) Operationen für Informationsausgabe:
    5.11 Sprechen,   5.14 Zeichnen,
    5.12 Schreiben,   5.15 Vermaßen,
    5.13 Skizzieren,   5.16 Stückliste ausarbeiten;

(4) Verarbeitung der Information:
    5.21 Berechnen,   5.23 Ordnen;
    5.22 Notieren,

(5) Elementare Denkoperationen:
    5.31 Vergleichen,   5.34 Abstrahieren oder Konkretisieren,
    5.32 Kombinieren,   5.35 Analogie oder Gegensatz feststellen,
    5.33 Analysieren oder   5.36 Induzieren oder Deduzieren.
          Synthetisieren,

2.9 Klassen von Fachtätigkeiten im Konstruktionsprozeß

Aus den Aufgaben und dem Charakter des Konstruktionsprozesses und seiner Bestandteile ergeben sich Anforderungen an Fachkenntnis und Fachkönnen bei den einzelnen Tätigkeiten, welche im Abschnitt 2.8 aufgezählt worden sind. Die fachlichen Anforderungen variieren natürlich stark, besonders mit der Originalität und dem Kompliziertheitsgrad des zu konstruierenden Maschinensystems sowie der Art der gestellten Anforderungen.

Die fünf Hauptklassen von Konstruktionsarbeiten in Abb.2.7 mit weiterer Gliederung bilden ein befriedigendes Klassifizierungssystem für Bewertung, Spezialisierung, Planung oder andere Aufgaben.

2.10 Operationen des Konstruktionsprozesses

Gemäß [37] werden die nötigen Auswirkungen für die Transformation des Operanden von dem Operatorensystem ausgeübt. Axiom 3.11 (Anhang 2) sagt, daß die Wirkungen vom System "Mensch - technisches System" realisiert werden. Der Anteil der Auswirkungen des Menschen im Konstruktionsprozeß ist im Gegensatz zu den andern Arbeits- und Fertigungsprozessen immer sehr hoch, trotz Fortschritten im rechnergestützten Konstruieren. Viel Arbeit hat die elektronische Datenverarbeitung dem Menschen beim Rechnen abgenommen und neue Möglichkeiten geschaffen.

Klasse	Arbeitscharakteristik
I	Qualifizierte Arbeit in Form von technisch-wirtschaftlichen Überlegungen zum Vorausdenken eines MS, das heißt Konstruktionsarbeit im eigentlichen Sinne des Wortes. In diesem Bereich müssen mindestens drei Stufen unterschieden werden, je nach Kompliziertheit und Originalität des MS: 1. Hochqualifizierte Facharbeit, z.B. Konzipieren bei einer Neuentwicklung inkl. Berechnungen 2. Mittlere Facharbeit, z.B. Entwerfen bei Weiterentwicklung einer Maschine, Neuentwicklung einer einfacheren Gruppe mit den entsprechenden Berechnungen 3. Einfachere Facharbeit, z.B. Ausarbeiten von Teilzeichnungen, Zusammenstellungszeichnungen
II	Tätigkeiten verbunden mit der Beschreibung des MS, also zeichnerische und Schreib-Arbeit
III	Fachlich qualifizierte Arbeit, jedoch kein direkter Beitrag zum Konstruieren des MS, z.B. Überwachung der Fertigung, Beratungen, Ausarbeitung von Angeboten, Normierung, Zeichnungsänderungen
IV	Hilfsarbeit z.B. Kopieren, Schneiden der Zeichnungen, Archivieren
V	Leitungstätigkeit auf allen Ebenen

Abb.2.7. Die fünf Hauptklassen von Konstruktionsarbeiten

Das Ergebnis und die Effektivität des Konstruktionsprozesses wird noch durch weitere Einflußfaktoren wie Fachinformationen, Steuerung der Prozesse und Arbeitsbedingungen beeinflußt (vgl. Axiom 3.12, Anhang 2). Aufgrund dieser Aussagen kann man bereits das Operatorensystem des Konstruktionsprozesses aufführen, wobei drei Klassen von Informationen gebildet werden (Fachinformation, Information über Arbeitsmethoden und Darstellungstechniken), die hier von besonderer Bedeutung sind.

Somit setzt sich das Operatorensystem aus folgenden Einflußfaktoren zusammen:
- Der Mensch (Konstrukteur) realisiert die meisten Operationen;
- Fachinformationen (Erkenntnisse aus verschiedenen Wissenschaften) bilden die nötigen Grundlagen für die Realisierung der Transformationen im technischen Prozeß und der Einwirkungen;

- die Arbeitsmethoden des Konstrukteurs (als Technologie des Konstruktionsprozesses) entscheiden über das Ergebnis und besonders über den Wirkungsgrad der Arbeit (Arbeitsproduktivität);
- die Darstellungstechniken bieten verschiedene Mittel und Systeme für die Kommunikation und weitere Funktionen, sie beeinflussen besonders die Produktivität der Darstellungsphasen;
- technische Mittel (Ausrüstung) im Konstruktionsprozeß sind besonders in den Darstellungsphasen (Zeichentisch), beim Rechnen und auch in anderen Operationen wichtige Helfer des Konstrukteurs;
- die Leitung des Konstruktionsprozesses umfaßt alle Leitungsfunktionen, welche organisatorisch und planend die Arbeiten im Konstruktionsprozeß steuern;
- die Arbeitsbedingungen sind im Konstruktionsprozeß ein wichtiger Katalysator für die Realisierung der Konstruktionsaufgaben.

Die aufgeführten Operatoren bilden das Skelett für die nachfolgende Behandlung von Gesetzmäßigkeiten des Konstruktionsprozesses und werden in den nächsten Abschnitten eingehend erläutert.

Zielsetzungen resp. Kennzeichen des KoP:		Operatoren des Konstruktionsprozeßes beeinflussen: Konstrukteur	Fach-information	Darstellungs-technik	Konstruktions-methoden	Technische Mittel	Führung des KoP	Arbeits-bedingungen
1	Qualität des zu konstruierenden MS	▼	▼	▽	∨	∨	∨	∨
2	Konstruktionszeit	▼	▼	▼	▽	▽	▽	∨
3	Effizienz des KoP	▼	▼	▼	▽	▽	▽	∨
4	Verminderung des Risikos des Konstrukteurs	▼	▼	▼	∨	▽	∨	-
5	Weniger Routine-Arbeit des Konstrukteurs	▼	▽	∨	▽	▼	▽	-
6	Verkürzung der Reifezeit des Konstrukteurs	▼	▼	▼	-	-	▽	▽
7	Anteil der Facharbeit des Konstrukteurs	▼	▽	∨	-	∨	▽	∨
8	Zeitaufwand	▼	▼	▼	▽	▽	▽	▽
9	Konstruktionskosten	▼	▽	▼	▼	▼	▼	∨
10	Teamarbeit	▼	∨	▼	∨	-	▽	∨

▼ direkter wichtiger Einfluß ▽ dominierender Einfluß ∨ indirekter jedoch spürbarer Einfluß

Abb.2.8. Der Einfluß von Operatoren des Konstruktionsprozesses auf einige Zielsetzungen oder wichtige Kennzeichen des Konstruktionsprozesses

Die Operatoren beeinflussen die Arbeit unterschiedlich. Aufschlußreich ist die Gegenüberstellung der Operatoren mit den Zielsetzungen des Konstruktionsprozesses. Das geschieht in Abb.2.8, aus welcher die Auswirkung der einzelnen Faktoren ersichtlich ist.

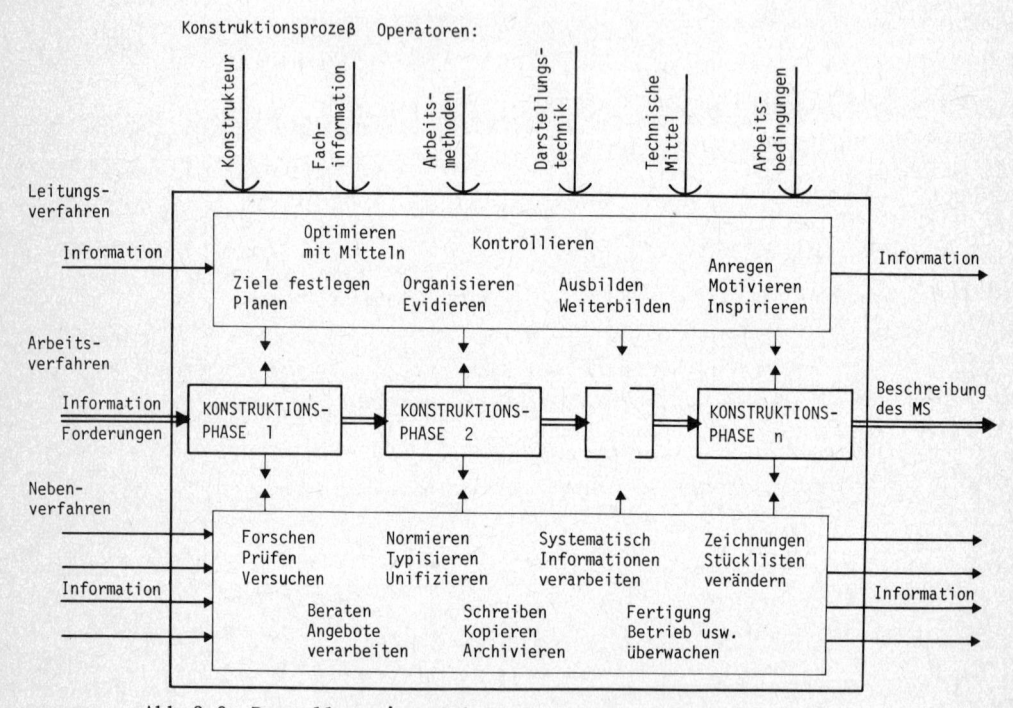

2.11 Das allgemeine Modell des Konstruktionsprozesses

Die meisten der diskutierten Sachverhalte über den Konstruktionsprozeß lassen sich in essentieller Form in das ihn beschreibende allgemeine Modell einbauen. Eine solche Formalisierung und Abbildung bringt die Struktur des Systems "Konstruktionsprozeß" übersichtlich zum Ausdruck und erleichtert damit die Orientierung und Kommunikation.

Abb.2.9. Das allgemeine Modell des Konstruktionsprozesses

Abb.2.9 stellt das allgemeine Modell dar. Es vermittelt zugleich eine kurze Zusammenfassung der bisherigen Ausführungen:
- Im Konstruktionsprozeß wird die Information in Form von Anforderungen in Information in Form von Beschreibung des herzustellenden Maschinensystems umgewandelt (Konstruktionsprozeß als informationsverarbeitender Prozeß). Die Hauptspur umschließt die wichtigsten Arbeiten im Konstruktionsprozeß, die sich mit Vorausdenken und Beschreiben der Maschinensysteme befassen (Arbeitsoperationen).
- Die Ausführung der genannten Hauptumwandlung und zugehörige weitere Aufgaben setzen noch eine Reihe von anderen Operationen voraus.

- Die einzelnen Teilprozesse oder Operationen stellen die Struktur des Konstruktionsprozesses dar, welche sich in gewisse Blöcke von gekoppelten Operationen oder Klassen ordnen läßt. Die wichtigsten Blöcke sind:
  - o Konzipieren – Entwerfen – Ausarbeiten;
  - o Aufgabenstellung festlegen – Suche nach der Lösung – Bewerten, Entscheiden – Mitteilen.
- Die Arbeitsaufgaben im Konstruktionsprozeß werden vom Konstrukteur mit Hilfe von technischen Mitteln ausgeführt. Sie gehören der Klasse der Operatoren an.
- Weitere Operatoren, welche auf die Qualität des Maschinensystems und auf die Effizienz des Konstruktionsprozesses Einfluß haben, sind Fachinformationen, Arbeitsmethoden, Darstellungstechnik, Prozeßleitung und Arbeitsbedingungen.

2.12 Bewertungskriterien des Konstruktionsprozesses und Daten über den Konstruktionsprozeß

Um Konstruktionsprozesse vergleichen, charakterisieren oder bewerten zu können, müssen geeignete Kennzeichen – meist Eigenschaften – festgelegt werden. Die nachfolgende Aufstellung solcher Kriterien bringt einige konkrete Daten und Möglichkeiten des Einsatzes.
Es muß allerdings klar sein, daß jede qualitative Aussage über den Wert des Konstruierens immer problematisch bleibt, da weder Maßstäbe noch methodische Einheitlichkeit vorhanden sind. Es besteht eine einzige Möglichkeit, um ein objektives Bild zu erreichen, nämlich die Wahl von mehreren aufeinander abgestimmten Kennzeichen, welche von Fall zu Fall in verschiedenen Kombinationen auftreten können.

(1) Qualität des konstruierten Maschinensystems

Beispiel einer Bewertungsaussage:"Diese Konstruktionsleistung ist gut, weil die Produktqualität hoch ist." Bestimmt ist das Endergebnis einer Konstruktion ein gutes Kriterium für das Urteil über den Konstruktionsprozeß, wenn auch nicht ohne Vorbehalt. Für die Gesamtbewertung qualitativer Art läßt es nur eine grobe Aussage zu. Weil sehr viele Faktoren Einfluß auf die Qualität des Produktes haben, kann auch bei unbefriedigendem Zustand einiger Faktoren das Ergebnis gut sein und umgekehrt. Dementsprechend ist es nötig, eine solche Bewertung durch weitere Angaben,wie z.B. über die Qualität der Operatoren, zu vervollständigen. Die Abhängigkeit der Qualität des Produktes wird dabei auf verschiedene Einflußfaktoren bezogen.
Einige Beispiele von Abhängigkeiten: Abb.2.10 zeigt den Einfluß des Könnens von Konstrukteuren, Abb.2.16 den Einfluß der Zeit und Abb.3.8 den Einfluß der Teamgröße.

(2) Qualität der Operatoren des Konstruktionsprozesses

Beispiel einer Aussage:"An dieser Konstruktion arbeiten sehr gute Konstrukteure mit langjähriger Erfahrung." Eine solche Bewertung, also eine Aussage über Qualität von Konstrukteuren, vorhandene Fachinformationen, angewandte Arbeitsmethoden und Darstellungstechniken, die Führung der Konstruktionsarbeit usw. bietet keine Möglichkeit, die Konstruktion vollständig zu charakterisieren. Solche Informationen über die einzelnen Einflußfaktoren treten lediglich als zusätzliche Kriterien neben die anderen Bewertungsaussagen. Die Möglichkeiten für die Beschreibung der Operatoren werden in den einzelnen Abschnitten behandelt.

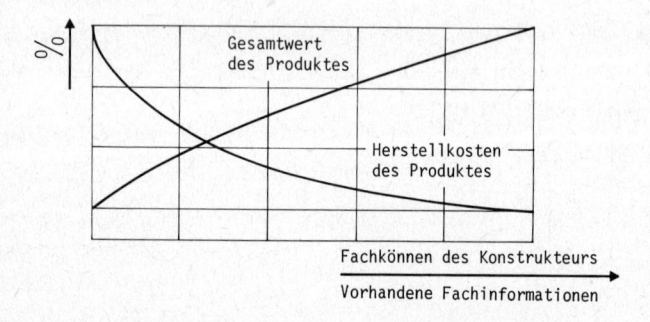

Abb.2.10. Der Einfluß des Fachkönnens des Konstrukteurs auf den Gesamtwert und die Herstellungskosten des Produktes [104]

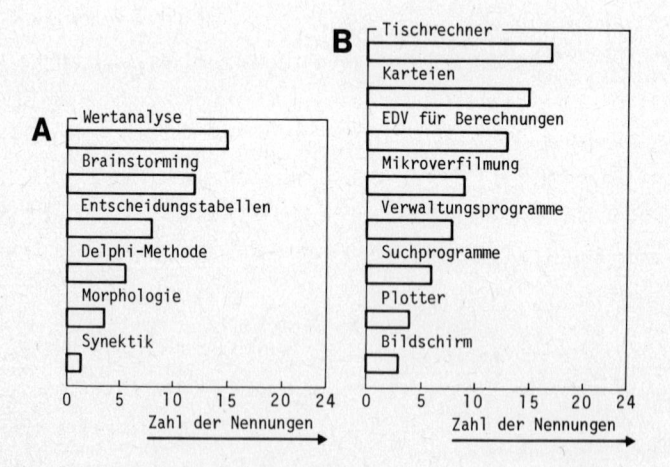

Abb.2.11. Die Anwendung verschiedener Methoden (A) und technischer Arbeitsmittel (B) beim Konstruieren in 24 Betrieben des Maschinenbaues in der BRD [17]

Als Beispiel für die Anwendung verschiedener Arbeitsmethoden und technischer Mittel beim Konstruieren in diesem Zusammenhang kann Abb.2.11 dienen.

(3) <u>Effektivität des Konstruktionsprozesses</u>

Das Gesamtkriterium, das alle Aspekte des Prozesses einschließt, wird allgemein als Effektivität (auch Effizienz, Wirkungsgrad) definiert:

$$\text{Effektivität} = \frac{\text{Nutzen des Prozesses (Ertrag) in einer Zeitperiode}}{\text{Aufwand für den Ertrag}}$$

Der Nutzen eines Konstruktionsprozesses zeigt sich in erster Linie in der Qualität des Maschinensystems, vertreten durch den Gesamtwert oder seine Auswirkung. Er läßt sich auch auf andere Weise in beliebigen Einheiten ausdrücken (eine Möglichkeit wäre z.B. die Anzahl der Zeichnungen). Der Aufwand kann durch die finanziellen Mittel für den Konstruktionsprozeß, durch Arbeitsstunden oder durch ähnliche Kennzeichen dargestellt werden.

Die Effektivitätsbewertung eignet sich besonders für Leistungsvergleiche verschiedener Gruppen, die dieselbe Familie von Maschinensystemen konstruieren, über eine bestimmte Zeitperiode oder für Leistungsvergleiche derselben Gruppe in verschiedenen Zeitperioden.

(4) <u>Die Produktivität des Konstruktionsprozesses</u>

Die Produktivität im Konstruktionsprozeß hängt von der Leistungsfähigkeit der Konstrukteure ab und wird allgemein wie folgt definiert:

$$\text{Produktivität} = \frac{\text{geleistete Arbeit in einer Zeitperiode}}{\text{verbrauchte Arbeitszeit}}$$

Die geleistete Arbeit kann in verschiedenen Einheiten (technischen oder monetären) quantifiziert werden. Die Produktivität der Arbeit steht in Beziehung zum Können und der Arbeitsintensität des Konstrukteurs, zu seinen Arbeitsmethoden und seiner Auslastung, sowohl in sachlicher als in zeitlicher Hinsicht, zur Arbeitsplatzgestaltung und zu den Arbeitsbedingungen.

Indirekt werden auch das Niveau der Leitung und andere Operatoren widergespiegelt. Die Planung und Überwachung der Produktivität ist für die Führung wichtig, wobei die Vergleiche verschiedener Gruppen sehr vorsichtig beurteilt werden müssen.

(5) <u>Durchschnittliche zeitliche Struktur der Konstruktionsarbeit</u>

Für das Bewerten, Dimensionieren und Vergleichen von Konstruktionsabteilungen ist es nötig, die zeitlichen Anteile von charakteristischen Tätigkeiten wie Konzipieren, Entwerfen usw. zu kennen. Eine solche Struktur ist von der Art, der Originalität, dem Schwierigkeits- und Normungsgrad des Maschinensystems sowie einer Reihe von weiteren Faktoren abhängig. Eine Ermittlung in Deutschland [17] hat z.B. gezeigt, daß nur 28 % aller Konstruktionsaufträge das Konzipieren verlangen und daß bei 44 % direkt in die Entwurfsphase eingetreten werden kann.

Die durchschnittlichen Resultate einiger Untersuchungen zeigen relativ gute Übereinstimmung, wie Abb.2.12 dokumentiert. Sogar die Faustregel für die Zusammensetzung einer Konstruktionsgruppe entspricht den Ergebnissen. Es wäre jedoch falsch, wenn sich jeder Betrieb mit diesen durchschnittlichen Angaben zufriedengäbe, ohne seine eigenen Werte zu ermitteln und zeitlich zu verfolgen.

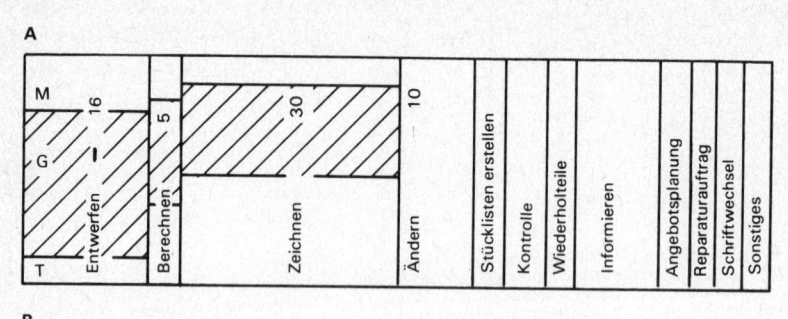

A

M 16	5	30	10	Stücklisten erstellen	Kontrolle	Wiederholteile	Informieren	Angebotsplanung	Reparaturauftrag	Schriftwechsel	Sonstiges
G											
T Entwerfen	Berechnen	Zeichnen	Ändern								

B

Empirische Regel über die Zusammensetzung einer Konstruktionsgruppe:	
Chefkonstrukteur	1
Gruppenleiter, selbständige Konstrukteure	10 bis 15
Konstrukteure und Hilfskonstrukteure	70 bis 65
Techn. Zeichner und Schreibkräfte	10
Hilfskräfte	10
Zusammen	100

Abb.2.12. Die zeitliche Struktur des Konstruierens.
      A. Nach einer Studie bei der Firma SKODA, Pilsen [55]
         Das Entwerfen, Berechnen und Zeichnen ist noch in Teile-(T), Gruppen- (G) und Maschinenkonstruieren (M) unterteilt
      B. Nach der Empirischen Regel über die Zusammensetzung einer Konstruktionsabteilung

(6) <u>Die zeitliche Struktur der einzelnen Mitarbeiter</u>

Nicht nur die durchschnittliche Struktur einer Konstruktion, sondern ein Bild der Tätigkeiten von einzelnen Mitarbeitern und ihre zeitliche Verteilung sind interessant. Denn es ist z.B. üblich, daß ein Konstruktionsingenieur nicht nur während der Arbeitszeit konzipiert.

Die Art der Tätigkeiten und ihre prozentualen Anteile an der Gesamtzeit geben eine Aussage über fachliche Beanspruchung und zeitliche Auslastung des Fachmannes. Diese Angaben sind für hochqualifizierte Konstrukteure von besonderer Bedeutung und schaffen eine Grundlage für Verbesserungen. Abb.2.13 bringt ein konkretes Beispiel nach einer durchgeführten Studie.

(7) <u>Konstruktionszeit</u>

Die Konstruktionszeit ist die Zeitdauer für das Konstruieren eines Maschinensystems, d.h. für seinen Aufenthalt in der Konstruktionsphase. Sie umfaßt die wirklichen Arbeitsperioden sowie Pausen, wenn der Konstruktionsprozeß aus irgendwelchen Gründen unterbrochen wird. Die Konstruktionszeit ist der wichtigste Anteil an der ganzen Entstehungszeit des Maschinensystems (Abb.2.14). Wie wichtig die rasche Verwirklichung einer Idee oder einer Verbesserung ist, bedarf keines Kommentars.

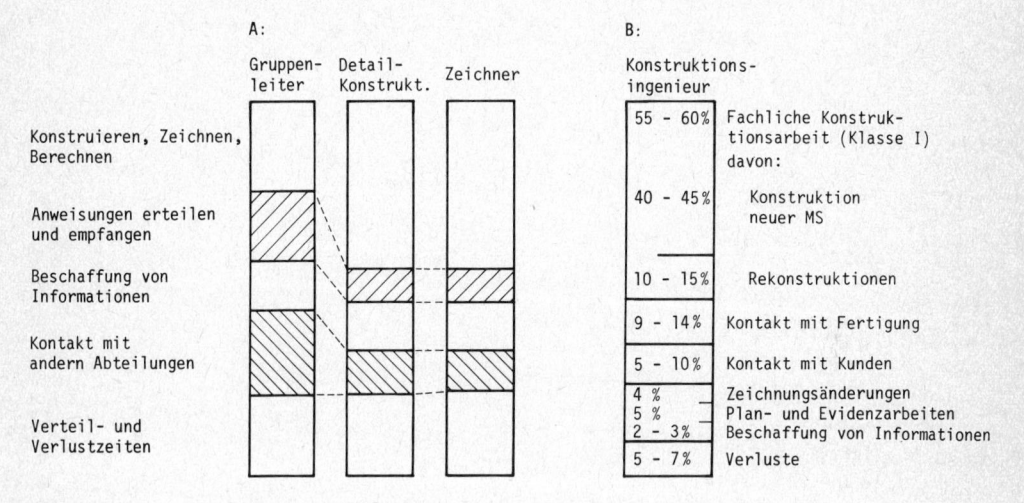

Abb.2.13. Die zeitliche Struktur einiger Mitarbeiter in der Konstruktion

    A. Die durchschnittliche zeitliche Struktur eines Gruppenleiters, Detailkonstrukteurs und Zeichners [57]

    B. Die durchschnittliche zeitliche Struktur eines Konstruktionsingenieurs [55]

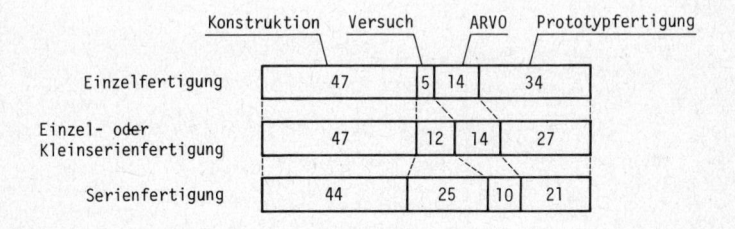

Abb.2.14. Die zeitlichen Anteile des Konstruierens bei den einzelnen Arten der Fertigung [17]

Die Konstruktionszeit wird von vielen Faktoren im Konstruktionsprozeß beeinflußt. Als wichtigste dominieren Fachkönnen (Abb.2.15), Arbeitsmethoden, Leitung und Motivierung.

Die Beziehung zwischen Produktqualität und Konstruktionszeit wird in allgemeiner Form in Abb.2.16 gezeigt. Es gilt grundsätzlich trotz allen speziellen

Einflüssen in einzelnen Fällen, daß eine höhere Qualität von einem bestimmten Niveau an einen sehr großen Zeitaufwand erfordert. Diese Erfahrung gibt Anlaß für die Optimierung der Qualität in bezug auf Konstruktionszeit, wie auch in bezug auf die Kosten.

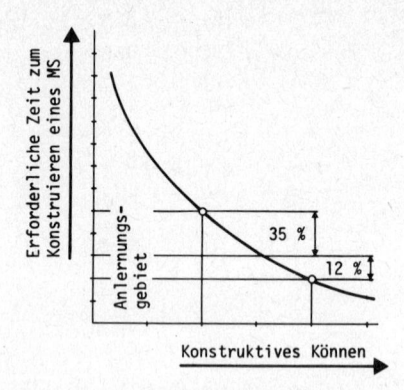

Abb.2.15. Die Abhängigkeit der erforderlichen Zeit für das Konstruieren eines Maschinensystems vom konstruktiven Können [104]

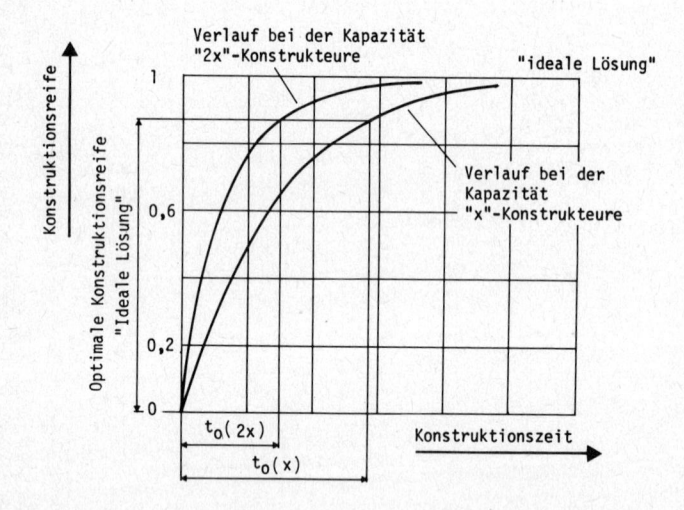

Abb.2.16. Der Einfluß der Konstruktionszeit und Gruppengröße auf die Qualität des Produktes

(8) <u>Zeitaufwand für Konstruktionsarbeiten</u>

"Wieviele Arbeitsstunden werden für diese Aufgabe benötigt?" ist die Frage des Planungsorgans bei jedem Auftrag. Denn die benötigten Stunden belasten die Kosten des Betriebs. Deshalb müssen, um eine Vergleichsmöglichkeit zwischen Produkten verschiedener Konstruktionsprozesse zu schaffen, geeignete Methoden und Maßstäbe entwickelt und genau definiert werden (vgl. Kap.8).

Neben dem gesamten Zeitaufwand ist auch seine Verteilung während der Konstruktionszeit sehr wichtig. Wie die Abb.2.16 veranschaulicht, läßt sich die Reife einer Konstruktion nicht nur durch den Einsatz größerer Konstruktionskapazitäten erzwingen. Ein Engpaß liegt in den Konzeptionsphasen, wo nur einige wenige Leute an der Aufgabe arbeiten können. Das Beispiel einer typischen Verteilung des Zeitaufwandes während der Konstruktionszeit ist in Abb.2.17 gegeben.

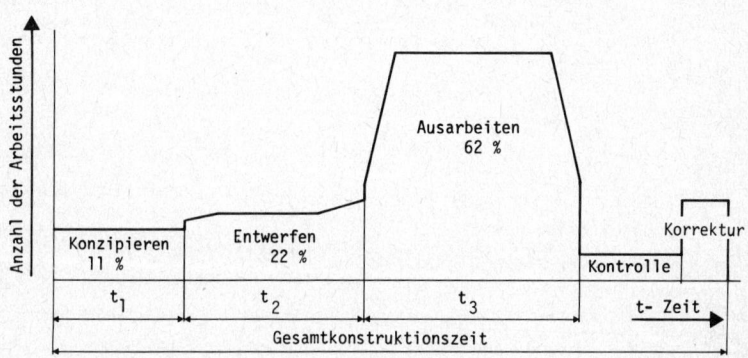

Abb.2.17. Ein Modell-Verbrauch der Arbeitsstunden im Laufe des Konstruierens

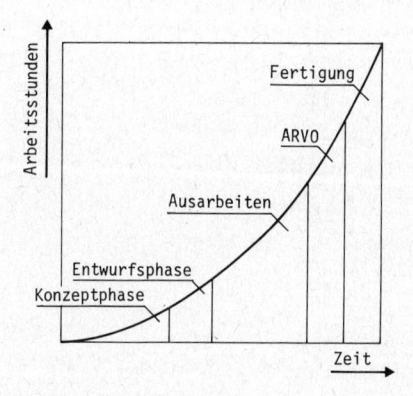

Abb.2.18. Der Zeitaufwand in Arbeitsstunden in den einzelnen Entstehungsphasen des Produktes [98]

Eine andere Frage ist ein Vergleich der Konstruktionsphase mit anderen Produktentstehungsphasen. Abb.2.18 illustriert den Zeitaufwand für einige Etappen.

(9) Die Konstruktionskapazität

Die Konstruktionskapazität zeigt die Leistungsmöglichkeit eines Konstruktionsteams. Sie kann grob durch die Anzahl der Konstrukteure, feiner in Planstunden oder in anderen Kennzeichen ausgedrückt werden. Auch auf diese Kennzeichen wird bei der Planung der Konstruktionsarbeit (vgl. Kap.8) näher eingegangen.

(10) <u>Konstruktionskosten</u>

Konstruktionskosten sind alle Kosten, die mit dem Konstruktionsprozeß verbunden sind, d.h. die Gehälter der Konstrukteure und die entsprechenden Versicherungen, die Beratertaxen, die Kosten der Amortisation von technischen Ausrüstungsmitteln und Gebäuden, Wartungskosten, Kosten für Reinigung der Räume, Reisevergütungen, Kosten des Zeichen- und Schreibmaterials, der Informationsbeschaffung und -verarbeitung, der Versuchseinrichtung und des Hilfspersonals usw. Ihre Berechnung pro Maschinensystem ist immer schwierig und ungenau. Es werden zwar die Arbeitsstunden erfaßt, aber die Preise pro Arbeitsstunde werden nur für einige Kategorien berechnet (z.B. Ingenieurarbeit, Konstruktionsarbeit, Zeichenarbeit).

Zum Vergleich, ob die berechneten Stundenkosten dem Durchschnitt entsprechen, können offizielle Preislisten für Ingenieurarbeiten dienen oder Angebote von Ingenieurfirmen für die Konstruktion eines Maschinensystems eingeholt werden.

Die genannten Kennzeichen sind in der Lage, die einzelnen Konstruktionsprozesse oder Konstruktionssysteme zu charakterisieren; sie stellen allerdings nur eine Auswahl dar.

2.13 Arten der Konstruktionsprozesse

Die Elemente des Systems "Konstruktionsprozeß" - das Maschinensystem, alle Operatoren, Teilprozesse u.a. - variieren je nach Aufgabe und Situation sehr stark. Dadurch entstehen verschiedene Prozeßarten, welche durch konkrete Angaben über ein oder mehrere Prozeßelemente gekennzeichnet sind. Mit andern Worten: Alle diese Arten von Konstruktionsprozessen sind aus dem allgemeinen Prozeß durch Konkretisierung einiger Angaben abgeleitet.

(1) Art des Maschinensystems, Kompliziertheitsgrad, Originalität.

In erster Linie bestimmen die Merkmale des zu konstruierenden Maschinensystems die einzelnen Prozeßarten. So unterscheiden wir

- Projektionsprozeß: Operanden sind Maschinensysteme des 4. Kompliziertheitsgrades (Anlagen, Einrichtungen);
- Detaillierungsprozeß: er führt zu Maschinensystemen des 1. Kompliziertheitsgrades;
- Entwicklungsprozeß: er führt zu neuen Produkten:
  o Neuentwicklung: das entwickelte Maschinensystem soll ziemlich neue Eigenschaften und vor allem eine neue Konzeption aufweisen;
  o Weiterentwicklung: die Eigenschaften des bestehenden Maschinensystems werden verbessert, die Konzeption bleibt bestehen;

- Variantenkonstruktion: einige Eigenschaften des Produktes werden geändert:
  - o Anpassungskonstruktion: Prozeß der Anpassung eines bestehenden Maschinensystems an spezielle Anforderungen, wobei die Mehrheit der Eigenschaften bestehen bleibt;
  - o Umwandlungskonstruktion: Prozeß der Änderung eines bestehenden Maschinensystems, wobei die Eingriffe tiefgreifender sind, die Konzeption allerdings die gleiche bleibt wie bei der Ausgangslösung.

(2) Als spezielle Prozeßarten werden oft auch die Teilprozesse des Konstruierens betrachtet, z.B.
  - Entwerfen: Konstruieren in der Phase des Entwurfs, d.h. Bestimmen lediglich einiger dominierender Eigenschaften des zu konstruierenden Systems;
  - Ausarbeiten: Festlegen der letzten Einzelheiten in den elementaren Eigenschaften des Maschinensystems, ausgehend von dem Entwurf.

(3) Die Herstellungsart prägt ganz wesentlich den Charakter des Konstruktionsprozesses. Man unterscheidet z.B.
  - Konstruktionen von in Serienproduktion zu fertigenden Maschinensystemen
  - Konstruktionen eines als Einzelprodukt zu fertigenden Maschinensystems.

Alle diese und weitere Prozeßarten tragen – wie erwähnt – charakteristische Merkmale und sind durch größere Konkretheit gegenüber dem allgemeinen Konstruktionsprozeß gekennzeichnet. So können für diese Prozeßarten konkretere Daten angegeben werden, und es kann bei methodischen Hinweisen konkreter gestaltet werden. Der Schritt vom allgemeinen zum speziellen Prozeß bedeutet Gewinn an Konkretheit, was für die praktische Anwendung immer von Bedeutung ist.

2.14 Zusammenfassung

Dieses Kapitel hat grundlegende Betrachtungen über den Konstruktionsprozeß gebracht, und grundlegende Begriffe sind definiert worden. Eine übersichtliche Zusammenfassung ist im Anhang 1 enthalten.

3. Der Konstrukteur

Als Konstrukteur wird jeder Mitarbeiter bezeichnet, der im Konstruktionsprozeß eine Tätigkeit ausübt, welche direkt zum Vorausdenken und Beschreiben eines technischen Systems führt. Diese Berufsbezeichnung ist also ein Oberbegriff für die große Klasse von Mitarbeitern im Konstruktionsbüro (Konstruktionsingenieure, Chefkonstrukteure, Entwurfsingenieure, Detailkonstrukteure, Zeichner). In der Eigenschaft als Operator vertritt der "Konstrukteur" allgemein auch eine Gruppe von Mitarbeitern, welche die nötigen Konstruktionsarbeiten in Konstruktionsprozessen realisieren.

3.1 Bedeutung des Konstrukteurs

Wenn heute der Ingenieur als der Gestalter unserer Zeit bezeichnet wird, so gilt diese Aussage im besonderen für den Konstrukteur bzw. den Konstruktionsingenieur. Die Bedeutung des Konstruierens unter den Entstehungsetappen wurde bereits geschildert. Die enge Abhängigkeit der Qualität eines Maschinensystems vom Konstruieren und vom Konstrukteur (Abb.2.10 oder 2.15) bringt die vieldiskutierte gesamtgesellschaftliche Bedeutung und Verantwortung des Konstrukteurs zur Geltung. Abb.3.1 veranschaulicht die Einflüsse der Konstruktionsarbeit auf alle Bereiche des menschlichen Lebens. Die Eigenschaften der technischen Systeme beeinflussen maßgebend den Wohlstand und die Lebensbedingungen der Menschen.

Der Konstrukteur ist der wichtigste Operator im Konstruktionsprozeß. Obschon die Einwirkungen der einzelnen Operatoren in dessen Modell getrennt aufgeführt sind (Abb.2.9), werden sie in der Tat durch den Konstrukteur ausgeübt. Denn was nützen die Fachinformationen, Methoden und Arbeitsmittel, wenn sie nicht vom Konstrukteur geschickt koordiniert und ausgenutzt werden? Die weiteren Operatoren des Konstruktionsprozesses neben dem Konstrukteur kann man also auch als dessen Instrumente bezeichnen.

Trotz der Bedeutung, Vielfalt und Faszination der konstruktiven Aufgaben ist die Lage in der Konstruktion nicht "rosig": Immer weniger Abiturienten wenden sich

```
Auswirkungen der Konstruktionsarbeit              Auswirkungen der Konstruktionsarbeit

         Bei Anwendung des Produktes                      Bei Herstellung des Produktes
    Gesamtresultate    Eigenschaften              Eigenschaften         Gesamtresultate
                       des Produktes              des Produktes
                       Funktionsparameter         Fertigungseignung
    Produktivität      - Geschwindigkeit          Montageeignung
                       - Leistung                 Stückzahl in Fertigung  Absatzmöglichkeit
    Ertrag             - Genauigkeit              Lohnkosten              Ertrag
    Selbstkosten       Betriebseigensch.          Materialkosten          Selbstkosten
                       - Sicherheit               Lagerkosten
    Arbeitsstelle      - Zuverlässigkeit          Verpackungskosten
    Kultur             - Lebensdauer              Herstellkosten
                       - Energieverbrauch         Arbeitsproduktivität
                       - Wartungskosten           Nutzwert der Produkte
    Berufskrankheiten  - Raumbedarf               Normeneinhaltung        Produktivität
                       - Betriebskosten           Patentverletzung        Materialausnutzung
    Zufriedenheit      Arbeitsbedingungen    Liquidations-  Liefertermine
    der Arbeiter       - Bedienungseignung   möglichkeit   Transporteignung
                       - Ermüdung des        des Produktes
                         Personals
```

Effektivität aller Industriezweige   Grad der Umweltverschutzung   Effektivität des Maschinenbaues

Wohlstand und Lebensbedingungen der Menschheit

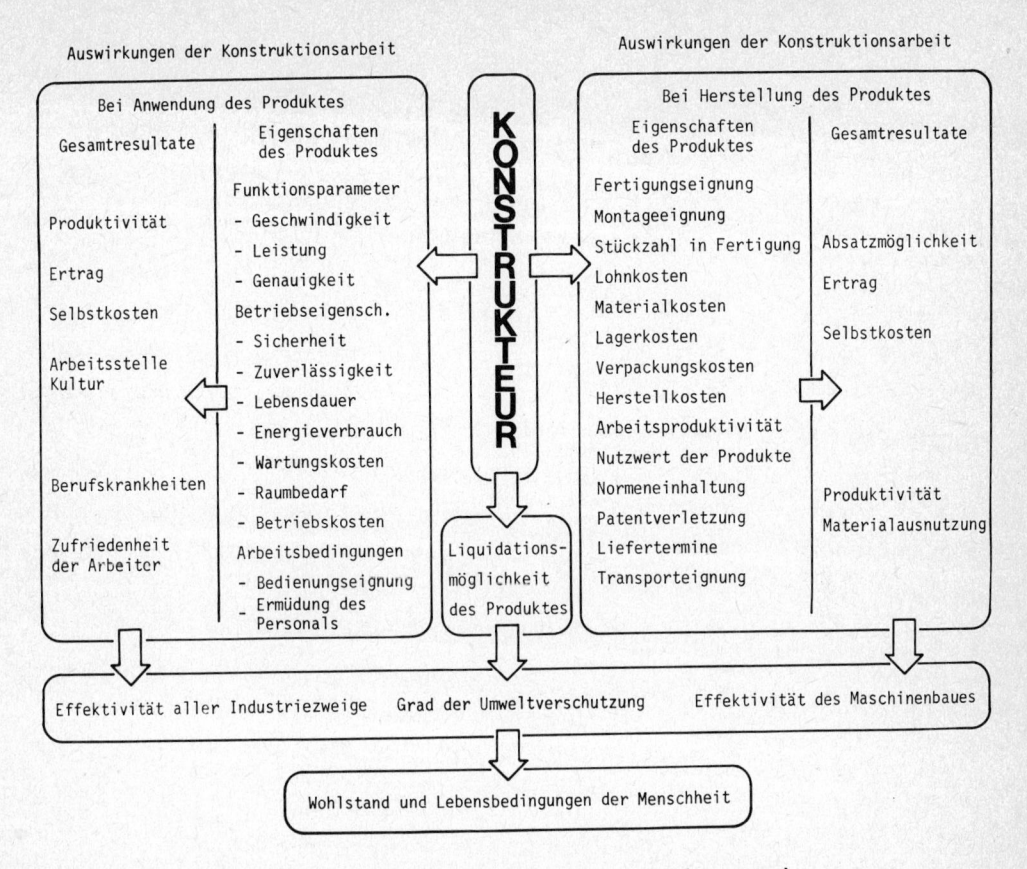

Abb.3.1. Die Auswirkungen der Konstruktionsarbeit

dieser Disziplin zu. Dafür gibt es mehrere Gründe: allgemein negative Einstellung der Gesellschaft gegenüber der Technik, Scheu vor Leistungsansprüchen und Verantwortung sowie Risiko der Arbeit, relativ schlechte langfristige Aufstiegschancen in der Konstruktion. Zu den wichtigsten Gründen gehört allerdings das niedrige Ansehen des Konstruktions- und Ingenieurberufes allgemein, wie unabhängig in mehreren Ländern festgestellt worden ist [109, 110, 111, 112].

3.2 Aufgaben des Konstrukteurs

Die globale Beschreibung der Aufgabe des Konstruktionsprozesses und folglich des Konstrukteurs, von den Anforderungen ausgehend, ein geeignetes Maschinensystem vorauszudenken und zu beschreiben, wäre als Pflichtenheft des Konstrukteurs unbefriedigend. Die Aufgaben des Konstrukteurs beginnen vor der eigentlichen Konstruktion und laufen weit über deren Abschluß hinaus. Einige typische Aufgabenkreise sind:

(1) Anregungen beim Planen des Produktes bzw. Kritik der Aufgabenstellung, Ausarbeiten des Pflichtenheftes.

(2) Ermittlungen über den Stand des Wissens, der Technik sowie über die historische Entwicklung im eigenen Betrieb und bei der Konkurrenz oder der Patentsituation in der Welt.

(3) Vorausdenken oder Anpassen eines Maschinensystems, das den gestellten Anforderungen gerecht wird. Erfüllen der ständigen prinzipiellen Forderungen (vgl. z.B. Abb.5.15), damit ein optimales, dem technischen Niveau entsprechendes Produkt entsteht:
   - Funktion: einwandfreie Funktion als Schwerpunkt;
   - funktionsbedingte Eigenschaften: Parameter, die dem Stand der Technik entsprechen,
   - Betriebseigenschaften: Lebensdauer, Zuverläßigkeit, Sicherheit, Wartung, Raumbedarf,
   - Aussehen: ästhetische Form, Farbe,
   - ergonomische Eigenschaften: Bedienung, Nebenoutputs,
   - Transport- und Lagerungseigenschaften,
   - Gesetzes-, Normen- und Vorschriften-Konformität,
   - Fertigungseigenschaften: Eignung zur Fertigung, Montage,
   - wirtschaftliche Eigenschaften: niedrige Herstellungs- und Betriebskosten,
   - Konstruktionseigenschaften: optimale Festigkeit, Deformationen, Verschleiß. Werkstoff, Toleranzen.

(4) Wirtschaftliches Überführen der Vorstellungen über das Maschinensystem in die geeignete Beschreibung für seine stoffliche Verwirklichung, z.B. durch Zeichnungen, Stücklisten, Montage- und Betriebs-Anweisungen; Ausarbeiten der nötigen Hinweise für erfolgreiches Instandsetzen (Inbetriebsetzen), Fundamentpläne, Schaltpläne, Anschlußpläne, Bedienungsanweisungen.

(5) Übergeordnete Betreuung des Maschinensystems in Arbeitsvorbereitung und Fertigung.

(6) Übergeordnete Betreuung des Maschinensystems in der Distributionsphase, im Betrieb sowie betreffend Liquidationstüchtigkeit.

(7) Auswertung aller Anregungen unter Punkt (5) und (6), Rapporte und Reklamationen sowie entsprechende Ausführung von Korrekturen.

(8) Anwendung der neuesten Erkenntnisse und Arbeitsmethoden in seiner Arbeit, Wissenschaftlichkeit als Arbeitsprinzip annehmen, maximale Effizienz seiner Arbeit anstreben.

(9) Ethische Verantwortung für das Produkt tragen.

Die meisten dieser Aufgaben bedürfen keiner Erklärung; lediglich die Ingenieurethik ist eine neue Anforderung, wenn auch nicht ganz unbekannt. Für die heute so kritisierten Auswirkungen der Technik trägt der Ingenieur gewiß die Mitverantwortung. Inwieweit es sich um Absicht, Mißbrauch der Technik, Lücken in Ingenieurkenntnissen oder andere Ursachen handelt, bleibt in diesem Zusammenhang unbedeutend. Ein Weg zur Vermeidung der Gefahr geht gewiß über den Konstrukteur mit dem Appell an seine ethische Verantwortung für die Auswirkungen seines Produktes. In den USA wurde eine Richtlinie ausgearbeitet [108], welche neben den Beziehungen zur Gesellschaft auch die Beziehungen zum Arbeitgeber, Kunden und anderen Ingenieuren zu regeln versucht.

3.3 Charakter und Merkmale der Konstruktionsarbeit

Im Abschnitt 2.7 wurden bereits die wesentlichen charakteristischen Merkmale der Konstruktionsarbeit gezeigt; in Punkt 2.12 wurden sie durch einige Kennzeichen ergänzt und quantifiziert. Um einen Ausgangspunkt für die Ermittlung der Anforderungen an die Konstrukteure zu gewinnen, fassen wir nun die bedeutendsten Merkmale zusammen:
- Komplizierte, anspruchsvolle Arbeit, denn es muß eine Vielfalt von gegenseitig abhängigen technisch-wirtschaftlichen Eigenschaften des zu konstruierenden, oft nicht existierenden technischen Systems erzielt werden, wobei die genauen Abhängigkeiten oft nicht bekannt oder äusserst kompliziert sind.
- Kommunikationsdruck (informieren und informiert sein)
- Viel Synthetisieren und Analysieren
- Viele Entscheidungen treffen und Optimum suchen
- Geistig-schöpferische Tätigkeit - Vorstellung und Abstraktion; Aufbau der komplizierten Gestalt in Gedanken
- Zuwachs und Änderung der Kenntnisse zwingen zu ständigem Lernen
- Gewissenhafte, gründliche, fehlerfreie Arbeit ist notwendig, da alle Entscheidungen in den nachfolgenden Etappen, besonders in Fertigung und Betrieb, ihre Konsequenzen haben
- Langfristige, oft mit unermüdlichem Suchen nach Lösung und Optimum erfüllte Arbeit
- Zusammenarbeit mit breitem Mitarbeiterkreis erforderlich
- Wegen vieler Unbekannten und Kompliziertheit relativ großes Risiko der Arbeit
- Planmäßige, systematische Arbeit ("mehr Transpiration als Inspiration")
- Arbeit ohne zeitliche Begrenzung (oft findet man die Lösung in der Freizeit)
- Lange "Reifezeiten" des Konstrukteurs.

3.4 Anforderungen an den Konstrukteur

In Anlehnung an die im letzten Abschnitt festgelegten Merkmale der Konstruktionsarbeit ist es nun möglich, die Anforderungen an den Konstrukteur zu bestimmen. Dabei muß schon am Anfang klar sein, daß die allgemeinen Anforderungen für die einzelnen Mitarbeiter im Ausmaß sehr unterschiedlich sind, wie z.B. der Vergleich der Fachkenntnisse, der Koordinationsgabe oder der Sorgfalt beim Entwurfsingenieur oder beim Detailkonstrukteur zeigt. Die Aufzählung der gewünschten Eigenschaften soll also mehr als Modell für einen idealen Konstrukteur betrachtet werden. Die Ableitung eines Berufsbildes für die einzelnen Mitarbeiter bedeutet die Anpassung allgemeiner Aussagen an die konkreten Aufgaben und deren Tätigkeitscharakter.

Konstruieren verlangt wie jede andere Tätigkeit gewisse Fähigkeiten und persönliche Eigenschaften (Einstellung, Charakter). Die Fähigkeit ist dabei als Gesamtbegriff für alle notwendigen Voraussetzungen zur Ausführung einer bestimmten Arbeit zu verstehen, ob es sich dabei um angeborene Begabung oder um durch Lernen und Übung angeeignetes Können (Fertigkeiten) handelt. Das nötige Wissen und Können wird durch Lernen und/oder Erfahrung gewonnen. Zur Durchführung einer Arbeit müssen diese fachlichen Voraussetzungen durch die Einstellung (Attitude) ergänzt werden. Ein solcher Zustand wird als Disposition für den Beruf bezeichnet. Die Leistung kann also bei den gleichen Fachvoraussetzungen stark variieren, je nach der Einstellung des Einzelnen.

3.4.1 Modell des idealen Konstrukteurs

Es gibt nicht viele Berufe, an welche so hohe Anforderungen gestellt werden wie an den des Konstrukteurs. Für eine erfolgreiche Konstruktionsarbeit ist umfangreiches Wissen und Können nicht ausreichend; es gehören dazu auch Erfahrungen auf verschiedenen Gebieten, nebst weiteren Eigenschaften und Begeisterung für die Arbeit.

Schon die Allgemeinbildung und das Kulturniveau haben einen bedeutenden Einfluß. So zeigten z.B. Versuche mit zwei Gruppen von Personal, nämlich einseitig orientiertem und breiter ausgebildetem, daß die zweite Gruppe qualitativ bessere und originellere Lösungen lieferte. Es ist auch bekannt, daß Studenten aus Entwicklungsländern mit wenig entwickelten Sprachen beim Konstruieren Schwierigkeiten haben [83].

Versuchen wir nun, eine Liste der Anforderungen zusammenzustellen. Wenn die Merkmale der Konstruktionsarbeit gefunden sind, kann man von diesen die Anforderungen an den Konstrukteur ableiten. Abb.3.2. spiegelt diesen Vorgang wider. Im nächsten

Charakteristische Merkmale des Konstruierens	Entsprechende Anforderungen an den Konstrukteur
Anspruchsvolle technisch-wirtschaftliche Facharbeit bei dem Vorausdenken nichtexistierender Strukturen	Gute Allgemeinbildung als solide Basis; Umfangreiches Wissen aus Naturwissenschaft, Technik und Wirtschaft; Breiter Horizont; Logisches Denken; Kostendenken; Vorstellungsvermögen; Gedächtnis; Kritische Einstellung; Fähigkeit, Zusammenhänge zu sehen; Verantwortungsgefühl; Ordnungsgabe
Kommunikationsdruck	Fähigkeit, sich in versch. Darstellungsarten auszudrücken; Zeichnungsfertigkeit; Überzeugungskraft; Handlungsfähigkeit
Viele Synthesen, Analysen Optimierungen, Entscheidungen	Vorstellungsvermögen; Kreativität; Phantasie; Entscheidungskraft; Kostendenken; Lust an Problemlösung; Fähigkeit, systematisch zu arbeiten
Geistig-schöpferische Tätigkeit	Vorstellungsvermögen; Gedächtnis; Kombinationsgabe; Fähigkeit zum Abstrahieren
Neuesten Stand der Technik beherrschen	Fähigkeit, Information zu beschaffen; Geistige Flexibilität; Ständiges Lernen
Genaue Arbeit, jede Einzelheit klar	Gewissenhaftigkeit; Sorgfalt
Ständiges Überprüfen der getroffenen Entscheidungen	Fähigkeit, systematisch zu arbeiten; Kritische Einstellung; Kenntnisse
Langfristige Aufgaben	Ausdauer; Konzentration; Willensstärke; Entschlossenheit; Organisationstalent; Verantwortung; Planmäßigkeit
Notwendigkeit der Zusammenarbeit	Teamgeist; Kontaktfreudigkeit; Freundlichkeit; Offenheit; Fairness; Kollegialität
Gewisse Wahrscheinlichkeit eines Misserfolges	Gesundes Selbstvertrauen; Scharfes Urteilsvermögen; Beobachtungsgabe
Notwendigkeit freierer Arbeitszeitgestaltung	Freude an der Arbeit; Neugier; Begeisterung für Problemlösen
Lange Reifezeit des Konstrukteurs	Ausdauer; Freude an der Arbeit; Von der Bedeutung der Arbeit überzeugt sein

Abb.3.2. Die Ableitung der Anforderungen an den Konstrukteur von den charakteristischen Merkmalen des Konstruierens

Schritt werden die gefundenen Anforderungen klassifiziert und in Abb.3.3 als ein Modell des idealen Konstrukteurs als dem Träger dieser Anforderungen dargestellt.

Die meisten Begriffe benötigen keinen Kommentar. Nur mit dem Begriff "Kreativität" muß vorsichtig umgegangen werden. Der heutige Gebrauch bzw. Mißbrauch geht zu weit (vgl. Abschnitt 5.1.4).

Wissen Kenntnisse	Fähigkeiten Können	Persönliche Eigenschaften Einstellung

Allgemeines Wissen
  Sprachen
  Literatur
  Geschichte
  Geographie
Mathematik
Geometrie
Physik
Chemie
Technisches Fachwissen
  Grundlagen-Wissen
  Fachgebietwissen
  Konstruktionslehre
  Mech. Technologie
  Werkstofflehre
Volkswirtschaft
Rechtskunde
Psychologie
Techn.Ästhetik
Ergonomie
	Intelligenz
	Gedächtnis
	Logisches Denken
	Synthesefähigkeit
	Kostendenken
	Vorstellungsvermögen
	Kombinationsgabe
	Kreativität
	Geistige Flexibilität
	Methodische Arbeitsweise
	Informationen beschaffen
	Entscheidungsfähigkeit
	Darstellungsfähigkeit
	Beobachtungsfähigkeit
	Konzentrationsfähigkeit
	Planmäßigkeit
	Führungsgabe
	Organisationsgabe
	Ordnungsgabe
	Persönl. Auftreten
	Präzise Ausdrucksweise
	Überzeugungskraft
		Leistungsfähigkeit
		Ausdauer
		Willensstärke
		Ehrlichkeit
		Verantwortungsbewußtsein
		Pflichtbewußtsein
		Aufgeschlossenheit
		Gründlichkeit
		Gewissenhaftigkeit
		Sorgfältigkeit
		Kontaktfreudigkeit
		Breiter Horizont
		Objektivität
		Kritische Einstellung
		  inkl.Selbstkritik
		Selbstvertrauen
		Begeisterung, Freude
		  am Konstruieren
		Bereitschaft für
		  Zusammenarbeit
		Ständiges Studium
		Fairness

Der ideale Konstrukteur besitzt:

Abb.3.3. Die Merkmale eines idealen Konstrukteurs

3.4.2 Qualifikationsbild des Konstrukteurs

Um die Eignung von Personen für den Konstruktionsberuf bestimmen zu können, bedarf es einer genauen Beschreibung der für das betreffende Arbeitsgebiet notwendigen Qualifikation (Kenntnisse, Fähigkeiten, Fertigkeiten). Dazu ist das Modell des idealen Konstrukteurs zu allgemein und kann bloß als Ausgangspunkt für die Ausarbeitung des Qualifikationsprofils dienen. Ein solches Bild ist ebenfalls eine Aufstellung von Anforderungen, konkretisiert diese jedoch bezüglich Inhalt und Maß. Obschon wir uns auch im Qualifikationsprofil meist nur auf qualitative Aussagen stützen können, ist die Aussagekraft bedeutend größer.

Der Vergleich einiger Berufsgruppen in der Konstruktion zeigt die unterschiedlichen Werte der Anforderungen. So bringt Abb.3.4 einige Anforderungen für die drei Mitarbeitergruppen Entwurfsingenieur, Detailkonstrukteur und Zeichner. Einige dieser Werte können überraschen, z.B. die geringen zeichnerischen Fertigkeiten des Entwurfsingenieurs.

Wissen, Einstellung Eigenschaften	Entwurfs-Ingenieur	Detail-Konstrukteur	Zeichner	Können	Entwurfs-Ingenieur	Detail-Konstrukteur	Zeichner
Wissen, Kenntnisse				**Können, Fähigkeiten**			
Allgemeines Wissen	2	1	1	Logisches Denken	3	3	2
Techn. Grundkenntnisse	3	2	1	Synthesefähigkeit	3	2	0
Spezielles Fachwissen	3	3	1	Kostendenken	3	3	1
Einstellung				Gedächtnis	2	3	2
Persönl. Eigenschaften				Vorstellungsvermögen	3	2	2
				Kreativität	3	2	0
Leistungsfähigkeit	3	3	2	Geistige Flexibilität	3	2	1
Ausdauer	3	3	2	Methodische Arbeitsweise	3	2	1
Verantwortungsbewußtsein	3	2	1	Entscheidungsfähigkeit	3	2	0
Gründlichkeit	2	3	3	Darstellungsfähigkeit	3	3	1
Selbstvertrauen	3	2	0	Zeichnungsfähigkeit	1	3	3
Begeisterung	3	2	1	Führungsgabe	3	1	0
Bereitschaft zu				Organisationsgabe	2	1	1
Zusammenarbeit	3	2	2	Konzentrationsfähigkeit	3	2	2
Ständigem Studium	3	1	0	Präzise Ausdrucksweise	3	1	0

Erläuterungen: 3 hohe, 2 mittlere, 1 niedrige, 0 keine Anforderungen

Abb.3.4. Die Höhe der Anforderungen auf 3 Gruppen von Mitarbeitern in der Konstruktion

Um ein vollständiges Qualifikationsprofil zu bekommen, müssen die Kenntnisse und Fähigkeiten näher beschrieben werden. Als Beispiel werden die Fachanforderungen an den Detailkonstrukteur entwickelt; sie können etwa wie folgt formuliert werden:

- Er arbeitet nach dem Entwurf und den Anweisungen des Entwurfsingenieurs komplette Detailzeichnungen aus
- Er verfügt über naturwissenschaftliche und technische Kenntnisse (auf dem Niveau einer Techniker -Ausbildung)
- Er kann logisch und wirtschaftlich denken
- Er besitzt praktische Kenntnisse des Fachgebietes über die Familie des Maschinensystems
- Er hat die Erfahrung eines Facharbeiters in der Fertigung
- Er kennt die Werkstoffe und ihre Eigenschaften
- Er hat den Überblick über die Organisation des Betriebs und besonders der Konstruktionsabteilung
- Er besitzt grundlegende Kenntnisse über Arbeitsmethoden in der Konstruktion.

Das Qualifikationsbild des Konstrukteurberufs dient noch weiteren Zwecken, z.B. der Entwicklung des Berufsbildes und besonders der Zielsetzung für die Ausbildung der betreffenden Berufsgruppe.

3.4.3 Berufsbild des Konstrukteurs

Das Berufsbild des Konstrukteurs soll die eingehende Beschreibung einer Konstruktionstätigkeit umfassen mit Angaben über Wesen, Entwicklung, Arbeitsaufgaben, seelische und körperliche Anforderungen, Ausbildungsgang, Arbeitsbedingungen, Einkommen und Aufstiegschancen, Lage auf dem Arbeitsmarkt, rechtliche Stellung, Geschichte und ähnlichen Angaben.
Den wesentlichen und wichtigsten Teil des Berufsbildes nimmt das Qualifikationsprofil ein (Abschnitt 3.4.2). Weil sich die vorliegende Veröffentlichung der Erörterung derjenigen Fragen widmet, welche als Inhalt des Berufsbildes aufgeführt sind, bedarf es an dieser Stelle keiner weiteren Einzelheiten.

3.4.4 Stellenbeschreibung

Die Konstrukteure werden bisweilen als gesonderte Berufsklasse betrachtet. Im Konstruktionsbüro als dem System für die Verwirklichung des Konstruktionsprozesses bildet der Konstrukteur ein Teilsystem mit gewissen Teilfunktionen und einer Menge von Beziehungen sowohl innerhalb des Konstruktionsbüros selbst als auch im Unternehmen oder mit außerbetrieblichen Organen.
Alle diese Angaben sollen in einer Stellenbeschreibung zusammengefaßt werden. Beim Projektieren (Organisieren) des Konstruktionsbüros stellt das Pflichtenheft einer Stelle eine solche Beschreibung dar, welche im Sinne von Überlegungen über das Konstruieren als Funktionsträger einer oder mehrerer Teilfunktionen angesehen werden kann.
Die Form der Stellenbeschreibung variiert von Fall zu Fall; die nachstehenden grundlegenden Strukturelemente sollten jedoch ständige Bestandteile jeder Stellenbeschreibung sein:
- die Bezeichnung der Stelle,
- die Funktion und die Ziele der Stelle,
- die Lage im System (wem untergeordnet, wem zu Rechenschaft verpflichtet, wem übergeordnet),
- welche Kompetenzen, wofür Verantwortung (genaue Beschreibung),
- Aufgabenkreis, Pflichtenheft,
- Beziehungen (er bekommt von wem - was - wann, er übergibt wem - was - wann ?).

3.4.5 Entwicklung der Eigenschaften des Konstrukteurs

Eine wichtige Erkenntnis in diesem Zusammenhang und in Bezug auf die Ausbildung ist die mögliche Entwicklung des Wissens, der Fähigkeiten und anderer Eigenschaften des

Konstrukteurs. Es geht um die einzelnen Eigenschaften des Konstrukteurs, welche als Anforderungen gestellt worden sind. Die grundlegende Frage ist, in welchem Ausmaß sich die angeborenen Eigenschaften durch Ausbildung und praktische Tätigkeit umformen lassen, um den gewünschten Zustand zu erreichen? Diese Problematik läßt sich verallgemeinernd mit der gebräuchlicheren Fragestellung umschreiben: "Ist das Konstruieren erlernbar?"

Die Bejahung dieser Frage, besonders durch Verlagerung des Konstruierens in das Gebiet der Wissenschaften [129] , läßt die Möglichkeit des Erlernens zu. Die Beeinflussung der Entwicklung der einzelnen Eigenschaften in der gewünschten Richtung bleibt jedoch im großen und ganzen unbeantwortet.

Man könnte sich dieser Problematik vom andern Ende her nähern und folgende Formel aufstellen:

Geforderte Eigenschaftswerte (nach Qualifikationsprofil des Konstrukteurs) minus größtmögliche Umformungswerte durch Ausbildung gleich minimale Eigenschaftswerte für den Anfänger.

Diese Gleichung bleibt für viele Eigenschaften in der Pädagogik ungelöst, weil die Kompliziertheit der Relationen eine Trennung der Eigenschaften nicht zuläßt. Trotz dieser Situation besteht eine berechtigte Anforderung an die Wissenschaft, für die entscheidensten Eigenschaften wie Kreativität, Fähigkeit zur Synthese, Vorstellungskraft, Kombinieren, Gewissenhaftigkeit, Konzentration usw. mehr wissenschaftliche Informationen zur Verfügung zu stellen, als dies heute der Fall ist. Die spärlich erwähnten Korrelationen zwischen der Fähigkeit zum Konstruieren und z.B. dem Intelligenzquotienten [24, 48] oder den Ergebnissen in der Mathematik 83 oder dem schon erwähnten Entwicklungsstand der Muttersprache [83] sind keine ausreichenden Aussagen.

Es gibt Untersuchungen einiger Phänomene, welche Bezug haben zu den gesuchten Informationen. Die Verhaltensforschung hat sich eingehender mit der Kreativität befaßt, wenn auch nicht direkt im Zusammenhang mit dem Konstruieren. Zahlreiche Arbeiten haben die Möglichkeit der Beeinflussung der Kreativität durch Einwirken auf das inlektuelle und emotionale Verhalten sowie durch günstiges Gestalten der Arbeitsbedingungen [48] feststellen können.

In unseren Überlegungen geht es nicht nur um die Schulperiode. Die praktische Tätigkeit übt eine sehr interessante Einwirkung aus und verändert die Struktur der Kenntnisse und Fähigkeiten im Verlaufe der Praxis, wie in Abb.3.5 qualitativ angedeutet ist. Das Anwachsen der Fähigkeiten ist hier evident. Dadurch findet die nötige "Überdimensionierung" des Grundwissens in der Schulperiode in diesem Bilde eine Erklärung.

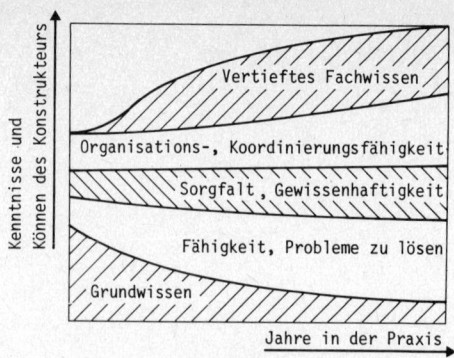

Abb.3.5. Wandel der Kenntnisse und des Könnens im Laufe der praktischen Tätigkeit

3.5 Die Bewertung von Konstrukteuren

Die Problemstellung, die nun diskutiert wird, ist zweiseitig: Wie ist ein bestimmter Konstrukteur zu beurteilen? und: Eignet sich ein bestimmter Mensch für die Laufbahn des Konstrukteurs?

Die erste Frage ist nicht so schwierig zu beantworten. Erstens ist bereits eine Reihe von Anforderungen zusammengestellt worden, welche als Beurteilungskriterien dienen können. Zweitens läßt sich die Gesamtbeurteilung eines arbeitenden Konstrukteurs anhand seiner Leistungen bewerkstelligen. So kann z.B. die Qualität des konstruierten Maschinensystems nach bekanntem Verfahren beurteilt werden [37] . Ein anderes Kriterium für die Gesamtbewertung ist die Zeit, in welcher der Wert des betreffenden Maschinensystems erreicht worden ist. Die Analyse der schwachen Stellen des Maschinensystems bietet dazu die Möglichkeit, auf die Fähigkeiten und Eigenschaften des Konstrukteurs zu schließen. Inwieweit eine mangelnde Eigenschaft des Maschinensystems z.B. dem lückenhaften Wissen oder einem Mangel an Erfindungsgeist oder Gründlichkeit zuzuschreiben ist, muß individuell beurteilt werden, wenn eine gründliche Beurteilung eines Konstrukteurs vorgenommen werden soll. Für die Bewertung existieren schon Systeme, welche sich auch bezüglich Auswahl und Gewichtung der einzelnen Eigenschaften anwenden lassen. Ein Beispiel einer solchen analytischen Bewertung ist in Abb.3.6 gegeben, welche Bewertungseinheiten von drei Berufsgruppen zeigt.

Das Problem liegt mehr in der zweiten Frage, und zwar nicht nur in bezug auf die Bewertungsmethode, sondern auch auf ihre Folgen. Es ist eine unerfreuliche Situation, wenn man nach sechsjährigem Hochschulstudium und einigen Jahren Praxis anhand der eigenen Leistungen einen Mangel an grundlegenden Fähigkeiten wie etwa Kreativität, Vorstellungsvermögen, Kombinationsgabe, Gründlichkeit usw. feststellen muß. Man sollte die Möglichkeit haben, die wichtigsten Voraussetzungen vor dem Studium bzw. vor der Anstellung in einem Unternehmen ermitteln zu können, um nicht Jahre der Arbeit zu verschwenden, sich selbst und oft auch andere Menschen unglücklich zu machen.

Anforderungen	Bewertungseinheiten für Berufsgruppen		
	Konstr.-Ingenieur	Teilekonstrukteur	Techn. Zeichner
Fachkenntnisse	13,0	7,2	4,5
Körperliche Geschicklichkeit	2,4	2,4	1,9
Verantwortung für Arbeitsausführung	4,5	1,8	1,0
Verantwortung für Arbeitsablauf	1,8	0,5	0,5
Schwierigkeitsgrad der Arbeit	0,7	0,7	0,9
Nachdenken	20,5	7,0	2,8
Wahrnehmungsfähigkeit	1,5	1,5	1,5
Konzentration	5,5	3,0	-
Umgangs- und Ausdrucksgewandtheit	1,0	-	-
Disponieren	5,2	-	-
Summe Bewertungseinheiten	56,1	24,1	13,1

Abb.3.6. Bewertung der Konstrukteure: Bewertungseinheiten für die Berufsgruppen [101]

In Europa sind solche Eignungsteste in größerem Ausmaß so gut wie unbekannt. Manchmal werden sie sogar mit dem Hinweis auf eine gewisse Begrenzung der persönlichen Freiheit abgelehnt. In den USA wird ihnen dagegen ein großer Wert beigemessen. Nur ist die Breite der Ermittlungen noch gering; meist beschränkt man sich auf die Festlegung des Intelligenzquotienten (IQ). Obwohl durch diesen Test nur das Maß des gesellschaftlichen Anpassungsvermögens, der analytischen Denkfähigkeit und der Kombinationsgabe ermittelt werden kann, ist damit schon eine Relevanz zur wissenschaftlichen Tätigkeit aufgezeigt (mit einem IQ über 130). Überraschend, doch nicht unverständlich, ist die Feststellung, daß sich ein Intelligenzquotient von über 150 für konstruktive, schöpferische sowie künstlerische Tätigkeiten eher nachteilig auswirkt [24]. In den USA wurden auch Verfahren für Messung der künstlerischen Fähigkeiten entwickelt. Wegen des großen Zeitaufwandes und des notwendigen Überwachungspersonals sind solche Teste aber erst in kleinerem Ausmaß durchgeführt worden.

Um Schulkinder auf die Eignung für technische Berufe zu prüfen, existieren auch schon Teste [24] ; allerdings ist man sich über deren Effektivität noch nicht ganz im klaren. Diese Tatsachen zeigen, daß auf diesem Gebiet noch viel zu leisten ist, um auf möglichst kurzem Wege zuverläßige Resultate zu gewinnen.

3.6 Die Mitarbeitergruppen im Konstruktionsbüro

3.6.1 Spezialisierung im Konstruktionsbüro

Wie man bereits erkennen konnte, stellt das Konstruieren einen sehr breiten Arbeitsbereich dar. Es ist daher einleuchtend, daß sich im Laufe der Zeit aus Rationalisierungsgründen verschiedene Arbeitszweige spezialisiert haben. Die Funktionen im Konstruktionsgebiet können von zwei Gesichtspunkten her definiert werden:
- nach dem Fachbereich,
- nach dem Tätigkeitsbereich beim Konstruieren selbst oder beim Leiten des Konstruierens.

Die Spezialisierung nach Fachbereichen - mit andern Worten nach gewissen Gattungen von Maschinensystemen (z.B. in der Automobilindustrie: Konstruktion des Chassis, des Motors, der Elektroausrüstung usw.) - ist abhängig von diversen Eigenschaften des Endproduktes, wie z.B. seiner Anwendungsart, seinem Kompliziertheitsgrad, den Konstruktionsschwierigkeiten, der Originalität der Konstruktion, der Produktionsart und dem Umfang der Fertigung.

Die Spezialisierung nach dem Tätigkeitsbereich beschränkt den Arbeitsumfang des betreffenden Spezialisten im Konstruktionsprozeß auf gewisse ausgewählte Arbeiten, welche seinem Wissen und seinen Fähigkeiten angepaßt werden können. Die Bildung der spezialisierten Stellen als Teiltätigkeit des Organisierens ist abhängig von mehreren Faktoren wie z.B.
- dem nötigen Wissen für die Bewältigung der Aufgaben,
- dem Umfang der nötigen Konstruktionsarbeit,
- der regelmässigen Auslastungsmöglichkeit des Spezialisten.

Spezialisierung im Konstruktionsprozeß (Projektierungsprozeß) bringt nicht nur Vorteile, wie z.B. erhöhte Arbeitsproduktivität von Teilgebieten, sondern auch Nachteile. Spezialisten verlieren oft die Orientierung im ganzen Prozeß, und es fehlen ihnen direkte Informationen aus den Rückkopplungen. Z.B. wenn die Konstrukteure, die die Zeichnungen angefertigt haben, von den Aenderungen "befreit" werden, verlieren sie dadurch die Belehrung, die man aus Fehlern gewinnt. Allgemein gilt, daß jede Arbeitsteilung eine gute Organisation verlangt, damit die Koordination und gleichmäßige Auslastung aller Elemente des Systems gewährleistet sind.

Angesichts der speziellen Probleme nimmt die Konstruktion von Anlagen eine besondere Stellung ein. Der Prozeß wird Projektierung genannt, und die Mitarbeiter in der Projektabteilung heißen Projektingenieure. Eine wichtige Position beim Projektieren hat der Verfahrensingenieur. Die Struktur der Projektabteilung wird von Fachspezialisten gebildet. So gibt es etwa Projektingenieure für spezifische technische

Systeme oder Bausysteme (z.B. Elektroausrüstung, Gas-, Wasser-, Kanalisations-, Klimaanlagen, Heizung u.ä.). Es handelt sich hier also um Spezialisierung nach Fachbereichen.

3.6.2 Mitarbeitergruppen im Konstruktionsbüro

Durch die Arbeitsteilung im Konstruktionsgebiet entsteht eine Reihe von Mitarbeitern, welche durch unterschiedliche Aufgabenbereiche und deren entsprechende Qualifikationsanforderungen charakterisiert sind. Einige typische spezialisierte Tätigkeitsbereiche und Tätigkeitsbezeichnungen:

- Entwurfsingenieur: arbeitet Entwürfe des Maschinensystems aus (entsprechend dem Pflichtenheft);
- Detailkonstrukteur: konstruiert Details aufgrund des Entwurfs (je nach Detailart kann noch eine tiefere Spezialisierung vorgenommen werden: Gußstück-Konstrukteur, Schweißkonstruktionen-Konstrukteur oder selbständiger Konstrukteur, Hilfskonstrukteur);
- Zeichner: technischer Mitarbeiter, der vorwiegend zeichnet;
- Projektleiter: leitet eine größere Aufgabe bei dem Projektmanagement (s.Anhang 3);
- Normeningenieur oder -techniker: bearbeitet Probleme, welche mit Normen verbunden sind;
- Zeichnungskontrolleur: kontrolliert die Zeichnungen;
- Berechnungsingenieur: führt vorwiegend Berechnungen aus. Weitere Spezialisierung z.B. auf Thermodynamik, Festigkeitsberechnungen oder andere ist bekannt;
- Prüfungsingenieur oder -techniker: befaßt sich mit Prüfen von Modellen oder Prototypen.

Anderseits gibt es typische Rangbezeichnungen, welche die Lage des Betreffenden im System (Konstruktionsbüro) charakterisieren. Für die Mehrheit der Mitarbeiter ist eine solche Führungsstellung mit gewissen Fachtätigkeiten (Funktionen) verbunden. Es geht beispielsweise um Funktionen wie

- Abteilungsleiter: übt überwiegend leitende Funktionen aus, bei kleineren Betrieben wirkt er mehr als Gruppenleiter;
- Oberingenieur: relativer, nicht einheitlich definierter Funktionsbereich, meist in der Rolle des Entwurfsingenieurs und Vertreter des Abteilungsleiters;
- Gruppenleiter: überwiegend die Funktion des Entwurfsingenieurs, aber auch Zeichnungskontrolle und andere Funktionen.

Wie immer die Bezeichnung eines Tätigkeitsbereiches lauten mag, die Grenzen sind in Abhängigkeit von vielen Faktoren sehr unterschiedlich gesetzt, und es ist unbedingt nötig, jedem Konstrukteur mit dem Arbeitsvertrag auch eine genaue Stellenbeschreibung auszuhändigen. Als Muster möge eine Stellenbeschreibung des Projektleiters im Anhang 3 dienen.

Neben den oben genannten Tätigkeitsbezeichnungen stehen die Berufsbezeichnungen oder Standesbezeichnungen, welche an ganz bestimmte Bedingungen - meist Abschlußzeugnis einer vorgeschriebenen Schule - gebunden sind, wie z.B. für das deutsche Sprachgebiet [123] :

- Konstruktionsingenieur: Bedingungen nach dem Ingenieurgesetz,
- Konstruktionstechniker: Abschlußzeugnis einer Technikerschule,
- Technischer Zeichner: abgeschlossene 3 1/2 jährige Lehre,
- Teilezeichner: meist abgeschlossene zweijährige Lehre.

Neben den hier genannten Berufen, die Träger der Hauptfunktion "Konstruieren" sind, existieren im Konstruktionsbüro noch eine Anzahl von weiteren Mitarbeitern, welche weitere dem Konstruieren zugeordnete Funktionen erfüllen: spezielle wissenschaftliche Kräfte, Verwaltungs- oder Büropersonal.

Eine Übersicht über die genannten Berufsbezeichnungen gibt Abb.3.7. Die Zuordnung der einzelnen Kolonnenbezeichnungen ist nur als Orientierung zu betrachten.

Der Fachmitarbeiter im Konstruktionsprozeß		
Tätigkeitsbezeichnung	Rangbezeichnung	Berufs-Statusbezeichnung (in BRD)

Entwicklungsingenieur
Entwurfsingenieur
Verfahrensingenieur
Fachingenieur z.B.
   Elektroingenieur
   Hydroingenieur
Berechnungsingenieur
	Technischer Direktor
	Chefkonstrukteur
	Abteilungsleiter
	Oberingenieur
		Konstruktionsingenieur
		(Ingenieurgesetz
		  vom 12.Mai 1965)

Werkstoffingenieur Fertigungsingenieur Versuchsingenieur Produktgestalter Informationsingenieur Patentingenieur	Gruppenleiter	
Kosteningenieur Normeningenieur Methodeningenieur Planungsingenieur	Selbständiger Konstrukteur	
Detailkonstrukteur Gußstückedetaillist Schwerkonstruktions- techniker	Teilekonstrukteur	Konstruktionstechniker (mit Abschlusszeugnis einer Technikerschule)
Gewichteberechner Normentechniker	Hilfskonstrukteur	Technischer Zeichner (mit 3 1/2 jähriger Lehre)
Zeichner	Zeichner	Teilezeichner (mit 2 jähriger Lehre)

Abb.3.7. Die Bezeichnung der Fachmitarbeiter im Konstruktionsgebiet nach ihrer Tätigkeit, Rang und Status

3.7 Der Operator „Konstrukteur"

3.7.1 Erscheinungsformen des Operators

Die Aufgaben des Operators "Konstrukteur" können durch drei Erscheinungsformen bewältigt werden:
- einzelner Konstrukteur,
- Konstruktionsgruppe mit verschiedenen spezialisierten Mitarbeitern, wobei die Koppelung der Glieder durch organisatorische Anordnung gegeben ist,
- Konstruktionsteam, also Gemeinschaft mit in horizontaler Beziehung meist gleichwertigen Mitgliedern, welche auf eine Aufgabenstellung ausgerichtet sind.

Die ersten beiden Formen stellen seit langem bekannte Arbeitsweisen dar. Der Konstrukteur übernimmt volumenmäßig kleinere, abgeschlossene Aufgaben, die Konstruktionsgruppe gemeinsame größere Aufgaben und verteilt diese unter die Mitarbeiter. Diese können dabei individuell oder im Team arbeiten, je nach Aufgabenbereich.

Bei der Teamarbeit geht es um eine spezielle Form der Gruppenarbeit, im Unterschied zur Konstruktionsgruppe, in welcher die Gruppendynamik günstige Bedingungen schafft. Solch ein Team arbeitet an einer gemeinsamen Problemstellung. Für die festgehaltenen Merkmale der Konstruktionsarbeit wie Gebrauch von vielen Informationen (in Breite und Tiefe), schnelle Lieferung derselben, viele Entscheidungen usw. bietet die Teamarbeit sehr gute Voraussetzungen. Allerdings ist sie nicht ohne Einschränkung zu empfehlen, besonders hinsichtlich der menschlichen Unzulänglichkeiten. Wenn die Kooperationsbereitschaft niedrig ist, so ist das Resultat der Arbeit nicht immer das gewünschte. Abb.3.8 macht eine qualitative Aussage über die Erfolgschancen bei

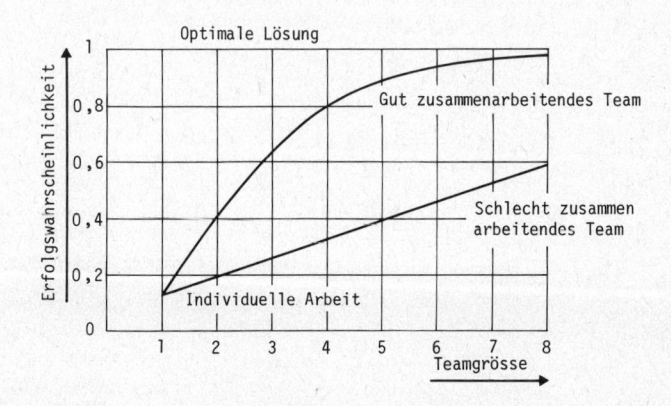

Abb.3.8. Der Einfluß der Teamgröße und -qualität auf die Chance, in einer gegebenen Zeit die optimale Lösung zu finden

einem gut bzw. schlecht zusammenarbeitenden Team. Dabei kommt der unbestrittene Vorteil der Teamarbeit - die Qualität der gefundenen Lösung - im Vergleich zu individueller Arbeit zum Vorschein. Auch der Einfluß der Größe des Teams wird als wichtiger Parameter ersichtlich. Die optimale Größe eines Teams ist mit drei oder vier Teilnehmern angegeben. Dabei muß allerdings die Beziehung zu einem weiteren Parameter des Teams - der Zusammensetzung - respektiert werden. Wenn nämlich Informationen aus mehreren Gebieten benötigt werden, so muß sich die Größe des Teams dieser Anforderung anpassen.

Der Einsatz eines Teams im Konstruktionsprozeß ist nur für bestimmte Phasen, in welchen die für das Team vorteilhaften Merkmale dominieren, empfehlenswert. Es handelt sich überwiegend um
- Ideenfinden in der Planungs- und Konzeptionsphase,
- Entscheidungsschritte, besonders in den ersten Konstruktionsphasen, in welchen nicht genügend objektive Unterlagen zur Verfügung stehen und eine Lösung in festgelegter Frist gefordert ist.

3.7.2 Beziehungen des Operators "Konstrukteur" zur Umwelt

Alle erforderlichen Informationen für das Konstruieren strömen durch den Konstrukteur. Er hat also intensive Beziehungen zu einer Reihe von unterschiedlichen Informationsträgern außerhalb des Konstruktionsbüros. Von der Art und Weise dieser Zusammenarbeit hängt der Erfolg der Konstruktion in großem Maße ab. Die Kontakte beschränken sich nicht auf Fachleute aus dem eigenen Unternehmen, sondern reichen weit über die Grenzen desselben hinaus. Abb.3.9 veranschaulicht diese bunte Kooperationspalette, wobei in dem betreffenden Segment neben den kontaktierten Fachleuten Informationsart und Wissensgebiet oder Institution angegeben sind.

3.8 Ausbildung zum Konstrukteur

Die Ausbildung ist ein Prozeß, in welchem die Eigenschaften Wissen, Fähigkeiten und Einstellung eines Menschen geändert werden. Die Frage der Ausbildung gehört nicht direkt in den hier relevanten Problemkreis. Eine kurze Behandlung ist aber aus zwei Gründen notwendig, weil
- die Ausbildung einen wichtigen Einfluß auf die Qualität des Konstrukteurs hat,
- der Konstruktionsprozeß auch in gewissem Maße als Lern- und Lehrprozeß für die Anfänger und Erfahrung sammelnden Konstrukteure wirkt.

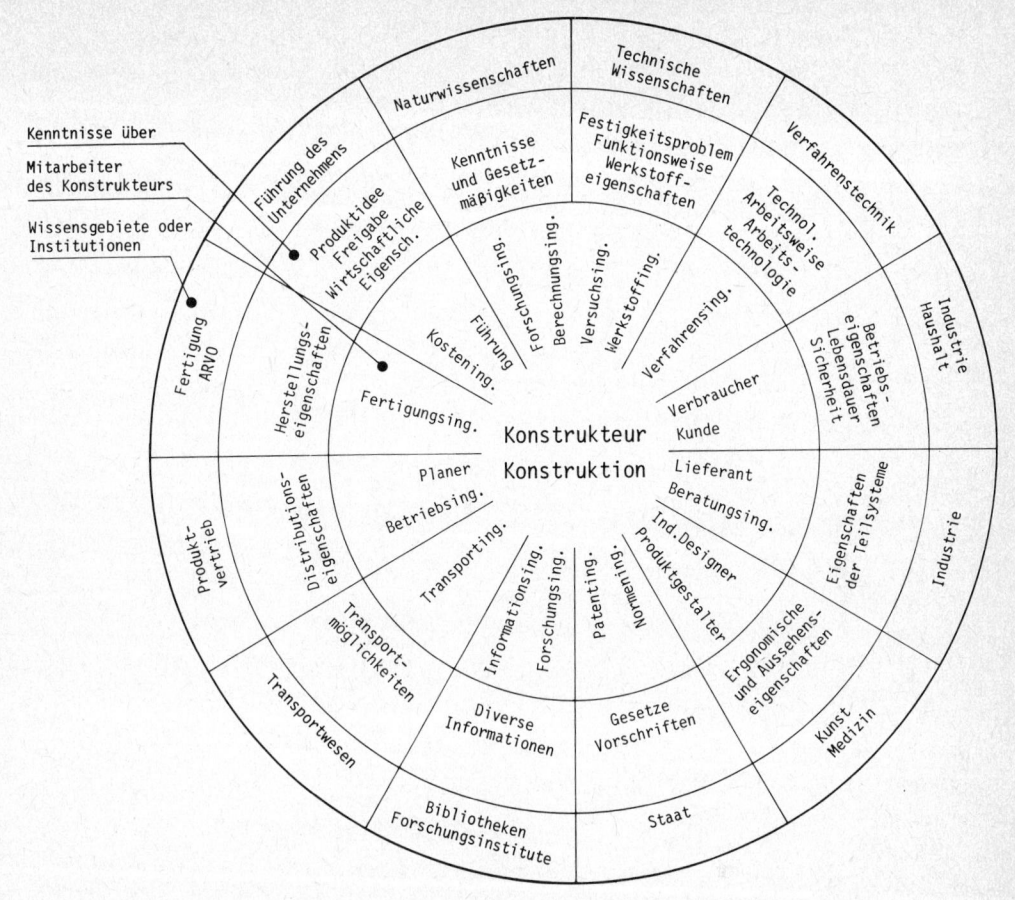

Abb.3.9. Die Mitarbeiter des Konstrukteurs in den verschiedenen Wissensgebieten innerhalb und ausserhalb des Betriebes

3.8.1 Ausbildungswege zum Konstrukteur

In das Konstruktionsgebiet führen grundsätzlich drei Wege (Abb.3.10):

(1) Über Berufslehre (Teilezeichner, technischer Zeichner o.ä.) bis Fachschulreife (Technikerschule). Im allgemeinen werden über diesen Weg die Stellen der Zeichner und Teilekonstrukteure besetzt.

(2) Über die Fachhochschule, Ingenieurschule, Ingenieurakademie (graduierte Ingenieure, in der Schweiz Technikum / HTL). Diese Absolventen bekleiden im Durchschnitt Stellen vom selbständigen Konstrukteur bis zum Entwurfsingenieur oder Gruppenleiter.

(3) Über die Technischen Hochschulen oder Technischen Universitäten. Die Diplomingenieure sind als Entwurfsingenieure, Berechnungsingenieure, Gruppen- und Abteilungsleiter beschäftigt.

WOLFGANG PITSCH
DIPL.-ING. ARCH.
TENGSTRASSE 10
TELEFON 089/378222
8000 MÜNCHEN 40

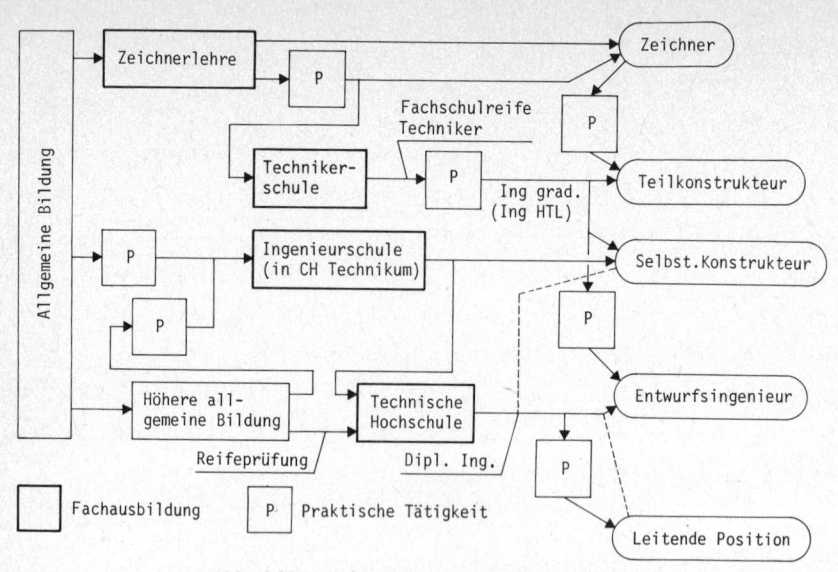

Abb.3.10. Die Wege zum Konstrukteur

Die beschriebene Zuordnung der Stellen für die einzelnen Absolventen schließt Ausnahmen nicht aus, welche fast überall im Unternehmen zu finden sind, besonders mit der Abneigung der Diplomingenieure zu der Konstruktionstätigkeit.

Eine ideale Struktur einer größeren Konstruktionsabteilung sollte jedoch hinsichtlich Ausbildung in Abhängigkeit vom Kompliziertheitsgrad, von der Originalität und von weiteren Parametern der zu konstruierenden Maschinensysteme 10 bis 15 % Diplomingenieure und 30 bis 40 % graduierte Ingenieure aufweisen.

3.8.2 Die Ausbildungsphasen

Der gewünschte Wissensstand des erfahrenen Konstrukteurs wird nicht allein durch die Ausbildung in der Schule erreicht. Diese kann bei dem heutigen Stoffumfang nur grundlegende Kenntnisse und Fähigkeiten beibringen. Diese Meinung hat sich als Zielsetzung der Technischen Hochschulen und Universitäten fast allgemein durchgesetzt, nachdem diese Institutionen die Bemühung, Spezialisten auszubilden, aufgegeben haben.

Folglich verschiebt sich die verbleibende Aufgabe der Ausbildung auf die Firma. Da beschränkt sie sich meist auf die Zuteilung einfacher Aufgaben und eventuell auf gelegentliche Beratung durch ältere Kollegen. Die Wirksamkeit eines solchen Prozesses ist nicht nur schlecht, schlimmer ist noch, daß viele begabte Menschen durch die daraus resultierende lange Reifezeit abgestoßen werden.

Eine andere Gelegenheit, die zusätzlichen Kenntnisse und Fähigkeiten zu erwerben, ist das Selbststudium. Untersuchungen hierüber erbringen jedoch fast ausschließlich negative Resultate, z.B. hinsichtlich des Lesens von Fachzeitschriften. Die Bereitschaft zum unkontrollierten Weiterstudium ist allgemein sehr niedrig.

3.8.3 Einige Hinweise für die Ausbildung der Konstrukteure nach der Schule

Die ideale Lage wäre, wenn der Anfänger in einer technischen "Klinik", ähnlich wie in der ärztlichen Ausbildung, eine bestimmte Periode arbeiten und unter Aufsicht erfahrener Fachleute und Pädagogen praktische Probleme lösen könnte. Eine andere gute Lösung dieses Problems existiert in einigen großen Firmen, wo Konstrukteure nach dem Abschluß der Schule systematisch in die Praxis eingeführt werden. So organisiert beispielsweise eine Projektionsfirma für Atomkraftwerke die Ausbildung in der Weise, daß der Ingenieuranfänger ein "Schulprojekt" löst, wobei er den normalen Durchgang des Projektes verfolgt und in jeder Abteilung unter Führung von Spezialisten den entsprechenden Teil verarbeitet. Die Übersicht und Orientierung ist nach einem solchen Durchgang, der etwa ein Jahr dauert, gewiß gut.

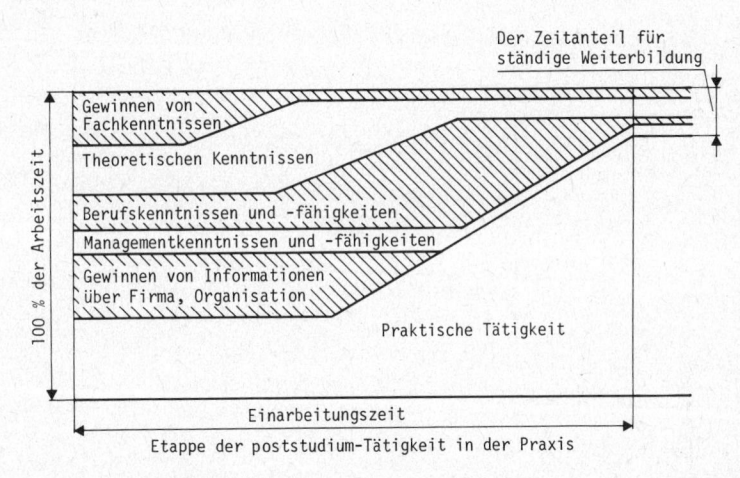

Abb.3.11. Die idealisierte Zeitgliederung in der Poststudium-Etappe eines Konstruktionsingenieurs

Versuchen wir nun, einige allgemein gültige Überlegungen für die post-Studium-Phase, die wichtigste im Werdegang des Konstrukteurs, anzustellen. Wenn wir die Etappe der Praxis nach dem Hochschulstudium untersuchen, kann folgende Struktur empfohlen werden (Abb.3.11): Um den raschen Übergang in das Fachgebiet zu erleichtern und das Einarbeiten zu verkürzen, muß eine systematische Ausbildung organisiert werden. Unter der Voraussetzung, daß ein allgemein ausgebildeter Diplomingenieur die Eingangsgröße dieses Prozesses ist, soll nun die Konkretisierung und Vertiefung auf das Fachgebiet erfolgen. Das bedeutet:
- Die das Fachgebiet betreffenden naturwissenschaftlichen und verfahrenstechnischen Kenntnisse sind zu vertiefen
- Ähnlich sollen auch die Fachkenntnisse, aufbauend auf die erworbene (erlernte) Theorie, vertieft werden

- Die größte Umwandlung ist die Konzentrierung auf die Konstruktionstätigkeit, für welche entsprechende Fähigkeiten entwickelt werden müssen. Dazu gehören auch die Führungsfähigkeiten, denn die meisten Diplomingenieure sind für eine leitende Funktion bestimmt.
- Der Neueingetretene soll auch eine gute Information über das Unternehmen bekommen
- Die praktische Tätigkeit, welche am Anfang einen relativ kleinen Bestandteil ausmacht, wird dann langsam zur Hauptbeschäftigung.

Ein solcher, wo möglich stetiger Übergang vom Vollstudium in die Vollbeschäftigung, erfüllt mit systematischer Übergabe von Kenntnissen (also nicht nur gelegentlicher willkürlicher Erwerb), läßt sich in ähnlicher Weise für Absolventen der Ingenieur- oder Technikerschulen vorbereiten. Die Ausgangs- und Endlage ist jedoch eine andere, und dementsprechend ist auch der Inhalt dieser Phase verschieden.

Eine andere wichtige Bedingung für den Erfolg dieser Phase ist das Arbeitsklima (vgl.Kapitel 9). Es gilt
- Fragen stellen zu können, ohne lächerlich zu erscheinen,
- Fehler machen zu können, ohne daß unangenehme Folgen zu erwarten sind,
- die Arbeit mit steigendem Schwierigkeitsgrad und Verantwortung richtig zu dosieren,
- den Anfänger zu betreuen und dabei möglichst individuell der Ausgangssituation und den Gegebenheiten Rechnung zu tragen, was gute, erfahrene Betreuer voraussetzt.

"Massenproduktion" ist auf diesem Gebiet nicht möglich. Der Beruf des Konstrukteurs ist anspruchsvoll, und so verlangt auch die Ausbildung entsprechende Maßnahmen, welche am besten das Unternehmen in Kooperation mit der Schule und anderen Institutionen lösen kann.

3.9 Zusammenfassung

Die Operationen des Konstruktionsprozesses werden überwiegend vom Konstrukteur realisiert. Die "Lehre vom Konstrukteur" beleuchtet die Bedeutung, zeigt die Aufgaben und Merkmale des Konstrukteurs und leitet davon die Anforderungen ab: in allgemeiner Form als Modell des idealen Konstrukteurs oder als Qualifikations- und Berufsbild der einzelnen Kategorien von Konstrukteuren. Die Frage nach der Möglichkeit der Entwicklung der gewünschten Fähigkeiten nimmt einen breiten Platz ein. Für die Bewertung werden entsprechende Kriterien erörtert, und die Mitarbeiter im Konstruktionsbüro werden im Lichte der Spezialisierung behandelt. Die Überlegungen zur Ausbildung sind an alle adressiert, denn jeder Konstrukteur ist als älterer Kollege ein potentieller Lehrer.

Im Anhang 1 sind weitere Aussagen enthalten.

4. Die Fachinformation

Die Fachinformationen als Operator des Konstruktionsprozesses üben einen wichtigen Einfluß auf verschiedene seiner Parameter aus (vgl. Abb.2.8 und 2.10). Für seine Tätigkeit benötigt der Konstrukteur eine Menge verschiedenster Informationen über Naturgesetzmäßigkeiten, Werkstoffeigenschaften, Herstellungstechniken, fertige Bauelemente, Normen, Patente usw. (Abb.3.9). Alle diese Unterlagen werden Fachinformationen genannt.

Wie gesagt, ist das Konstruieren ein informationsverarbeitender Prozeß. Daraus ergibt sich, daß der Konstrukteur einen beträchtlichen Zeitanteil mit Informationstätigkeit verbringt. Aus "Zeitstrukturen" (Abb.2.12 und 2.13) ist ersichtlich, daß der Zeitanteil nur für die Beschaffung der Information ca. 12 bis 15, eventuell sogar 20 % beim Konstruktionsingenieur beträgt

Die steigenden Ansprüche an die Produktqualität, die Kurzlebigkeit der Produkte mit dem Übergang auf wissenschaftliche Arbeitsmethoden erhöhen das Bedürfnis nach Information beträchtlich, so daß die Rationalisierung des Informationsbereiches zur wichtigsten Aufgabe nicht nur für das Konstruktionsbüro, sondern für jeden einzelnen Konstrukteur wird. Die heutige Lage, durch eine "Explosion" an Information charakterisiert (jährlich 60 Millionen Druckseiten und davon über 100 000 Seiten Patentschutz, Verdoppelung der Informationsmenge innerhalb von 5 Jahren), macht die Problematik noch komplizierter.

Die Art und Weise, wie der Informationsbedarf des Konstrukteurs gedeckt wird, kann folgende große Auswirkungen haben:
- Beschleunigen der Konstruktionsarbeit, Effizienz des Konstruktionsprozesses;
- Vermeiden von Doppelspurigkeit, wenn die Aufgabe anderswo schon gelöst worden ist;
- Beseitigen gewisser Routine- und Sucharbeiten, wenn richtige Methode gefunden ist;
- Verbreiten interner Erfahrungen, die sonst verloren gehen würden;
- Beitrag zum Verkürzen der Anlernzeiten, wenn der Anteil der Erfahrungen als nicht geordnete Information kleiner wird;
- Erleichtern der Kommunikation innerhalb des Betriebes.

Deshalb lohnt es sich für jeden Betrieb und jeden Konstrukteur, das Informationssystem reiflich zu überlegen und zu projektieren.

Dieser Problemkreis hat sich zu einer selbständigen Wissenschaft - Informations- und Dokumentationswissenschaft (in der UdSSR Informatik genannt) - entwickelt.

Behandeln wir zuerst kurz einige allgemeine Begriffe und Kenntnisse dieser Disziplin, bevor konkretere Ausführungen betreffend Konstruktion diskutiert werden. Allerdings ist die Auswahl und der Wortlaut der Anwendung des Konstrukteurs angepaßt.

4.1 Informations- und Dokumentationsgebiet

Die engen Beziehungen dieses Gebietes zu andern Wissensgebieten, welche sich mit Information befassen, wie Bibliotheks- und Archivwesen, Publizistik, Kybernetik usw. bringen nicht nur Vorteile, sondern auch Nachteile mit sich, besonders in der Terminologie. Zuerst ist es nötig, den unterschiedlichen Sinn des Wortes Information gegenüber dem mathematischen Begriff von Information (nach Shannon) zu unterstreichen. Hier wird im geisteswissenschaftlichen und umgangssprachlichen Sinn Information verstanden als Nachricht, Auskunft, Kenntnis über Tatsachen, Ereignisse oder Abläufe. Unsere Fachinformation ist zweckorientiert.

Die Informations- und Dokumentationswissenschaft befaßt sich mit der Problematik der Information und sucht nach optimalen Methoden und Mitteln der Darbietung, Erfassung, Bearbeitung, Speicherung, Recherche und Verarbeitung der Information. Die Technik dieser Tätigkeiten ist Gegenstand der Dokumentation (Erfassen, Ordnen und Erschließen von Dokumenten und deren Bereitstellung).

Daten sind spezielle Informationsformen, welche Angaben über Tatsachen und Ereignisse in einer Form bringen, die maschinelle Verarbeitung erlaubt (elektrische Datenverarbeitung, Datenbank usw.).

Die Codierung ist ein System, durch welches bestimmte Zeichen eindeutig bestimmten andern Zeichen zugeordnet werden (Beispiel: Binär-Code als Code mit den beiden Zeichen 0 und 1).

Eine Reihe weiterer Begriffe ist im Text erläutert.

4.1.1 Eigenschaften der Information

Jede Information läßt sich nach einer Reihe von Merkmalen (Eigenschaften) charakterisieren und bewerten:
- Information wichtig?
- Information aktuell?
- Information originell?

- Inhalt richtig und zuverläßig (Maßstab: richtig - falsch) ?
  Inhalt vollständig (nicht nur Ausschnitte ohne Zusammenhang) ?
  Gültigkeitsbereich der Information bekannt?
  Inhalt beweisbar (Quellennachweis vorhanden) ?
- Gestaltung eindeutig, klar verständlich (Schärfe der Information) ?
  Gestaltung formal logisch?
  Gestaltung übersichtlich (schnelle Orientierung, Dichte) ?
  Gestaltung kurz und fasslich (ohne Wiederholungen, Redundanz) ?
- Alter der Information (Aussage noch gültig) ?
- Art des Informationsträgers oder Dokuments (Informationsform) ?
- Verfasser oder Produzent der Information (Verlag) ?
- Verfügbarkeit der Information (Möglichkeit der Benutzung) ?
- Volumen und Kompliziertheit der Information ?

Für verschiedene Anwendungen werden immer bestimmte Parameter eine dominante Position einnehmen.

Die Beziehungen zwischen den einzelnen Eigenschaften geben Anlaß zu bedingten Aussagen über gewisse Qualitäten einer bestimmten Klasse. So ist es z.B. möglich, bei bekanntem Autor oder Verlag mit der Richtigkeit der Information zu rechnen, ohne den Inhalt eines Werkes zu kennen, weil der Name Gewähr für den Inhalt bietet.

Jede Information soll allerdings wenigstens auf Richtigkeit und Gültigkeitsbereich überprüft werden (kritische Übernahme der Information). Zu oft sind wir Zeugen falscher Anwendung der Kenntnisse, weil sie für den betreffenden Gültigkeitsbereich nicht mehr zutreffen.

Manche Kenntnisse veralten auch im Laufe der Zeit. Die Geschichte der Naturwissenschaften gibt Zeugnis über vielfältige Änderungen von Aussagen, die wir mit "Altern" der Information bezeichnen können. Dabei unterliegen gewisse Wissensgebiete geringeren Änderungen als andere; meist sind es jüngere Gebiete, wie z.B. Elektronik oder Computerwissenschaften, die ihren Wissensschatz sehr schnell wandeln.

4.1.2 Informationsarten und -klassen

Informationen können von verschiedenen Gesichtspunkten und nach unterschiedlichem Bedarf klassifiziert werden.

(1) Nach dem Inhalt der Information:
    Es entstehen Klassen, welche für Dokumentationszwecke von entscheidender Bedeutung sind. Das können die einzelnen wissenschaftlichen Disziplinen (z.B. Physik, Chemie, Mechanik, Mathematik) oder andere ordnende Gesichts-

punkte sein. So bilden sich Strukturen als Voraussetzung für ein späteres Herausfinden von Informationen. Näheres über die Gesichtspunkte der Klassifikation von Informationen vgl. Abschnitt 4.1.3.

Alle Informationen können in bezug auf die Konstruktionsarbeit inhaltlich unterschiedlichen Charakter aufweisen. Es gibt

- wissenschaftlich-technische Informationen, welche der Erzielung von technischen Eigenschaften (besonders der Funktion und Realisierbarkeit der Maschinensysteme) dienen;
- Informationen, welche der Erzielung der nicht-technischen Eigenschaften von Maschinensystemen dienen, z.B. ergonomischen, Aussehens- und Distributionseigenschaften;
- kostenorientierte Informationen, welche der Erzielung der wirtschaftlichen Werte der Maschinensysteme dienen;
- organisatorische Informationen, welche Hinweise z.B. über Hersteller, Standardisationsvorschriften, Termine oder Zeichnungsnumerierung bringen.

(2) Nach der Originalität der Information:
- Primärinformation beinhaltet originäre Angaben in Primärliteratur, z.B. Fachbücher, Normen, Patentblätter;
- Sekundärinformation beinhaltet bearbeitete Primärinformation für Dokumentationszwecke, z.B. in Bibliographien, Referaten, Zeitschriften;
- Tertiärinformation benützt die beiden vorgenannten Gruppen, bearbeitet für Zusammenstellung von Informationsquellen beider Arten (z.B. Handbuch der bibliographischen Nachschlagewerke).

(3) Nach Fixierungs- und Dokumentationszustand der Information (I):
- nicht fixierte Kenntnisse, z.B. Erfahrungsschatz gewisser Personen (I^I);
- fixierte, aber nicht erfasste und geordnete Information, z.B. interne Berichte oder Bücher, über welche die betreffende Informationsbank nicht verfügt (I^{II});
- fixierte und geordnete Information, die in einer bestimmten Informationsbank verfügbar ist (I^{III}).

Es handelt sich hierbei um relative Kategorien, welche nur mit Angabe der Bezugssysteme Gültigkeit haben.

(4) Nach dem Informationsträger:
- mündlich: in Diskussionen, Radio, Fernsehen;
- schriftlich: in Büchern, Zeitschriften, Berichten, Prospekten;
- Darstellungen: Zeichnungen, Skizzen, Photos, Film, Dias, Gegenstand, Modell;
- symbolisch: in Formeln, Schemata oder anders codierter Form.

(5) Nach dem Rezeptionsorgan:
visuelle oder audio-visuelle Informationen.

Es handelt sich hierbei um ebenfalls relative Kategorien, welche nur mit Angaben der Bezugssysteme Gültigkeit haben.

4.1.3 Informations-Ordnungssysteme

Informationen und Informationsträger werden im Dokumentationsprozeß in gewisse Ordnungssysteme eingegliedert, um die Möglichkeit zu haben, diese bei Gebrauch nach einem Schlüssel ausfindig zu machen. Es existieren allgemeine Klassifikationen für alle und spezielle für ganz bestimmte Informationsarten.

Nachstehend sind zuerst einige Beispiele allgemeiner Ordnungssysteme kurz charakterisiert, welche in Bibliotheken angewendet werden. Entscheidend für die Zordnung ist der Inhalt der Information.

(1) Dezimalklassifikation

Das gesamte Wissen wird in Klassen eingeteilt. Durch hierarchische Bildung von jeweils zehn Untergruppen läßt sich die Dezimalklassifikation (DK) beliebig weiter gliedern. Der Vorteil dieser Methode liegt in der internationalen Verständlichkeit der Zahlensymbole und in der Überdeckung des ganzen Bereichs des Wissens. Die Nachteile zeigen sich, wenn mit einem DK-Symbol der Inhalt nicht genau charakterisiert wird, was fast immer der Fall ist. Man muß dann mehrere DK-Gruppen benützen und nachträglich suchen (Verknüpfungen, Mehrfachnummer). Eine Auswahl von DK-Klassen für die Konstruktion im Maschinenbau beinhaltet Anhang 4.

(2) Schlagwortsystem

Der Inhalt eines Informationsträgers wird durch ein oder einige Schlagwörter beschrieben. Sie sind in einer verbindlichen Liste von Begriffen aufgeführt, die gleichzeitig Hinweise auf die Beziehungen, Über- und Unterordnung und Synonyme enthält. Soweit der Sachverhaltaufschluß von Hand geschieht, ist es undenkbar, mit vielen Schlagwörtern die Beschreibung durchführen zu können. Im Durchschnitt werden zwei verschiedene Schlagwörter benützt. Die meisten Bibliotheken verwenden dieses System parallel zur Dezimalklassifikation. Ein Schlagwortkatalog dient dann für die erste Orientierung, während beim Suchen auch die Regeln behilflich sind, nach denen gearbeitet wird (Kompositabbildung, Reihenfolge u.ä.).

(3) Thesaurusmethode

Die maschinelle Datenverarbeitung ermöglicht die Inhaltserschliessung mit mehreren Begriffen, die teilweise hierarchische Beziehungen besitzen und Deskriptoren genannt werden. Die Sammlung der Deskriptoren in alphabetischer Ordnung heißt Thesaurus. Der Inhalt eines Informationsträgers wird mit 3 bis 20

Deskriptoren beschrieben und eingespeichert (storage). Mit Hilfe logischer Verknüpfungen der Deskriptoren werden die betreffenden Dokumente ermittelt (retrieval). Die Methode wird auch bereits zur Ermittlung der Dialoge mit Datenverarbeitungsanlagen benutzt, wodurch nur relevante Informationsträger gewonnen werden.

Diese allgemeinen Ordnungssysteme erfüllen die speziellen Anforderungen in vielen Gebieten nicht. Deshalb entstehen zweckorientierte Klassifikationssysteme für viel im Konstruktionsgebiet benützte Informationskategorien, z.B.

(4) Klassen innerhalb der Konstruktionswissenschaft (Konstruktionslehre)
Für dieses komplizierte Wissensgebiet ist die allgemeine Klassifikation (z.B. DK) nicht ausreichend und zweckmäßig. Eine Möglichkeit der grundsätzlichen Gliederung in Klassen bietet das Modell der Konstruktionswissenschaft (Abb.4.1) [38]. Ein auf diese Gliederung gestütztes Ordnungssystem bringt Abb.4.8. Es ist für die praktische Anwendung geeignet.

(5) Patentklassen
Auch Patente werden nach Inhalt sortiert und gekennzeichnet. Viele europäische Länder benützen die deutschen Patentklassen mit kombinierter Bezeichnung durch Nummern und Buchstaben. Die Patentklassen umfassen meistens ein Fachgebiet (z.B. Gerberei, Behandlung der Felle) oder eine Produktgattung (Gebläse, Luftpumpen). Die heutige Entwicklung geht in Richtung einheitlicher Ausnutzung der internationalen Klassifikation.

(6) Klassen von Maschinensystemen
Maschinensysteme können nach verschiedenen Gesichtspunkten (Eigenschaften) gruppiert werden. Einzelheiten werden in [37] und in Werken über Konstruktionsmethodik erörtert. Besonders wichtig ist es, die Familie der Maschinensysteme nach Funktionen zu ordnen (Abschnitt 5.2.2.2).

(7) Klassen von Werkstoffen
Werkstoffe können nach vielen Gesichtspunkten (z.B. physikalische oder technologische Eigenschaften) geordnet werden. Der Konstrukteur benützt mehrere dieser Aufstellungen, je nachdem, welche Eigenschaft des Maschinensystems im Vordergrund steht (z.B. Festigkeit, Härte der Oberfläche oder Form).

4.1.4 Informationsträger, Informationsbank

Die Information wird durch ein bestimmtes Zeichensystem (Code) in Informationsträgern (Dokumente, Informationsquellen) dargestellt. Es existiert eine Reihe von Informationsträgern, welche einen Informationskreis in verschiedener Form (Volumen, Komplexität usw.) und für unterschiedliche Zwecke behandeln. Eine Auswahl beinhaltet

```
                          ┌─────────────────┐
                          │  Wissensgebiete │
                          └────────┬────────┘
                                   │
                    ┌──────────────┴──────────────┐
                    │    Konstruktionswissenschaft │
                    └──────────────┬──────────────┘
          ┌────────────────┬───────┴────────┬────────────────┐
     ┌────┴─────┐     ┌────┴────┐      ┌────┴──────────┐
     │ Begriffe │     │ Theorie │      │ Konstruktions-│
     │Terminologie│   │         │      │  methodik     │
     └──────────┘     └─────────┘      └───────────────┘
```

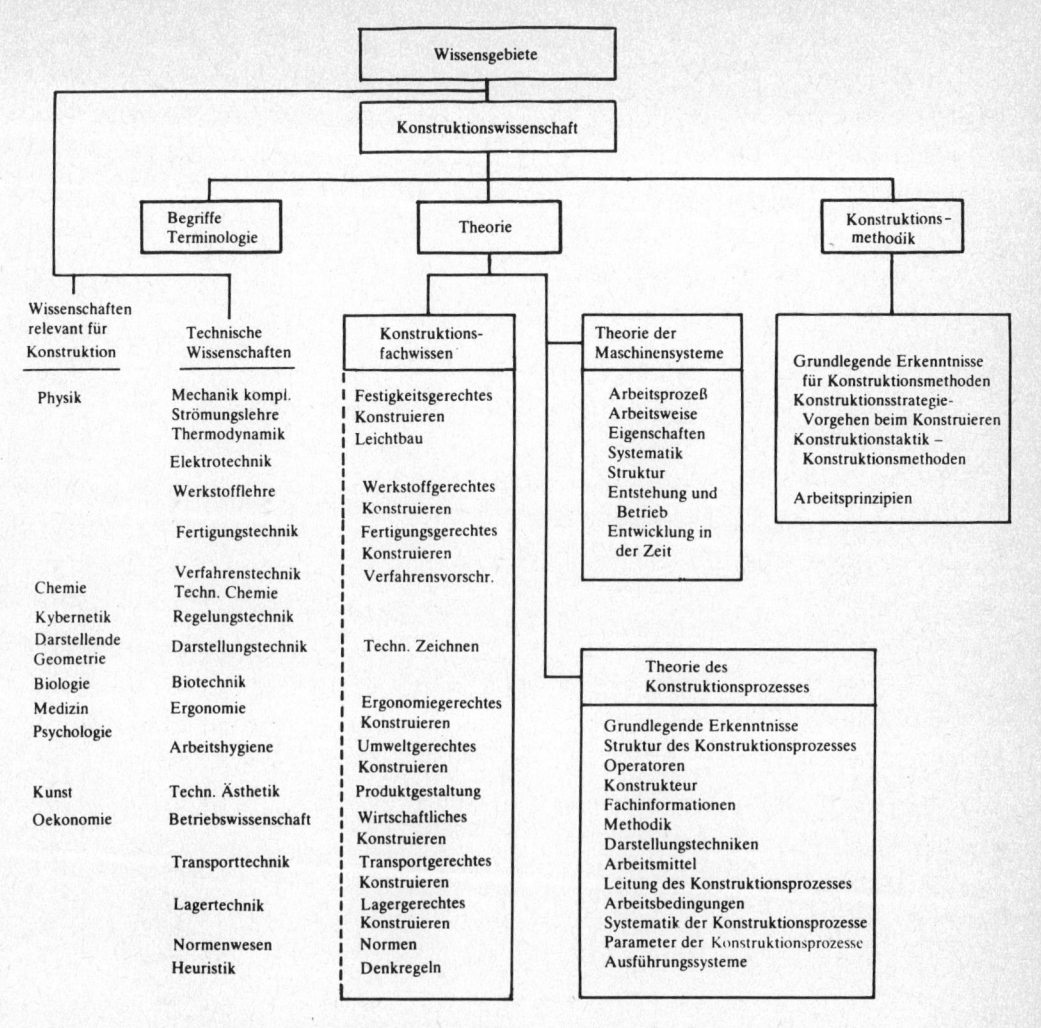

Wissenschaften relevant für Konstruktion	Technische Wissenschaften	Konstruktions- fachwissen	Theorie der Maschinensysteme	Konstruktionsmethodik
Physik	Mechanik kompl. Strömungslehre Thermodynamik		Arbeitsprozeß Arbeitsweise Eigenschaften Systematik Struktur Entstehung und Betrieb Entwicklung in der Zeit	Grundlegende Erkenntnisse für Konstruktionsmethoden Konstruktionsstrategie- Vorgehen beim Konstruieren Konstruktionstaktik – Konstruktionsmethoden
	Elektrotechnik	Festigkeitsgerechtes Konstruieren Leichtbau		
	Werkstofflehre	Werkstoffgerechtes Konstruieren		Arbeitsprinzipien
	Fertigungstechnik	Fertigungsgerechtes Konstruieren		
Chemie	Verfahrenstechnik Techn. Chemie	Verfahrensvorschr.		
Kybernetik	Regelungstechnik			
Darstellende Geometrie	Darstellungstechnik	Techn. Zeichnen		
Biologie	Biotechnik		**Theorie des Konstruktionsprozesses**	
Medizin	Ergonomie	Ergonomiegerechtes Konstruieren	Grundlegende Erkenntnisse Struktur des Konstruktionsprozesses Operatoren Konstrukteur Fachinformationen Methodik Darstellungstechniken Arbeitsmittel Leitung des Konstruktionsprozesses Arbeitsbedingungen Systematik der Konstruktionsprozesse Parameter der Konstruktionsprozesse Ausführungssysteme	
Psychologie	Arbeitshygiene	Umweltgerechtes Konstruieren		
Kunst	Techn. Ästhetik	Produktgestaltung		
Oekonomie	Betriebswissenschaft	Wirtschaftliches Konstruieren		
	Transporttechnik	Transportgerechtes Konstruieren		
	Lagertechnik	Lagergerechtes Konstruieren		
	Normenwesen	Normen		
	Heuristik	Denkregeln		

Abb.4.1. Die Klassen der Konstruktionswissenschaft und die Beziehungen einiger Fachgebiete zu den außenstehenden Wissensgebieten

Abb.4.2, welche als Anregungen für die Ausnützung aller zugänglichen Quellen anzusehen sind.

Entscheidend für den Erfolg, die richtige Information zu finden und effektiv zu arbeiten, ist die Auswahl des Informationsträgers, wofür folgende Kriterien behilflich sein können:

- Art der Information,
- Anwendungszweck der Information,
- Bedeutung der Information für den Fall,
- Zeit für Beschaffung der Information,
- Zugriff zum Informationsträger.

Die Informationsträger sind gesammelt in einer Stelle, welche allgemein als Informationsbank bezeichnet wird. Typische Fälle von Informationsbanken sind Bibliotheken, Diskotheken usw., wie Abb.4.2 demonstriert.

Informationsträger		Informationsbanken und Informationssysteme
Berichte: Dissertation 　　　　　Habilitation 　　　　　Diplom 　　　　　Konferenz 　　　　　Besuch 　　　　　Konstruktion 　　　　　Versuch Patentschriften Zeichnungen Stücklisten Magnetbänder, Platten Filme Mikrofilme Photos Muster, Modelle, Produkte Beschreibungen Prospekte Erzeugniskataloge Gebrauchsanleitungen Anzeigen, Werbungen Preislisten Mitteilungen Angebotsbriefe Geschäftsbriefe Verträge	Normblätter Vorschriften, Bau, Prüfungen Richtlinien Notizbücher Übersichten Leitblätter Schemata Diagramme Graph Datenträger-Lochkarten Tages- und Wochenpresse Rundfunkberichte Fernsehprogramme Magazine Fachzeitschriften Lehrbücher, Formelsammlungen Fachbücher einschliesslich Handbücher Universallexiken (Enzyklopädie) Fachlexiken Adressbücher Messekataloge Ausstellungskataloge Verlagskataloge Bibliographien Referatzeitschriften Dokumentationskarteien	Konferenzen Tagungen Seminare Kurse verschiedener Art Bibliotheken: Eigene 　　　　　　　Kollegen 　　　　　　　Unternehmung 　　　　　　　Zentral Datenbanken: Unternehmung 　　　　　　　Zentral 　　　　　　　International Archive: Zeichnung 　　　　Film 　　　　Briefwechsel Museen: Technisch 　　　　Naturwissenschaftlich Karteien Diskotheken Universitäten Technische Hochschulen Technische Mittelschulen Forschungsinstitute Wissenschaftliche Gesellschaften Wissenschaftliche Akademien Regierungsorgane Patentämter Patentbüros Unternehmungen: Eigene 　　　　　　　　Konkurrenz 　　　　　　　　Lieferant Beratungsunternehmungen Ausstellungen Messen

Abb.4.2. Allgemeine Aufstellung von Informationsträgern, -banken oder -systemen

4.1.5 Grundlegende Tätigkeiten des Informationsgebietes

Für den Umgang mit Informationen unterscheiden wir drei Fälle in bezug auf die Aenderung der Informationszustände:

(1) Es existiert eine Information, die nicht fixiert oder nicht in der benötigten Form vorhanden ist. Es vollzieht sich der Fixierungsprozeß, dessen Ausgangsgröße die fixierte Form (Informationsträger) in der Codesprache ist. Es kann sich um Schreiben, Zeichnen, Fotografieren, Tonbandaufnahmen, Umsetzen, Verdichten usw. handeln. Symbolisch: $I^I \quad I^{II}$.

(2) Die fixierte Information (Informationsträger) ist vorhanden und soll nun erfaßt, aufbereitet und aufbewahrt werden. Dies geschieht im Dokumentationsprozeß mit der Ausgangsgröße in Form einer fixierten (in entsprechender Form), geordneten, dokumentierten Informationsträgers in einer Informationsbank. Symbolisch: $I^{II} \quad I^{III}$. Abb.4.3 zeigt das Flußdiagramm dieses Prozesses.

(3) Für einen bestimmten Zweck wird in bestimmter Zeit eine gewisse Information gebraucht (z.B. Beziehungen zwischen Größe, Angaben über Hersteller, Daten über Werkstoff usw.). Die Suchaktion spielt sich im Informationsprozeß ab, dessen Aufgabe es ist, die gesuchte Information mit den entsprechenden Eigenschaften zu finden. In Abb. 4.4 sind die grundlegenden Schritte abgebildet.

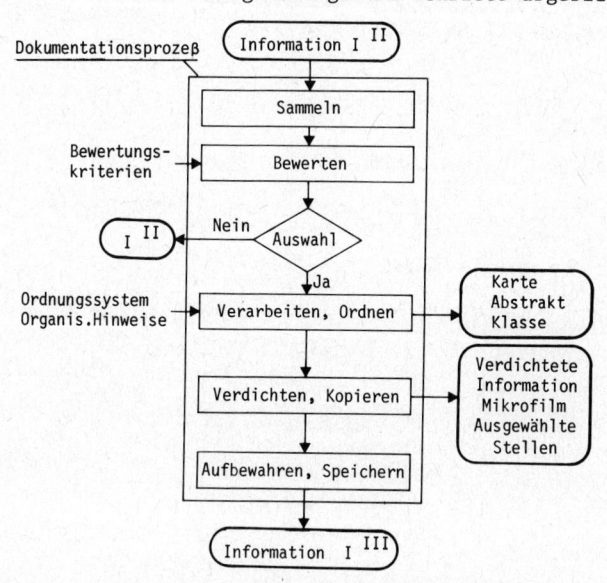

Abb.4.3. Das Flußdiagramm eines Dokumentationsprozesses

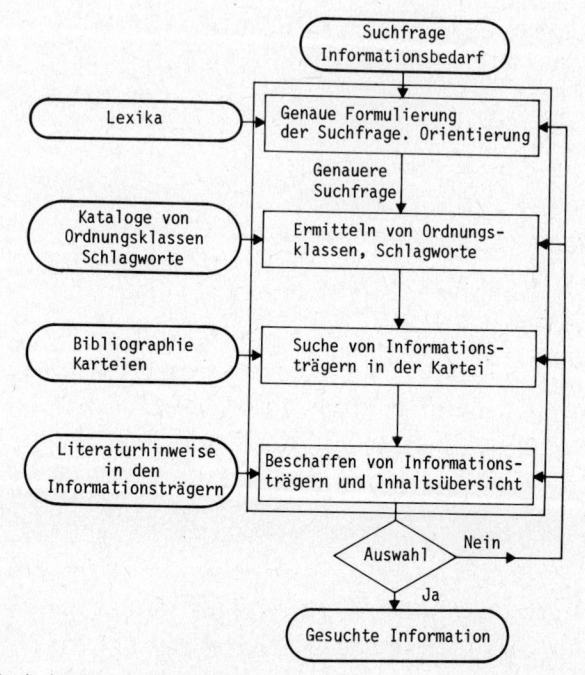

Abb.4.4. Das Flußdiagramm eines Informationsprozesses

Die aufgeführten Flußdiagramme zeigen einige elementare Operationen des Informationsgebietes, welche teilweise schon im Strukturmodell des Konstruktionsprozesses (Bild 2.4) enthalten sind. Alle hier besprochenen Prozesse und Operationen sind durch den Prozeß 3.5 im Strukturdiagramm (Abb.2.4) gedeckt. Die meisten Dokumentationstätigkeiten werden hier als wichtige Schritte für die Erarbeitung des persönlichen Informationssystems erwähnt (Abschnitt 4.4).

4.1.6 Hilfsmittel in der Informationstätigkeit

Im Informationsgebiet spielen die Hilfsmittel eine sehr wichtige Rolle, nicht nur hinsichtlich Ausfindigmachen der geeigneten Information, sondern auch hinsichtlich Effektivität dieser Tätigkeit. Die Hilfsmittel reichen von ganz bescheidenen Aufstellungen, Verzeichnissen und Ordnungssystemen bis zur komplizierten Rechenanlage.

Wir werden das Problem der Arbeitsmittel in Kapitel 7 systematischer und nach anderen Gesichtspunkten behandeln. Hier seien nur die wichtigsten Hilfsmittel aufgezählt, um die Zuordnung zu den Informationstätigkeiten zu erkennen. Besonders reiche Auswahlmöglichkeiten bieten sich für Ordnung und Informationsträgerauswahl, wie z.B. für das

- Ordnen: Klassifikationssystem (z.B. DK), Schlagwortsystem, Thesaurus, spezielle Systeme;
- Speichern: Funktionsträger: Karteien (sehr breite Auswahl), Film, Mikrofilm und Filmlochkartei, Tonbänder, Videoband; Datenträger (EDV): ohne Bildschirm, mit Bildschirm.

Bei der Auswahl der Hilfsmittel können folgende Kriterien behilflich sein:
- Volumen der Informationsträger,
- Zahl der Benützer des Informationssystems,
- Platzverhältnisse, Entfernungen
- Häufigkeit des Gebrauchs,
- mögliche Zeit für Benützer,
- mögliche Kosten,
- Änderungsmöglichkeiten
- Bereitstellung der Information

4.1.7 Informationssysteme

Die bisher genannten Informationen in den Informationsträgern und Informationsbanken, die einzelnen Prozesse, Hilfsmittel, alle von Menschen betätigt und gesteuert, bilden die Bestandteile eines Informationssystems. Seine Grenzen sind, wie Abb.4.5 zeigt, sehr fließend, indem die einzelnen Elemente auch andern Systemen zugeordnet werden können.

Die Verallgemeinerung der Definition eines Management-Informationssystems läßt ein solches System wie folgt beschreiben: geordneter Zusammenhang von Menschen, Maschinen (Hilfsmittel) und Methoden mit dem Ziel, Informationen bereitzustellen, die der Benützer des Informationssystems für seine Arbeit (Lösung, Entscheidung, Bemessung usw.) benötigt.

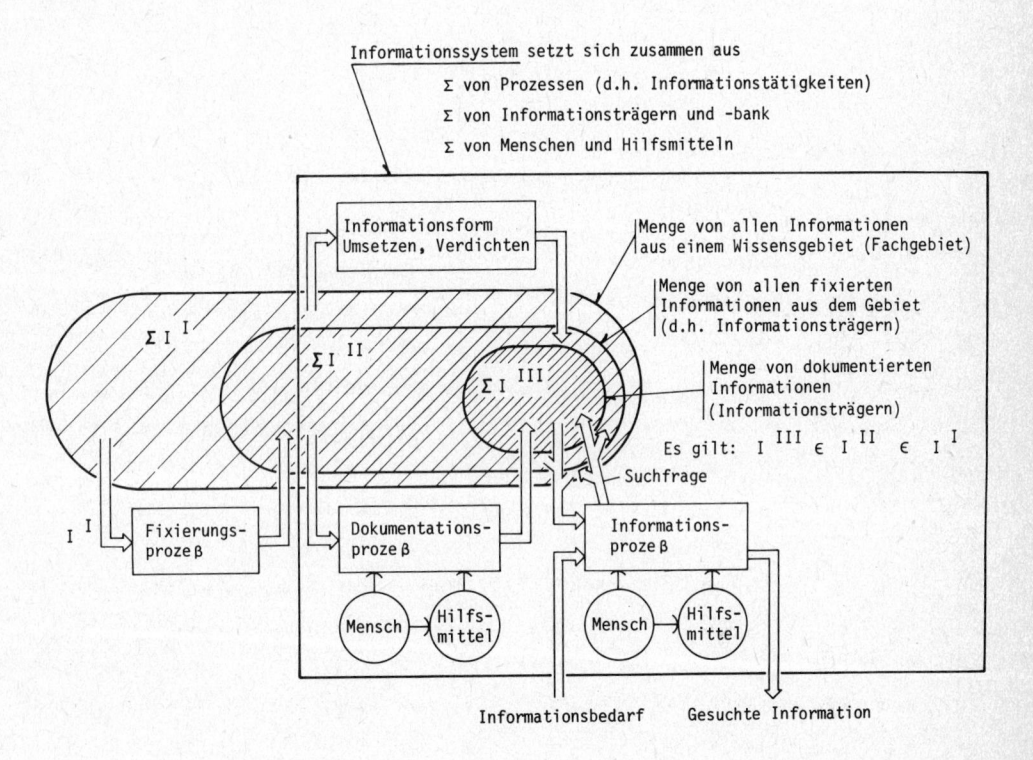

Abb.4.5. Das allgemeine Modell eines Informationssystems

Es existieren verschiedene Arten von Informationssystemen:
(1) Vom Gesichtspunkt des Anwendungsbereiches:
- internationale Systeme, z.B. internationale Datenbanken;
- nationale, regionale oder kommunale Systeme, z.B. Bibliotheken;
- Unternehmenssysteme verschiedener Stufen: die Zentral-, Abteilungs- oder Gruppensysteme;
- persönliche Systeme: z.B. private Bibliotheken.
(2) Vom Gesichtspunkt der Hilfsmittelanwendung:
- manuelle Systeme;
- Systeme mit kleinerer Mechanisation, z.B. maschinelle Bestellung;
- Systeme mit elektronischer Datenverarbeitung ohne oder mit Bildschirm.

4.2 Informationsbedarf des Konstrukteurs

Nachdem vorstehend relativ allgemeine Ausführungen über Informationen gegeben worden sind, wenden wir uns nun den praktischen Fragen des Konstrukteurs im Informationsgebiet zu.

Die erste Frage wäre der Informationsbedarf. Wie bekannt, benötigt der Konstrukteur im Laufe der Arbeit verschiedene Informationen (Abb.3.9). Diese sind unterschiedlich in Inhalt, Volumen, Form und bezüglich anderer Eigenschaften, entsprechend den einzelnen Phasen des Konstruktionsprozesses. Schon die Aufgabenstellung ist Information, deren Umwandlung in die Beschreibung des Maschinensystems einen ganzen Informationsfluß erfordert.

Geläufig wird der Informationsbedarf durch die Wissensdisziplinen (eventuell mit weiteren Einzelheiten) angegeben, besonders im Zusammenhang mit dem Berufsbild bzw. Ausbildungsziel des Konstrukteurs. Eine solche Aussage ist zu allgemein für eine genaue Bestimmung des Informationsbedarfs.

Ausgehend vom Konstruktionsprozeß als methodischem Vorgang mit Anknüpfungen an die einzelnen Phasen oder Operatoren und aufgrund der Analyse der Maschinensysteme ergeben sich folgende zweckorientierte Themenkreise von Informationen:

(1) Die Aufgabenstellung bzw. Problemsituation stellt die wichtigste Information für den Konstrukteur dar.
(2) Für das Planen des Produktes ist die Kenntnis der Marktlage maßgebend.
(3) Die Kenntnis über die vorhandenen Produkte (Maschinensysteme und Teilsysteme). Es geht besonders um
  - Arbeitsweise und Arbeitstechnologie, durch welche im technischen Prozeß die Transformation des Operanden erzielt werden kann, einschließlich genauer Kenntnisse über den Operanden und den technischen Prozeß;
  - Strukturen der vorhandenen Produkte;
  - Fertigung und Versuchsergebnisse oder Probleme;
  - Betriebserfahrungen der existierenden Maschinensysteme, Transport- und Lagerungserfahrungen;
  - Versagen des Maschinensystems, Instandsetzungs- und Montageerfahrungen;
  - Hersteller.
(4) Die Kenntnis der Patentlage auf dem Problemgebiet.
(5) Die vorhandenen allgemeinen Kenntnisse - Stand der Wissenschaft.
(6) Die Kenntnis der Normen und Vorschriften für das Problemgebiet.
(7) Maschinenelemente bilden die allgemein anwendbaren elementaren Strukturbestandteile. Man unterscheidet zwischen:
  - allgemeinen Kenntnissen (Klassen, Berechnungen, Ausführungen),
  - speziellen Kenntnissen (vorhandene Maschinenelemente im Betrieb, Abmessungen, Hersteller, Lieferanten, Preise).

(8) Fachkenntnisse über die einzelnen Eigenschaften des Maschinensystems, einschließlich Daten und deren Beziehungen:
- allgemeine Kenntnisse stellen meist übersichtliche und relativ abstrakte Informationen dar (Festigkeitslehre, Werkstofflehre, technische Ästhetik),
- spezielle Kenntnisse sind produktorientiert und enthalten meist sehr konkrete Angaben über bewährte Erfahrungen auf dem Fachgebiet.

Besonders wichtige Zusammenstellungen in beiden oben genannten Klassen bilden die Informationen über elementare und allgemeine Konstruktionseigenschaften sowie über die gegenseitigen Beziehungen und die Beziehungen zu den sekundären (äusseren) Eigenschaften:

(a) Gestaltungskenntnisse, z.B.:
- Gestaltungshinweise (Abhängigkeiten, Regeln usw.),
- Gestaltung mit Rücksicht auf die Funktion, Fertigung, Lagerung usw.,
- Einfluß der Gestalt auf die Kosten,
- empfohlene Formen gewisser Maschinenelemente;

(b) Angaben über die Größe der Abmessungen des Maschinensystems, z.B.:
- allgemeine Einflußfaktoren und Abhängigkeiten,
- Berechnungsunterlagen für die Funktion, Festigkeit,
- Abmessungen typisierter oder genormter Teile;

(c) Daten über die Werkstoffe, z.B.:
- physikalische, mechanische, chemische, technologische Werte,
- Hersteller, Profile, Abmessungen, Lieferfristen, Preise,
- am Lager gehaltene Werkstoffe im Herstellbetrieb;

(d) Herstellungs- und montagetechnische Informationen, z.B.
- die Herstellungsmöglichkeit allgemein, die einzelnen Verfahren, Herstellungsparameter (erzielbare Form, Oberflächengüte, Wirtschaftlichkeit usw.),
- der Maschinenpark im Betrieb; Beziehungen nach aussen, Fristen,
- Vorrichtungen, Schnitte, spezielle Werkzeuge,
- allgemeine und spezielle Meßwerkzeuge;

(e) Toleranzenangaben, z.B.:
- Toleranzen allgemein (Begriffe, Sitze, Daten, Bezeichnungen),
- Bestimmung der Toleranzen (Berechnungen),
- Wahl der Toleranzfelder im Betrieb (z.B. Betriebsnorm der empfohlenen Toleranzen)
- Einfluß der Toleranzen auf die Kosten und andere Eigenschaften;

(f) Oberflächenqualität, z.B.:
- Oberflächengüte allgemein (Begriffe, Arten, Daten, Messen),
- Bestimmung der Oberflächengüte,
- Auswahl der Oberflächengüte im Betrieb,
- Einfluß der Oberflächengüte auf Kosten anderer Eigenschaften.

Bei den komplizierteren Maschinensystemen vom 2. Kompliziertheitsgrad an haben folgende Informationen große Bedeutung:

(g) Angaben über Funktionen, d.h. die Funktionsstruktur, die Teilfunktionen und deren Beziehungen, welche eine Gesamtfunktion realisieren. Die Information über die Funktionsstruktur birgt mehrere wichtige Eigenschaften (z.B. technischer Prozeß, Arbeitsweise oder Funktionsteilung) in sich.

(h) Information über Baustrukturen. Die Funktionsträger (Maschinensystem einschließlich Maschinenelemente) können verschiedenartig kombiniert und angeordnet werden. Die möglichen Variationen der Funktionsträger und deren Anordnung sind durch Kenntnisse der vorhandenen Produkte (Punkt 3 und 4) nicht erschöpft, sondern sollen systematisch entwickelt und bewertet werden.

Mit einigen weiteren Produkteigenschaften befassen sich selbständige Wissensgebiete oder Bereiche davon. Die Aussagen dieser Disziplinen bieten mehr allgemeine Informationen, welche für den praktischen Gebrauch in der bearbeiteten Familie von Maschinensystemen konkretisiert werden müssen. Zu den bekanntesten gehören Kenntnisse über:

(i) funktionsbedingte Parameter wie Leistung und Geschwindigkeit,

(k) Festigkeit, Steifheit, Härte,

(l) Zuverläßigkeit,

(m) Korrosionsbeständigkeit, Hitzebeständigkeit, Frostempfindlichkeit,

(n) Sicherheit und ergonomische Eigenschaften,

(o) Leichtbau, Raumverbrauch,

(p) Lebensdauer (durch Verschleiß),

(r) Geräuschbildung,

(s) Transport, Lagerung,

(t) Ästhetik (Aussehen des Produktes)

(u) Herstellungskosten, Betriebskosten

Weitere Kenntnisse sind erforderlich:

(9) Arbeitsmethoden beim Konstruieren

(10) Darstellungsmethoden (Modellieren) und Darstellungstechnik;

(11) Weitere Operatoren des Konstruktionsprozesses (z.B. Arbeitsmittel, Leitungsfragen, Arbeitsbedingungen);

(12) Die theoretischen Grundlagen für die oben angeführten Themenkreise (sie enthalten in einer anderen Anordnung bekannte technisch-wissenschaftliche Disziplinen, welche vier Wissensbereichen angehören):
- naturwissenschaftliche Kenntnisse: Physik, theoretische Mechanik, Chemie,
- technische Kenntnisse (angewandt): technische Mechanik, Strömungslehre, technische Thermodynamik, Festigkeitslehre, Fertigungstechnik, Werkstofflehre,
- wirtschaftliche Kenntnisse allgemein,
- Kenntnisse aus nichttechnischen Gebieten wie Ästhetik, Ergonomie, Bionik, technische Kybernetik, Logik, Psychologie usw.

(13) Kenntnisse über den Herstellungsbetrieb:
- Organisation, Abteilungen, Aufgaben, Ausstattung, Beziehungen zu andern Unternehmen,
- Auftragsablauf und weitere Verläufe;

(14) Kenntnisse über vorhandene Informationsträger, -banken und -systeme.

4.3 Informationsträger für den Konstrukteur

Zu den Informationsträgern gehört neben den bekannten Medien Fachbuch und Zeitschrift (Abb.4.2) noch eine Reihe weiterer. Wir wollen diese so vollständig als möglich aufführen. Dazu wird in Abb.4.6 die Informationsträgerart den diskutierten Themenkreisen zugeordnet.

Wichtige Informationsträgerklassen für den Konstrukteur sind:
- Fachbücher, Lehrbücher, Handbücher mit detailliertem Fachwissen,
- Fachlexikon, Adressbücher, Messekataloge mit orientierenden und organisatorischen Informationen,
- Fachzeitschriften, -bulletins, -berichte, Separatdrucke mit neuesten, im Detail behandelten Themen,
- Diplom-, Dissertations-, Konferenz-, Reise-, Fallstudien-, Marktstand-, Aufgaben-, Versuchsberichte mit oft tiefgehenden Einzelheiten über gewisse Themenbereiche,
- Patentschriften mit Angaben über Erfindungen,
- Bibliographien, Referatezeitschriften, Dokumentationskarteien mit Informationen über Informationsträger,
- Zeichnungen, Stücklisten, Berechnungen, Schemata, Kalkulationen, Berichte (genaue Beschreibung der Produkte),
- Kataloge, Muster, Angebotsbriefe, Schemata, Gebrauchsanleitungen, Anzeigen, Preislisten mit Informationen über (meist) fremde Produkte,
- Vorschriften, Normenblätter mit normativen Informationen über verschiedene Eigenschaften und Sachverhalte,

Themenkreise der Informationen			(1) Fach-, Lehrbücher	(2) Lexika	(3) Fachzeitschriften	(4) Berichte (Markt-, Forschungs-)	(5) Patentschriften	(6) Bibliographie	(7) Zeichnungen, Stückliste	(8) Produktekataloge	(9) Normen, Vorschriften	(10) Literaturauszüge	(11) Datenzusammenstellungen	(12) Kon.-Richtlinien Lös.-kataloge
(1)		Aufgabenstellung												
(2)		Marktlage				●								
(3)		Stand der Technik			●					●	●	●		
(4)		Stand der Erfindungen			○		●							
(5)		Stand der Wissenschaft	●	●										
(6)		Normen und Vorschriften	○	○	●									
(7)		Maschinenelemente	●	○	●				●	●	○			
(8)	a-f	El. Konstruktionseigenschaften	●	●	●				●	○	○	○	○	
	g h	Funktion, Baustruktur	●	○	○					●		●	●	
	i	Funktionsbedingte Eigensch.	○	○						●	○			●
	l-s	Betriebseigenschaften	○	○	○				●			○		
	t u	Ergonomische, Aussehens-, Distributionseigenschaften	●	●	●								○	
	v	Herstellkosten	○	○						●		●		
(9)		Arbeitsmethoden	○	●									●	
(10)		Darstellungstechnik	●	○	●				○	○	○			
(11)		Arbeitsmittel, Leitungsfragen	●	●						●				
(12)		Grundlegende Kenntnis	○	●	●					○				
(13)		Herstellungsbetrieb								○				●
(14)		Informationsträger und -banken	○	○		●					●			

Legende: ● primäre Information   ○ sekundäre Information

Abb. 4.6. Die Zuordnung einiger Klassen von Informationsträgern zu den Themenkreisen der Informationen

- Auszüge, Zusammenstellungen, Bemerkungen aus der primären Literatur (obige Punkte 1 bis 5) mit wichtigen und für die betreffende Person interessanten Informationen,
- Zusammenstellungen von Angaben oder Resultatetabellen für oft gebrauchte Werte (z.B. Gewichtstabellen, Tabellen der wahren Länge von Blechteilen usw.),
- Richtlinien, Leitblätter, Effektübersichten, Lösungskataloge, Entscheidungstabellen mit wichtigen Informationen zum Finden einer Lösung oder zum Treffen einer Entscheidung, problemorientierte Informationsträger, welche als Voraussetzung für eine rationelle Konstruktionsarbeit gelten (vgl. Abschnitt 5.2.6).

4.4 Informationssysteme des Konstrukteurs

Die Bedeutung der Information für das Konstruieren zwingt dazu, sich mit dem Aufbau der Informationssysteme ernsthaft zu beschäftigen. Das betrifft nicht nur die Gründung von Handbibliotheken für Einzelne oder für eine Gruppe, sondern es gilt, das ganze System mit allen Tätigkeiten sorgfältig zu projektieren, damit ein regelmäßiger Fluß von Informationen für den neuesten Stand der Technik gewährleistet ist. Abb.4.5 zeigt alle Elemente eines solchen Systems, für dessen Auswahl, Projektierung oder Bewertung folgende Kriterien maßgebend sind:
- Informationsverbraucher (Kategorie, Zahl),
- Art und Form der Informationsträger,
- Informationsmenge und -volumen,
- Zugriffzeit oder Zeitverluste, welche bei Verzögerung der Informationslieferung entstehen,
- Entfernung zwischen Informationsträger und -benutzer,
- Häufigkeit der Benutzung,
- Änderungen der Information (Änderungsfähigkeit),
- Platzbedarf der Information,
- Dokumentationssystem (sekundäre Unterlagen),
- Ordnungssystem (Klassifizierung, Thesaurus),
- Ausnutzung der Informationsträger,
- Anschaffungskosten,
- Raumverhältnisse beim Informationsbenutzer.

Allgemein deckt der Konstrukteur seinen Bedarf aus folgenden Systemen:
- Persönliches Informationssystem - er hat seine Erfahrungen (nicht fixierte Information), Bücher, Skizzen, Bemerkungen usw.
- Gruppeninformationssystem (Bücher, Kataloge, Karteien für die Gruppe) sowie die Erfahrungen der Kollegen (Dialoge, Besprechungen) befriedigen einen weitern Teil des Bedarfs,
- Das Informationssystem des Unternehmens liefert aus Bibliothek, Dokumentation, Archiven und Wissen seiner Fachleute weitere wichtige Informationen (besonders Zeichnungen, Berichte usw.),
- Externe Informationssysteme (von andern Unternehmen oder nationalen, internationalen Institutionen) mit konventionellen Informationsträgern oder mit speziellen Diensten für individuelle Fragen (z.B. Konsultationsstellen) sind ebenfalls von großer Bedeutung.

Die Suchfrage soll schrittweise auf den beschriebenen Ebenen gestellt werden, wie Abb.4.7 veranschaulicht.

Die wichtigste Quelle für Informationen bleibt für die meisten Konstrukteure das persönliche und das Gruppeninformationssystem, in welchem die wichtigsten Informationen für die jeweilige Aufgabe enthalten sind. Ausnahmen bilden eventuelle zentrale Zeichnungsarchive oder ähnliche Informationsbanken. Die von dem Informationsbedarf abgeleitete Liste von Informationsträgern in einem Gruppeninformationssystem ist im Anhang 5 zu finden und kann als Anforderungs- oder Checkliste dienen.

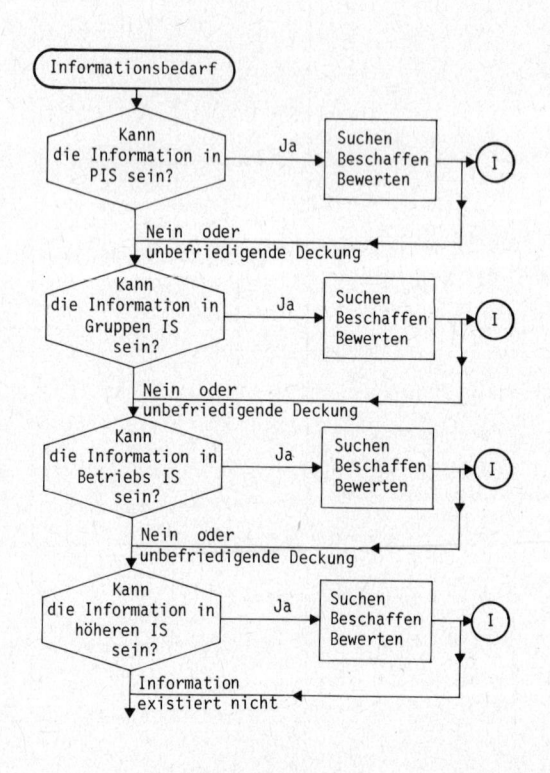

```
                    ┌─────────────────────┐
                    │  Informationsbedarf │
                    └──────────┬──────────┘
                               │
                    ┌──────────┴──────────┐       ┌──────────┐
                    │       Kann          │  Ja   │  Suchen  │
                    │  die Information in ├──────▶│ Beschaffen├──▶( I )
                    │      PIS sein?      │       │ Bewerten │
                    └──────────┬──────────┘       └──────────┘
                         Nein oder
                    unbefriedigende Deckung
                               │
                    ┌──────────┴──────────┐       ┌──────────┐
                    │       Kann          │  Ja   │  Suchen  │
                    │  die Information in ├──────▶│ Beschaffen├──▶( I )
                    │    Gruppen IS sein? │       │ Bewerten │
                    └──────────┬──────────┘       └──────────┘
                         Nein oder
                    unbefriedigende Deckung
                               │
                    ┌──────────┴──────────┐       ┌──────────┐
                    │       Kann          │  Ja   │  Suchen  │
                    │  die Information in ├──────▶│ Beschaffen├──▶( I )
                    │    Betriebs IS sein?│       │ Bewerten │
                    └──────────┬──────────┘       └──────────┘
                         Nein oder
                    unbefriedigende Deckung
                               │
                    ┌──────────┴──────────┐       ┌──────────┐
                    │       Kann          │  Ja   │  Suchen  │
                    │  die Information in ├──────▶│ Beschaffen├──▶( I )
                    │   höheren IS sein?  │       │ Bewerten │
                    └──────────┬──────────┘       └──────────┘
                         Information
                        existiert nicht
```

IS   Informationssystem
PIS   Persönliches Informationssystem

Abb.4.7. Das Flußdiagramm des Suchvorganges

Wichtig für das Organisieren von Informationssystemen ist das Ordnungsprinzip, nach welchem die Informationen abgelegt und gesucht werden. Wie die Erfahrung zeigt, sind die bekannten Klassifikationen nicht vorteilhaft für den Gebrauch beim Konstruieren. Abb.4.8 zeigt eine Möglichkeit. Es sind darin nur 7 Hauptklassen besetzt, so daß weitere 3 Klassen für spezielle Information des Fachgebietes benutzt werden können. Die Untergliederung ist lediglich angedeutet.

4.5 Zusammenfassung

Aus der Tatsache, daß das Konstruieren ein informationsverarbeitender Prozeß ist, ergibt sich der Schluß, daß die Fachinformation für das Konstruieren enorm wichtig ist. Mit Rücksicht auf Bedeutung und Zustand des Informationsgebietes werden grundlegende Fragen der Informations- und Dokumentationswissenschaft besprochen und in einer Form dargestellt, welche eine direkte praktische Anwendung erlaubt. Viele Hinweise (Kriterien, Aufzählungen und Möglichkeiten) für den Aufbau von persönlichen und Gruppeninformationssystemen konkretisieren die Aussagen für den in der Praxis stehenden Konstrukteur. Wichtige Aussagen sind im Anhang 1 zu finden.

Wissensgebiet		Disziplinen (Beispiele)
Allgemeine Wissenschaften	(0)	Philosophie (Wissenschaftstheorie, Erkenntnistheorie, Logik), Psychologie, Ethik, Kunst, Politik, Geschichte, Soziologie, Erziehungswissenschaft, Geographie Biologie (Menschenlehre), Botanik, Sprachen, Volkswirtschaft, Rechtslehre
Grundlegende Wissenschaften	(1)	Mathematik und Geometrie in allen Teilgebieten Darstellende Geometrie Physik in allen Teilgebieten (Mechanik, Optik, Akustik) Chemie, anorganische, organische Kybernetik (Systemtheorie, Informationstheorie)
Ingenieur- wissenschaften	(2)	Technische Mechanik Feste Körper: Statik, Kinematik, Festigkeitslehre, Dynamik Flüssige Körper: Hydrostatik, Hydraulik Gasförmige Körper: Aerodynamik Elektrizitätslehre, Magnetismus Wärmelehre, Thermostatik und Dynamik Strömungslehre Werkstoffkunde Fertigungstechnik (Fertigungsprozess der MS) Betriebswissenschaften, wirtschaftliche Berechnung Organisation, Planung Mess-, Steuerungs- und Regelungstechnik Automatisierung Technisches Zeichnen Computerwissenschaft Normenwesen, Typisierung, Unifikation Verfahrenstechnik (Arbeitsprozess der MS)
Angewandte Hilfs- wissenschaften	(3)	Technische Ästhetik Ergonomie Transportwesen, Lagerwesen, Verpackung Vorschriften Arbeitshygiene, Arbeitssicherheit
Konstruktions- wissenschaften	(4)	Allgemeine Fragen, Historie, Systematik der Konstruktionswissenschaft
Konstruktion- fachwissen	(5)	Fertigungsgerechtes Konstruieren Werkstoffgerechtes Konstruieren, Kassettenbauweise, Schmierungswesen, Leichtbauweise
Theorie der MS	(6)	Allgemeine Theorie der MS Spezielle Theorie der MS, zum Beispiel: Werkzeugmaschinen, Kraftmaschinen, Wärmemaschinen, Transportmaschinen, Wasserturbinen, Maschinenelemente aller Arten, Getriebelehre
Konstruktions- prozess	(7)	Konstruktionsmethodik Leitung des Konstruktionsprozesses Arbeitsbedingungen und Arbeitsmittel

Abb.4.8. Das Ordnungssystem der Informationen für ein Konstruktionsgebiet

5. Arbeitsmethoden beim Konstruieren

In jedem Beruf stellt sich die Frage nach dem Arbeitsverfahren, und für eine hohe Qualifikation auf jedem Gebiet ist es von großer Bedeutung, wie man die Arbeit anpackt und meistert. Dies gilt besonders für das Konstruieren, einem sehr komplizierten und langdauernden Prozeß. Der Operator "Arbeitsmethoden des Konstrukteurs" gehört zu den bedeutendsten neben dem Konstrukteur selbst und den Fachinformationen.

Die Bedeutung der Arbeitsmethodik beim Konstruieren wird durch die rasche Entwicklung der letzten Jahrzehnte und das Entstehen eines selbständigen Wissensgebietes bestätigt. Daß die Stellung und der Umfang dieser neuen Disziplin nicht überall gleich erkannt wird, darf bei der noch unfertigen Strukturierung der Konstruktionswissenschaft nicht überraschen. Wir wollen die Aufgabe der nachfolgenden Ausführungen und damit auch der Konstruktionsmethodik in der Beantwortung der Frage nach dem "Wie?" sehen.

Für das Erkennen von Einflüssen der Arbeitsmethoden auf die Zielsetzungen des Konstruktionsprozesses erinnern wir noch an die Abhängigkeitsmatrix in Abb.2.8.

Bevor wir jedoch auf die Konstruktionsmethodik als Disziplin eingehen, stellen wir uns noch die wichtige Frage, auf welchem Wege man die Lösung einer Konstruktionsaufgabe allgemein erreichen kann. Denn methodisches Vorgehen als ein Weg ist im besten Falle dreißig Jahre alt, während seit mehr als hundert Jahren erfolgreich konstruiert wird! Dabei muß das Interesse besonders auf Konzeption und Entwurf konzentriert werden, eine Aufgabe, die für die Qualität des Maschinensystems maßgebend ist und worin ein zielorientiertes, zuverläßiges methodisches Vorgehen noch nicht allgemein angewendet wird. Das entscheidende Moment beim Konstruieren liegt dort, wo es sich um den Einfall, die Idee für die Lösung der Aufgabe handelt. Die Beobachtung der Konstrukteure bei der Arbeit läßt einige typische Klassen des Verhaltens erkennen. Man mag sie auch als Arbeitsstil oder -strategie bezeichnen.

(1) Die Verrichtung der Aufgabe erfolgt geradlinig vom Problem zur Lösung. Der "große Konstrukteur" kennt keine Hindernisse; er liefert für jedes Problem mehr oder weniger spontan eine gewisse Lösung. Die Lösungen sind allerdings nur alltäglich und meist nicht optimal. Wir wollen diesen Stil als Erfahrungsstrategie bezeichnen (Abb.5.1 A).

(2) Der Konstrukteur probiert eine Lösung nach der andern aus und prüft ihre Wirksamkeit unter gegebenen Bedingungen. Eine solche Versuch-Irrtum-Strategie ist zeitraubend und gewährleistet keine optimale Lösung (Abb.5.1 B).

(3) Beim methodischen (systematischen) Vorgehen werden planmäßig möglichst breite Lösungsfelder untersucht und Lösungen optimiert. (Die Vielfalt der möglichen methodischen Abkäufe wird noch gezeigt.) Besondere Merkmale sind Varietät, Bildung und Auswahl der optimalen Lösung aus der Varietät (Abb.5.1 C und D). Dabei wird je nach Komplexität die Gesamtaufgabe zum besseren Verständnis in Teilaufgaben aufgelöst.

(4) Kombinationen der grundlegenden Strategien werden in der Praxis am häufigsten benutzt.

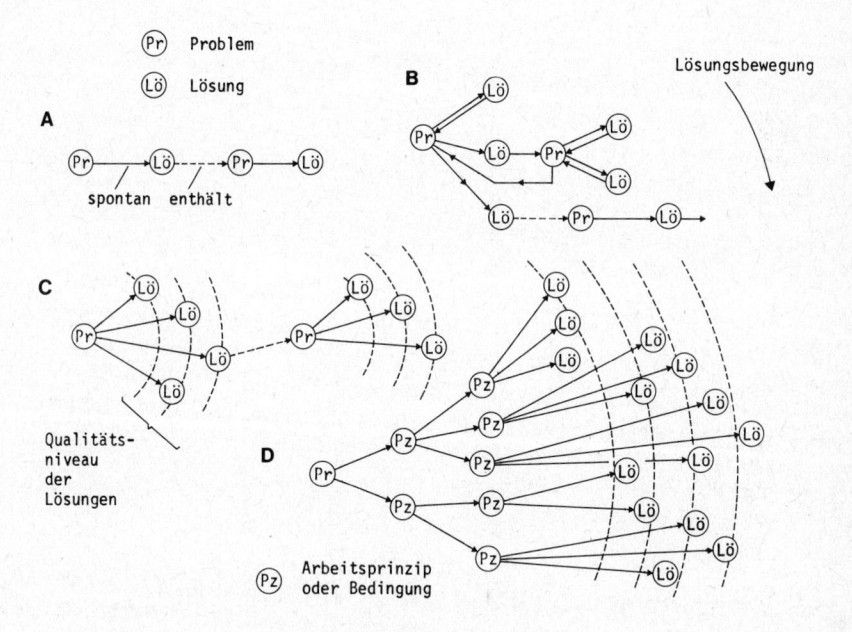

Abb.5.1. Typische Arbeitsstrategien bei der Lösung von Konstruktionsaufgaben

Behandeln wir zuerst die nichtmethodischen Vorgehensarten, d.h. die Erfahrungs- und Versuch-Irrtum-Strategie.

5.1 Nichtmethodisches Vorgehen beim Konstruieren

Wenn die Konstrukteure gefragt werden, auf welchem Wege sie die Lösungen erreicht haben, bekommt man sehr vage und unbefriedigende Erklärungen. Häufig sind da folgende Ausdrücke vertreten: plötzliche Erleuchtung, Intuition, Kreativität, schöpferische Kraft, Konstruktionsgefühl, Inspiration, neuerdings auch Heuristik.

Die ungeklärten, undurchsichtigen, unbewußten Abläufe beim Konstruieren haben den fast mystischen Aspekt der Konstruktionsarbeit verursacht und zu der Auffassung geführt, daß das Konstruieren eine Kunst sei.

Der Versuch, auf einige dieser Phänomene mehr Licht zu werfen, soll dazu beitragen, die Schwächen dieses Arbeitsstils zu erkennen und zu verbessern.

5.5.1 Intuition

Als intuitive Erkenntnis werden beim Konstruieren alle Einfälle, Wahrnehmungen, Ideen oder Lösungen bezeichnet, welche nicht systematisch entwickelt worden sind. Folgende Merkmale charakterisieren am besten diese Erkenntnisart:
- plötzliches unmittelbares Auftauchen eines Gedankens,
- auch komplexe Probleme werden als fertiges Ganzes gelöst,
- nicht viele Einzelheiten sind zu erkennen,
- man versteht genau das Eingefallene,
- keine Begründung der Idee ist vorhanden; das Resultat ist meist nicht einfach experimentell hervorrufbar und nachweisbar,
- das intuitive Erfassen ist begleitet von starken Gefühlen überwältigender Evidenz, Erleuchtung (im Kontrast zur vorher herrschenden geistigen Spannung wirkt sich die Idee demzufolge sehr effektvoll aus),
- der Einfall kommt oft in den Entspannungsperioden und nicht selten unter ähnlichen räumlichen Bedingungen.

Zu den sozusagen äußeren Zeichen ist hinzuzufügen, daß der "Vater der Idee" sich oft bewußt mit dem Problem auseinandergesetzt hat: Im Bestreben, das Problem zu lösen, hat er Wissen und Erfahrung gesammelt und zeigt großes Interesse an der Lösung.

Schon diese kurze Analyse zeigt, daß es sich bei der Intuition in der Technik kaum um etwas Mystisches, Übernatürliches handelt. Es geht hier vielmehr um ein geprägtes Erfahrungsdenken, bei dem einzelne Stadien nicht voll bewußt verlaufen. Bei der Erklärung sind auch Assoziationsgesetze aus der Psychologie beteiligt; denn die Koppelung von Wahrnehmungen durch deren Ähnlichkeit oder Kontrast, räumliche oder zeitliche Kontiguität kann auch zum Auftauchen einer Idee führen. Daß die Resultate von der Begabung der betreffenden Person sehr stark beeinflußt sind und eine persönliche Prägung haben, ist für diese Umstände evident.

5.1.2 Konstruktionsgefühl

Wenn man erfahrene Konstrukteure bei der Arbeit beobachtet, kann man bald eine überraschende Tatsache feststellen. Ein Fachmann ist imstande, vorerst ohne Berechnung über eine Wanddicke oder Größe einer Schraube oder Form eines Kanals zu entscheiden. Die nachfolgende Berechnung bestätigt dann meist die Richtigkeit. Man nennt diese Fähigkeit "Konstruktionsgefühl", das oft als eine besondere Begabung angesehen wird. Daß in diesem Fall jedoch mehr eine Erfahrung zugrundeliegt als etwas Angeborenes, ist evident, besonders wenn folgende Überlegung angestellt wird.

Die Produkte des Konstruktionsgefühles sind trotz großer Ähnlichkeit mit Intuition – im Gegensatz zu einer relativ abstrakten Vorstellung bei der Intuition – quantifizierte Aussagen über verschiedene Abmessungen von Teilen oder relativ genaue Angaben über die Form. Beide Arten dieser Daten sind keine unabhängigen, sondern – meist von mehreren Variablen – abhängige Größen.

Der Mensch kann allgemein nur diejenigen Kenntnisse anwenden, welche er gespeichert und verarbeitet hat. Seine Begabung beeinflußt gewiß diese Prozesse in gewissen Parametern, besonders was Dauer und Effektivität anbelangt.

Ein weiterer und bedeutender Einflußfaktor ist die Arbeitsmethode beim Sammeln, Verarbeiten und Ausgeben der Information. Demzufolge kann es sich auch beim Konstruktionsgefühl nicht nur um eine außergewöhnliche Fähigkeit, sondern um eine Sache der Erfahrung handeln. Die aktive und bewußte Beteiligung des Konstrukteurs bei der Sammlung und Verarbeitung der Information übt neben der unbestrittenen Begabung den größten Einfluß auf das Resultat aus.

5.1.3 Verhältnis zwischen intuitiver und methodischer Arbeitsweise

Nach dieser relativ kurzen Analyse ist es nun möglich, das Verhältnis bzw. die Verträglichkeit dieser – wie man oft zu sagen pflegt – gegensätzlichen Arbeitsmethoden zu diskutieren.

Aus der Charakteristik geht klar hervor, daß es bei der Intuition um sich im Vorbewußtsein abspielende Lösungsprozesse geht, welche nur schwierig lenkbar sind. Der Vorgang und das Resultat ist von Fachkenntnissen, Erfahrungen, Begabung, Motivierung und einigen andern Faktoren abhängig. Das charakteristische Merkmal bleibt allgemein das effektvolle, plötzliche Auftauchen der Gesamtlösung und die zweifache Unsicherheit, einerseits, ob und wann dies geschieht, und zum andern, ob diese Lösung die optimale ist.

Das zeitraubende, für manche auch langweilige methodische Vorgehen endet nicht immer mit "glänzenden Ideen". (Daß das meist auch für intuitive Vorgänge gilt, vergißt man oft.) Aber für die Mehrheit der Konstrukteure bietet die Konstruktionsmethodik eine Möglichkeit für die Fälle, wo es nötig ist, eine relativ gute Lösung zuverläßig zu gewinnen. Und schließlich muß auch die intuitive Lösung überprüft werden, ob sie realisiert werden kann und optimal ist. Und dazu ist die Konstruktionsmethodik das einzige zur Verfügung stehende Werkzeug.

Wesentlich bleibt allerdings, daß es sich keinesfalls um einander gegenseitig ausschließende, sondern sich ergänzende Methoden handelt: Jeder Konstruktionsprozeß wird nämlich aus Such-, Verifikations- und Entscheidungsschritten zusammengesetzt, welche intuitiv (in Form von Sprüngen) oder methodisch durchgeführt werden. Der Anteil, den jede dieser beiden Arbeitsweisen hat, differiert in Abhängigkeit von der Aufgabe, der Lösungssituation und besonders vom Konstrukteur selbst. In jedem Falle läßt die Intuition den Konstrukteur systematisch arbeiten, wenn er das methodische Konstruieren studiert und benützt; daneben rüstet die methodische Analyse das Gedächtnis mit besseren Fachinformationen aus, die als Stoff von den unbewußten Denkvorgängen ausgenutzt werden.

Zur Förderung guter Ergebnisse via Intuition sind folgende Hinweise zu beachten:
- Wahrnehmungen und Kenntnisse, welche von fachlicher Bedeutung sein können, sind stets mit ordnungsrelevanten Vorstellungen zu verknüpfen. Wenn man z.B. eine Maschine sieht, verbindet man sie über die abstrakte Funktion mit andern Gliedern der betreffenden Maschinenfamilie.
- Vorbereitungsarbeiten sind durchzuführen: Informationen sammeln, Lösungsversuche unternehmen.
- Die Vorbereitung ist in genügendem zeitlichen Vorsprung durchzuführen, damit eine Inkubationsperiode entstehen kann.
- Die intensive Arbeit muß mit Entspannungsperioden wechseln (nicht nur, um gute Resultate zu erzielen, sondern ebenfalls aus Gründen der psychischen "Hygiene").
- Es sind günstige Arbeitsbedingungen zu schaffen (freie Atmosphäre).
- Es ist starke Motivierung anzustreben.

5.1.4 Kreativität

Das Verdienst für das Finden einer interessanten Lösung wird oft der Kreativität des betreffenden Konstrukteurs zugeschrieben. Die Kreativität wird heute zum Schlagwort mit einem weiten Bedeutungsspektrum. In unseren Überlegungen halten wir uns an die Definition, wonach Kreativität das Kombinieren von Gedanken zu einem mindestens für den Denkenden neuen Produkt ist, das eine mögliche Lösung eines vorgegebenen Problems darstellt. Ihre Merkmale sind also die: Neuheit des Ergebnisses und des Vorganges vom Problem zur Lösung (also nicht zum Produkt). Kreatives Denken ist also das Ausschöpfen der gespeicherten Wahrnehmungen und deren Kombination zu einer neuen Einheit.

Eine mit der Kreativität verbundene Frage ist, ob verschiedene Menschen sehr unterschiedliche Fähigkeiten zur Schaffung eines neuen Systems besitzen. Man versucht, die Korrelation zwischen Intelligenz, Phantasie und andern Fähigkeiten zu finden

(vgl. Kapitel 3). Wesentlich für unsere Überlegungen ist lediglich die offensichtlich bedeutende Rolle einer solchen Begabung bei der intuitiven Arbeitsweise. (Damit läßt sich auch die Auffassung, daß Konstruieren eine Kunst sei, erklären.)
Eine andere Frage ist, inwiefern diese Fähigkeit erlernt oder gefördert werden kann. Es ist bewiesen, daß eine Steigerung der schöpferischen Kräfte möglich ist, allerdings nicht ohne Einschränkung in bezug auf andere Fähigkeiten und Eigenschaften des betreffenden Menschen. Es läßt sich erfahrungsgemäß behaupten, daß durch Schulung der Konstrukteure in der Konstruktionsmethodik die kreative Fähigkeit allgemein gefördert wird. Die Verschiebung der Qualifikation wird z.B. von Wögerbauer [104] gezeigt. Die Bedeutung der kreativen Fähigkeit ist und bleibt unbestritten, besonders für Konstruktionsingenieure, auch wenn sich das methodische Vorgehen mehr als bis jetzt verbreiten sollte.
W.Lange-Eichbaum [57] charakterisiert den schöpferischen Menschen mit folgenden Merkmalen: skeptisch, kritisch, unkonventionell, wissensdurstig, introvertiert, feinfühlig, spontan, innerlich unruhig und begeisterungsfähig. Es ist evident, daß diese Reihe eine Teilmenge der gefundenen Merkmale des idealen Konstrukteurs bildet (vgl. Abb.3.3).

5.2 Konstruktionsmethodik

5.2.1 Allgemeine Fragen

Eine Konstruktionsmethodik soll das System von Informationen (Anleitungen) über das Angehen von Problemen und Lösungsverhalten sein, um sprunghaftes, unzuverläßiges Suchen durch systematisches Handeln zum Erreichen eines optimalen Produktes und einer rationalen, wirkungsvollen Konstruktionsarbeit zu ersetzen. Das kann nur auf die Weise geschehen, daß der komplexe, bisher als ein Ganzes (black box) gesehene Konstruktionsprozeß in klare, übersehbare Arbeitsschritte (Phasen, Operationen) gegliedert wird, um so einen bewußten, diskursiven, transparenten Prozeß zu ermöglichen. Für jeden einzelnen Schritt sollten vorteilhafte Lösungs- und Bewertungsmethoden sowie Unterlagen und technische Mittel bereitstehen.
Mit der letzten Aussage lassen sich die grundlegenden Gebiete der Konstruktionsmethodik abstecken:
- Lehre über das Vorgehen beim Konstruieren (Konstruktionsstrategie)
- Methoden und Techniken für die Konstruktionstätigkeit (Konstruktionstaktik)
- Arbeitsgrundsätze (Hinweise über das Verhalten in bestimmten Situationen).

Die Zuordnung der einzelnen Grundsätze zu den Arbeitsschritten und Methoden sowie der einzelnen Methoden zu den Arbeitsschritten bedeutet die Schaffung der Beziehungen in dieser Disziplin.

Das Wissensgebiet, das von uns als Konstruktionsmethodik bezeichnet wird, ist in andern Arbeiten oft anders benannt, manchmal mit gewissen Verschiebungen der Grenzen, so z.B. Konstruktionssystematik [33] oder Methodisches Konstruieren [84].

5.2.1.1 Zielsetzungen der Konstruktionsmethodik

Wie wir bereits in den Definitionen angedeutet haben, handelt es sich besonders um die Ziele:
- ein optimales Maschinensystem zu erreichen
- die Konstruktionsarbeit zu rationalisieren
- eine kurze Konstruktionsdauer zu erzielen.

Diese Ziele stehen im Einklang mit den direkten Zielsetzungen der Theorie des Konstruktionsprozesses (Abschnitt 2.4). Daneben stehen eine Reihe weiterer Ziele wie:
- Kürzung der Reifezeiten der Konstrukteure
- Beseitigen nicht erwünschter Routinearbeiten
- Steigern der Kreativität und der "gerichteten Intuition"
- Gewinnen objektiver Information durch Analysen
- Erschließen neuer Gebiete oder Kenntnisse
- Bewußtmachen der Fragen, die durch nicht zuverläßige Fachinformation offenbleiben
- Aufbauen eines geordneten Informationssystems nach methodischen Gesichtspunkten
- Delegation von Arbeit im Team, Ermöglichen der Teamarbeit
- Anbahnen interdisziplinärer Arbeit mit Spezialisten
- Erkennen von Problemsituationen und wahren Bedürfnissen
- Erlernen des objektiven Beurteilens der Konstruktionsresultate

5.2.1.2 Arten der Konstruktionsmethodik

Die meisten Arbeiten über Konstruktionsmethodik zielen ohne ausdrücklich den Gültigkeitsbereich zu erwähnen auf die allgemeine Gültigkeit für das Konstruieren von Maschinensystemen oder sogar von technischen Systemen. Dementsprechend ist der Grad der Konkretheit von Aussagen.

Nach dem Gültigkeitsbereich kann man einige Arten der Konstruktionsmethodiken unterscheiden:
- allgemeine Konstruktionsmethodik, deren Aussagen sich auf alle Maschinensysteme (technische Systeme) erstrecken und die relativ abstrakt sind
- spezielle Konstruktionsmethodiken, welche entweder auf
  o einen Fachbereich begrenzt sind (z.B. Konstruktionsmethodik im Schwermaschinenbau)
  o oder auf eine Etappe des Konstruierens bzw. auf besondere Fälle von Maschinensystemen konzentriert sind (z.B. Entwicklungsmethodik, methodisches Konzipieren).

Die Aussagen dieser Arten sind entsprechend dem Spezialisationsgrad konkreter.

5.2.1.3 Voraussetzungen für die Schaffung und Gültigkeit der Konstruktionsmethodik

Die Schaffung einer Konstruktionsmethodik ist nicht möglich, solange gewisse Voraussetzungen nicht erfüllt sind.

(1) Allgemeine Voraussetzung ist die Existenz eines objektiven, gesetzmäßigen Zusammenhangs zwischen Eingang und Ausgang des Konstruktionsprozesses. Der grundlegende Zusammenhang für das Konstruieren von Maschinensystemen wurde in [37] gezeigt (Axiom 3.1 bis 3.11 und 5.1 bis 5.6, Anhang 2).

(2) Der Vorgang des Konstruierens darf keine irrationalen Phasen enthalten; er setzt sich also aus rationalen Schritten zusammen. Die früher vermuteten irrationalen Lösungsschritte haben wir im Zusammenhang mit der Intuition diskutiert.

(3) Voraussetzung für die Gültigkeit der Aussagen in der allgemeinen Konstruktionsmethodik ist die grundlegende Ähnlichkeit der Arbeitsvorgänge bei der Konstruktion von gewissen Arten von Maschinensystemen und die Abhängigkeit von gleichen Faktorenklassen.

5.2.1.4 Geschichtliches zu den Bemühungen um den Aufbau einer Konstruktionsmethodik

Die Bemühungen, eine Konstruktionsmethodik zu formulieren, sind nicht jung; man kann schon bei Reuleaux [80] 1850, Rieder [81] 1919 und andern (z.B. [107]) Erwägungen in dieser Richtung feststellen.
Der eigentliche Aufbruch beginnt mit dem Ende des zweiten Weltkrieges. Die Entwicklung war in den letzten 10 bis 20 Jahren je nach Land besonders intensiv und stand unter dem Druck neuer Anforderungen an Produkte und Systeme.
Polya hat die Welle von Interesse vorausgesagt, indem er 1944 schrieb: "Heuristik ist heute nicht in Mode; sie hat aber eine lange Vergangenheit und auch einige Zukunft" [79].
Charakteristisch sind die relativ eigenständigen Entwicklungen der Konstruktionsmethoden in den einzelnen Ländern, welche sich trotz gegenseitiger Kontakte doch überwiegend an die einmal eingeschlagene Richtung gehalten haben.
Versuchen wir nun die Entwicklungsrichtungen in einigen Ländern anzudeuten und durch Namen von Wissenschaftern, Veröffentlichungen oder Gesellschaften zu charakterisieren. Während die Aufführung von mehreren Ländern und Persönlichkeiten, die wichtige Arbeiten zum Thema beigetragen haben, ohne Bedenken bleibt, könnte die Wahl anderer als problematisch bezeichnet werden. Deshalb sind die Namen lediglich als Charakteristiken zu betrachten.
In den USA entstanden mehrere berühmte Methoden wie z.B. Morphologie (Zwicky [106]), Brainstorming (Osborn [70]) sowie Systeme, die großen Einfluß auf die Konstruktionsmethodik hatten, wie z.B. Systems Engineering 32 , Computer Aided Design (CAD),

Decision Theory. Relativ früh befaßten sich mit dieser Problematik die Konferenzen von Ingenieurgesellschaften wie ASME 1963.

Ein bekannter Vorgehensplan stammt von Asimov [6] (Anhang 7) aus dem Jahre 1962.

Die BR Deutschland und die Schweiz können in diesem Zusammenhang als eine Einheit betrachtet werden, verbunden u.a. in der Arbeit des VDI.

Abgesehen von früheren Versuchen lassen sich die Arbeiten Kesselrings über "Starke Lösung" (1937, 1942) und Wögerbauers [104], 1943) als Start in Deutschland vermerken. Der heutige Stand ist durch die Tatsache charakterisiert, daß die Mehrheit der deutschen Hochschulen Forschung und Lehre auf dem Gebiet der Konstruktionsmethodik betreibt. Der erste Lehrstuhl der Konstruktionstechnik entstand 1965 an der TH München (Rodenacker). Mit der Forschung auf diesem Gebiet sind die Namen von Beitz, Koller, Pahl, Rodenacker, Roth u.a. verbunden. Die gemeinsame Arbeit in VDI mündet in eine Reihe von VDI Richtlinien [114] bis [123].

In Großbritannien beginnt die "Offensive" im Jahre 1963 mit "Feilden Report" [109], und nach einer Reihe von Konferenzen bildet diejenige im Jahre 1965, an der alle namhaften Forscher beteiligt waren, den Höhepunkt [31]. Die Anknüpfung an Resultate aus den USA sind evident, jedoch wurden auch neue Aspekte entwickelt. Bekannt sind besonders Archer [5] auch in bezug auf Industrial Design, Gregory [31], Jones [45] [46] und Matchett [61] (Anhang 7).

Für die Entwicklung in Frankreich ist bemerkenswert, daß dort keine Bücher und Aufsätze in dem Ausmaß wie in den USA und in der BRD entstanden sind. Auf der andern Seite ist in technischen Lehrbüchern dem methodischen Aspekt und funktionalen Denken relativ früh Aufmerksamkeit geschenkt worden z.B. in der "Methode Logique de Construction" [90].

In der DDR wurde um 1953 herum die "Konstruktionssystematik" von Bischoff und Hansen entwickelt. Relativ bald wurde der erste Lehrstuhl der Konstruktionssystematik an der TH Ilmenau gegründet. Die meisten Arbeiten in der DDR stehen unter dem Einfluß dieser Schule (Bock, Heinrich, Müller, Steuer)

Aus der Sowjetunion sind im Konstruktionsbereich derartige Bemühungen relativ selten bekannt geworden [89]. Die Steigerung der Kreativität wird bei breiten Schichten angestrebt, um Verbesserungsvorschläge anzuregen. Interessante Arbeiten stammen von Altschuller und Sereda [2].

Der Konstruktionsausschuß der wissenschaftlich-technischen Gesellschaft der Tschechoslowakei bemüht sich seit 1960 um die Forschung und Verbreitung neuer Arbeitsmethoden beim Konstruieren. Eine internationale Konferenz in Prag 1967 brachte eine gute internationale Übersicht.

In Polen knüpft man an die Schule der polnischen Logiker (Lange, Kempiewski, Gremiewski) an; es wurden Vorgehensmethoden in verschiedenen Gebieten entwickelt. Für den Maschinenbau bekannt: Dietrich [20].

Der heutige Zustand in der Forschung der Konstruktionsmethodik läßt sich in Anknüpfung an die Konstruktionsphasen mit der Ausarbeitung der Varietät von Lösungen vergleichen. Die nächste Phase - die Auswahl der optimalen Lösung und Beseitigung der Schwachstellen - wird nicht leicht sein und bleibt als Aufgabe der kommenden Generation von Konstruktionstheoretikern überlassen.

5.2.1.5 In der Konstruktionsmethodik benutzte Begriffe

Die angedeutete Mehrspurigkeit in der Erforschung des Konstruierens bringt nicht nur Zerstreuung der Ergebnisse mit sich, sondern hat eine enorm breite Palette von Fachbegriffen zur Folge. Wenn schon ein Ausdruck benützt wird, so wird er oft verschiedenartig definiert. Nennen wir als Beispiel die Funktion, für welche mit Zugabe von verschiedenen Attributen (technische, konstruktive, technologische, selbständige, elementare, allgemeine, Grund-, Teil-, Neben- usw.)mehr als 20 Definitionen nur in der deutschsprachigen Literatur zu finden sind.
Unter diesen Umständen ist es nicht leicht, sowohl für den in der Praxis stehenden Konstrukteur als auch für den Wissenschafter, das volle Verständnis für eine Arbeit zu gewinnen, weil es oft keine oder unvollständige Begriffsbestimmungen gibt. Daraus ergibt sich
- das Bestreben, die grundlegenden Fachbegriffe zu definieren
- die Wahl der Begriffe so zu realisieren, daß die schon einigermaßen eingebürgerten Begriffe nach Möglichkeit bestehen bleiben.

Eine nicht leichte Aufgabe wird die Koordinierung der Begriffe mit anderen Wissensgebieten (z.B. Wertanalyse) sein, in der gewisse Fachbegriffe benutzt werden, die für die Konstruktionsmethodik von Belang sind.
Mit den Begriffen ist die symbolische Schreibweise verbunden.
Für die Abbildungen in diesem Buche war es schwer, auf gewisse Abkürzungen (Symbole) zu verzichten, welche jedoch an [37] anknüpfen.

5.2.2 Grundlegende Erkenntnisse

Für den Aufbau und das spätere Verständnis der Konstruktionsmethodik sind umfangreiche Kenntnisse der Gesetzmäßigkeiten aus verschiedenen Gebieten unumgänglich. So wie die Abb.5.2 den Fluß des Wissens für die Konstruktionswissenschaft veranschaulicht, nutzt die Konstruktionsmethodik ebenso viele dieser Quellen. Nachfolgend werden einige Disziplinen erwähnt, die als wichtige Grundsteine anzusehen sind. Daneben werden grundlegende Begriffe und Kenntisse zusammengefaßt, welche für das Festlegen des Konstruktionsablaufes eine theoretische Basis darstellen.

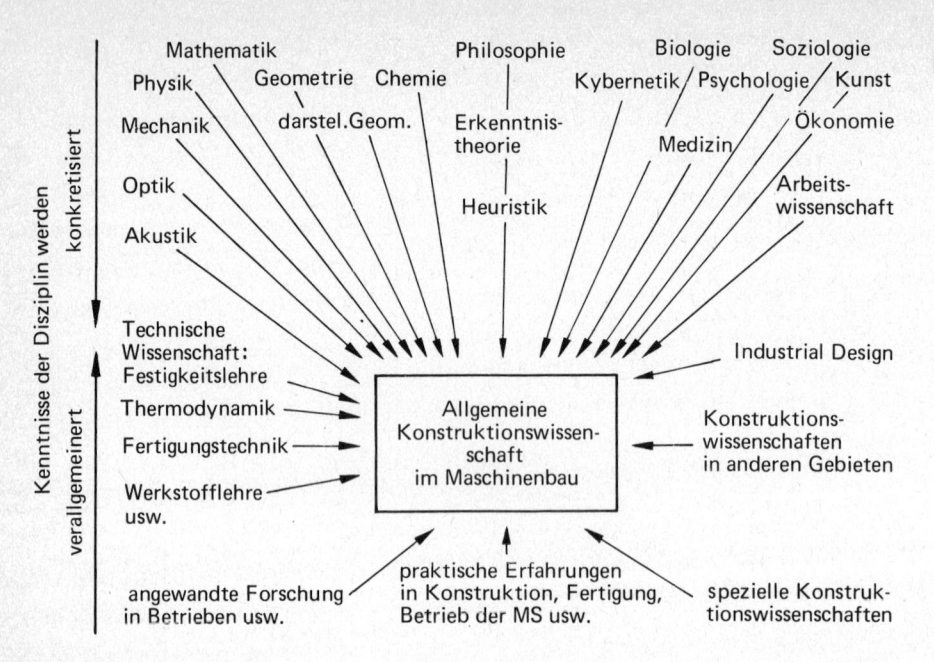

Abb.5.2. Fluß der Erkenntnisse aus verschiedenen Disziplinen in die allgemeine Konstruktionswissenschaft

5.2.2.1 Für die Konstruktionsmethodik relevante Disziplinen

Im Zusammenhang mit dem Konstruieren wird immer wieder über Denken, Überlegen, Vorstellen und Erkennen gesprochen, welche Objekt der Forschung spezieller Wissenschaften sind. Aus der breiten Palette können als Informationsquellen für die Konstruktionsmethodik einige direkt, andere indirekt dienen. Besonders der Konstruktionswissenschafter, aber auch der Konstruktionsingenieur sollte zumindest enzyklopädische Kenntnisse dieser Disziplinen besitzen. Bei anderen, wie z.B. der Denkpsychologie, sollte jeder Konstrukteur selbst interessiert sein, sich solches Wissen anzueignen.
(1) Erkenntnistheorie: Der Konstruktionsprozeß ist auch ein Prozeß des Erkennens. Verschiedene Arten und Mechanismen des Erkennens bieten nützliche Informationen.
(2) Logik: Besonders die formale und mathematische Logik bieten wichtige Unterlagen für die Formalisierung von Aussagen und das Erkennen der formalen Richtigkeit.
(3) Psychologie: Denkpsychologie und weitere Teilgebiete gehören zu den wichtigsten Disziplinen als Quelle für Erkenntnisse über Denken, Gedächtnis, Lernen, Motivierung zum Handeln, Wollen, Einfluß der Sprache, Intelligenz im Denken, Denkarten, Denktypen. Diese Erkenntnisse erlauben Klärungen von Phänomenen, darunter der Intuition (vgl. Abschnitt 5.1.1).

(4) Wissenschaftslehre: Sie ist die philosophische Lehre von Voraussetzungen, Bedingungen und Grundlagen des Wissens. Sie läßt sich als Metaphysik der Erkenntnisse bezeichnen.

(5) Kybernetik, Systemtheorie, Informationstheorie: Sie verschaffen grundlegendes Wissen für den Aufbau von Systemen (Theorie der Maschinensysteme), Steuerung der Prozesse und Kommunikationen.

(6) Oekonomie (Werttheorie, Entscheidungstheorie, Managementtheorie): Sie befassen Sich mit Kategorien, welche besonders für wirtschaftliche Eigenschaften, aber auch für das Lösungsverhalten und Entscheiden interessante Ansätze bieten.

5.2.2.2 Prozeßtheorie [37]

Zu einer Gesamtheit verbundene Operationen bilden einen Prozeß. Ein Prozeßsystem dient der Transformation des Operanden vom Eingangszustand in den gewünschten Ausgangszustand (Abb.5.3). Der erreichte Output befriedigt gewisse gesellschaftliche Bedürfnisse oder löst Probleme (vgl. Axiom 3.1 bis 3.12, Anhang 2).
Das Maschinensystem beteiligt sich im technischen Prozeß an der Ausübung der nötigen Einwirkungen für die Umwandlung der Eigenschaften des Operanden (Abb.5.4).

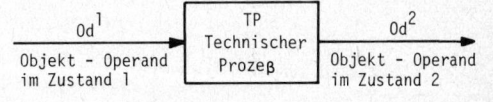

A. Symbolisches Modell

Od^1 → [TP Technischer Prozeß] → Od^2
Objekt - Operand im Zustand 1   Objekt - Operand im Zustand 2

B. Beispiel - Technischer Prozeß: Drahtziehen

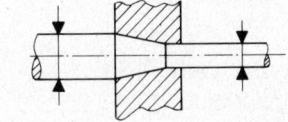

Zustand 1:
- Durchmesser 1
- Oberflächenqualität 1
- Festigkeit 1
- Weitere Eigenschaften 1

Zustand 2:
- Durchmesser 2
- Oberflächenqualität 2
- Festigkeit 2
- Weitere Eigenschaften 2

C. Black box: Drahtziehen

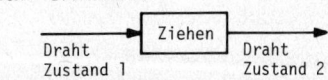

Draht Zustand 1 → [Ziehen] → Draht Zustand 2

Abb.5.3. Der technische Prozeß

Das allgemeine Modell des technischen Prozesses [37] bildet das ganze System ab. Für die Konstruktionsmethodik sind zwei Formen von besonderer Bedeutung:
- Der Black-box-Prozeß (Abb.5.13 B) stellt die abstrakte Transformation des Operan-

den dar, ohne jedoch Details über die Transformation zu bringen. Die Gesamtfunktion ist formuliert.

A. Symbolisches Modell

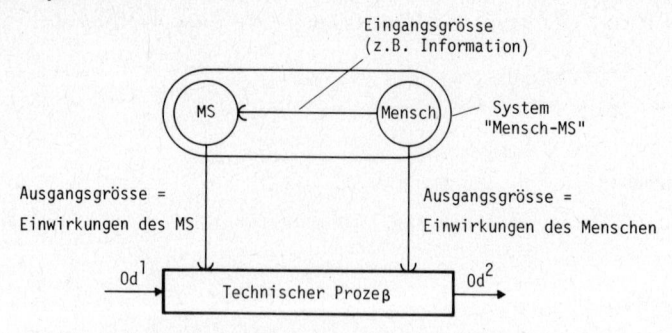

B. Beispiele von Umwandlungen

Abb.5.4. Die nötigen Einwirkungen in technischen Prozeß werden vom System "Mensch-MS" ausgeübt

- Die Prozeßstruktur (Abb.5.13 A) ist die formale Abbildung des technischen Prozesses mit zugehörigen Operationen oder Teilprozessen, welche einerseits die geforderte Transformation der einzelnen Eigenschaften des Operanden vollziehen und anderseits für diese Arbeitsoperationen notwendig sind (Antriebe, Steuerungen, Verbindungen usw.). Die Ermittlung der Operationen ist abhängig von der Wahl des Arbeitsprinzips (Arbeitsweise) und dem Mechanisierungs- und Automatisierungsgrad, mit andern Worten von der Beteiligung des Menschen an den Arbeits-, Antriebs- oder Steuerungseinwirkungen. Nach dem Stand der Konstrunktionsarbeit kann die Prozeßstruktur einen unterschiedlichen Abstraktions- und Vollständigkeitsgrad tragen. Es ist zu unterscheiden zwischen kompletten Prozeßstrukturen, welche alle Operationen wiedergeben und Prozeßstrukturen der Maschinensysteme, welche nur die Operationen beinhalten, an denen das Maschinensystem beteiligt ist.

5.2.2.3 System "Mensch-Maschinensystem" als Lieferant der Einwirkungen

Wir haben festgestellt, daß für die Umwandlung des Operanden unterschiedliche Einwirkungen nötig sind; man hat gezeigt, daß das Maschinensystem einige dieser Einwirkungen realisiert. Die komplette Serie von Einwirkungen wird vom System "Mensch-MS" ausgeführt (Abb.5.4). In unserer Zeit übernimmt das Maschinensystem immer mehr Funktionen, verglichen mit der Zeit, als der Mensch alle Einwirkungen für die gewünschte Transformation selbst oder nur mit Hilfe von mehr oder weniger einfachen Werkzeugen ausüben mußte. Im Laufe der Zeit hat er zuerst die Antriebswirkungen der Maschine überlassen (Mechanisation), und heute sind schon sehr viele Steuer- und Regelungswirkungen die Aufgabe des Maschinensystems geworden (Automatisation). Der Konstrukteur muß entscheiden über die optimale Beteiligung des Maschinensystems im technischen Prozeß.

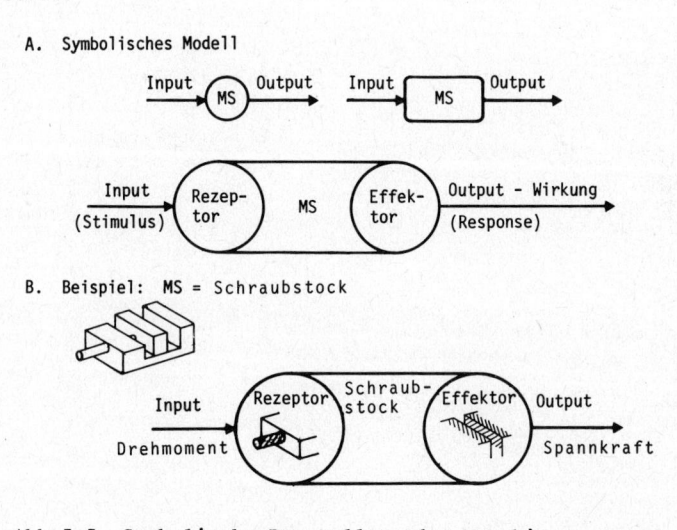

Abb.5.5. Symbolische Darstellung der Maschinensysteme

5.2.2.4 Theorie der Maschinensysteme (MS) [37]

Einige der im technischen Prozeß verlangten Einwirkungen werden durch eine bestimmte Fähigkeit des Maschinensystems - die Funktion - verwirklicht; das MS ist ein Mittel für das Erzielen von Einwirkungen (Abb.5.4 und 5.5).

Neben dieser Eigenschaft trägt jedes MS noch eine Anzahl weiterer Eigenschaften, welche sich in bestimmte Klassen einordnen lassen: funktionsbedingte, Betriebs-, Aussehens-, Distributions- und Herstellungseigenschaften. Diese stehen den entsprechenden Anforderungen gegenüber.

Alle Arten dieser äußeren (sekundären) Eigenschaften entstehen in Abhängigkeit von den primären, elementaren Konstruktionseigenschaften (Struktur, Gestalt, Abmessungen, Werkstoff, Toleranzen, Oberflächengüte und der Herstellungsart). Anhang 6 gibt die Übersicht der Eigenschaftsklassen und deren gegenseitige Abhängigkeiten.

Die Funktion des MS ist die wichtigste Eigenschaft (Fähigkeit) des MS, für welche das MS konstruiert wird. Sie erfüllt den Zweck des MS und antwortet auf die Frage: Was tut das MS? Wodurch kann das MS charakterisiert werden?

Die verschiedenen Klassen von Funktionen können besonders nach drei Gesichtspunkten (Dimensionen der Funktion) gebildet werden:

(1) Abstraktionsgrad der Funktion

(2) Kompliziertheitsgrad der Funktion

(3) Art der Funktion nach der Aufgabe in einem MS

Ad (1) Eine abstrakte Funktion ist nur mit einem Zeitwort beschrieben (z.B.Erwärmen); eine mehr konkrete Funktion mit Angabe weiterer Funktionsbedingungen (z.B. Erwärmen eines Werkstückes der Abmessung Ø 150x50 mm auf 800°C usw.) Es ist bekannt, daß, je abstrakter die Funktion, desto größer die Menge der Maschinensysteme ist, die durch diese Funktion vertreten sind (Abb.5.6).

Ad (2) Jede Funktion als System läßt sich in Teilfunktionen auflösen aufgrund des angenommenen Arbeitsprinzips (vgl. Kausalkette: Wirkung - MS), z.B. die Funktion "Er-

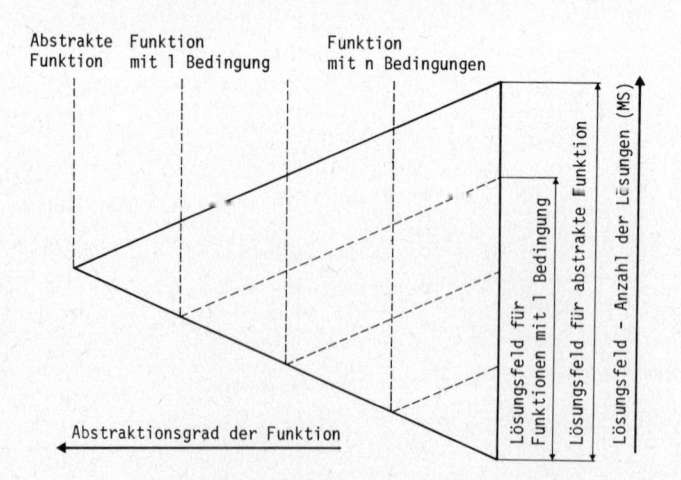

Aussage: Mit steigender Abstraktionsstufe der Funktion vergrössert sich das Lösungsfeld

Abb.5.6. Die Zuordnung des Lösungsfeldes zum Abstraktionsgrad der Funktion

wärmen" durch das Arbeitsprinzip "Ausnützung der chemischen Energie der Kohle" enthält folgende Teilfunktionen: Kohle aufnehmen, Kohlenfeuer mit Luft versorgen, Abgas abführen, Schlacke abführen.

Eine in der Literatur häufig vertretene Auffassung ist durch die These charakterisiert, daß allgemein gültige elementare Funktionen existieren, aus denen sich eine beliebig komplexe Funktion zusammensetzen ließe. Versuche dieser Art (in der Elektrotechnik geläufig) haben allerdings z.B. im Maschinenbau noch keine wesentlichen Erfolge zu verzeichnen [129]; normierte Teilfunktionen sind z.B. zu finden bei:

- Rodenacker [83]: Verknüpfung und Trennung
- Koller [53] [54] : 12 physikalische Grundfunktionen und 7 mathematische und logische Grundfunktionen
- In der VDI Richtlinie 2222 [123] : allgemeine Grundfunktionen - Leiten, Speichern, Wandeln, Zusammenführen, Trennen von Stoff, Energie und Signalen.

Ad (3) Eine Analyse der Funktionsstruktur von MS zeigt, daß im Zusammenhang mit der Arbeitsfunktion (d.h. der geforderten Wirkung) immer wieder gewisse Funktionsarten vorkommen; ständig koppeln sich mit Arbeitsfunktionen (ohne Unterschied der Wirkungsarten oder Komplexitätsstufe) weitere Funktionsarten. So unterscheidet man

(a) Arbeitsfunktionen, welche die Transformationswirkungen verwirklichen

(b) Nebenfunktionen ("Neben" bedeutet nicht: weniger wichtig), welche die durch die Arbeitsfunktion hervorgerufenen Einwirkungen durchführen. Mit andern Worten: Die Arbeitsfunktion bedingt die Nebenfunktion. Z.B. braucht eine Arbeitsfunktion, welche Bewegung durchführt, meist eine Schmierung (meist Stoffverarbeitung), die Bewegung von Flüssigkeiten eine Dichtung, die Führung des elektrischen Stromes eine Isolierung.

(c) Antriebsfunktion (Energieversorgung): Jede Einwirkung ist das Ergebnis eines Prozesses, folglich wird Energie verbraucht, sei es vor oder während der Verwirklichung des technischen Prozesses (z.B. Zusammenziehen einer Schraubenverbindung). Jede Bewegung braucht einen Antrieb, sei es in der Arbeits-, Neben- oder Steuerfunktion.

(d) Steuer- und Regelfunktionen (Nachrichtenverarbeitung): Jede beliebige Funktion des MS erfordert eine gewisse Steuerung oder Regelung. Dabei muß diese Funktionsart sehr allgemein ausgelegt werden. Z.B. eine Zentrierung oder ein Distanzring verwirklichen auch eine Steuerfunktion.

(e) Verbindungsfunktion: Die Realisierung der Arbeitsfunktion und zugehöriger Funktionen verlangt eine Reihe von Verbindungen im System selbst (interne Verbindungen) oder mit der Umgebung (externe Verbindungen - Rezeptorenfunktionen für Inputs und Effektorenfunktionen für Outputs).

Die Erkenntnisse über Funktionen werden bei der Entwicklung der Funktionsstruktur eines MS ausgenutzt. Die Funktionsstruktur eines MS ist ein System seiner verschiedenartigen Teilfunktionen. Darstellungsformen der Funktionsstruktur sind beschrieben in Abschnitt 6.5.2. Die Funktionsstruktur kann ähnlich wie die Prozeßstruktur auf unterschiedlichem Abstraktions- und Vollständigkeitsgrad im Laufe des Konstruierens benutzt werden. Beispiele der Funktionsstruktur werden in Abb.5.13 C, D gegeben.

Der Funktionsträger ist ein technisches System (TS) beliebigen Kompliziertheitsgrades, welches eine bestimmte Funktion verwirklichen kann. Die Funktionselemente erfüllen elementare Funktionen.

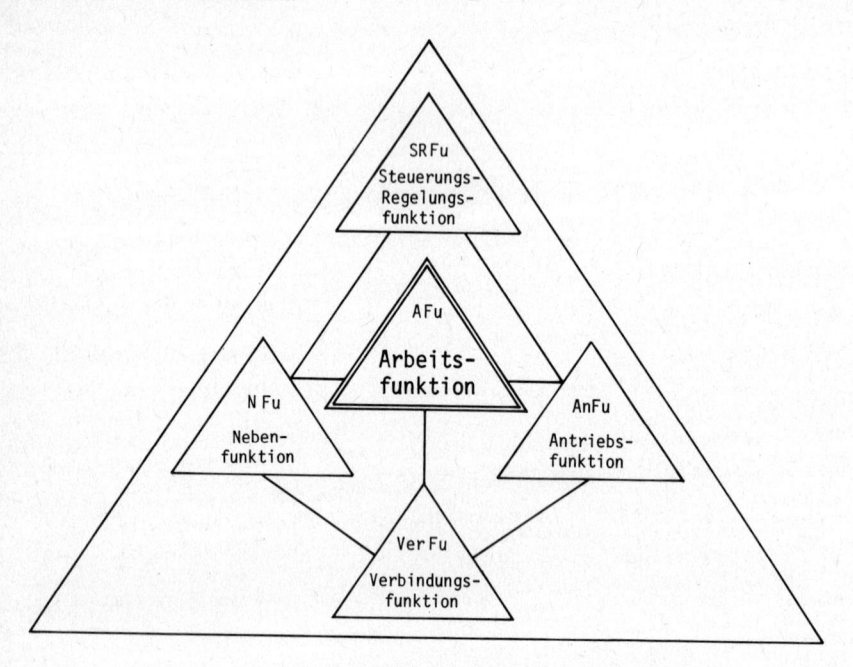

Aussage: Mit der Arbeitsfunktion koppeln sich ständig weitere Funktionen (NFu, AnFu, SRFu, VerFu)

Abb.5.7. Die komplexe Funktion - Symbolische Darstellung

Die Baustruktur eines technischen Systems ist ein System seiner Bauelemente. Die Baustruktur kann ebenfalls auf unterschiedlicher Abstraktionsebene abgebildet werden, welcher dann auch die Darstellungsart entspricht (Schema, Skizze, Entwurfszeichnung, Zusammenstellungszeichnung).

Bauelemente sind MS diverser Kompliziertheitsstufen, welche eine oder sogar mehrere Teilfunktionen tragen, so daß sie nicht unbedingt mit Funktionselementen identisch sind. Rezeptoren werden diejenigen Bauelemente genannt, welche Inputs aus der Umwelt und Effektoren diejenigen, die Outputs des MS nach außen vermitteln.

Die MS bilden eine Menge von Familien, Gattungen, Arten, Gruppen und Untergruppen. Die wichtigsten Gesichtspunkte für die Gliederung von MS sind die Funktion und das Arbeitsprinzip. Es ist wichtig zu erkennen, daß die Familien der MS, welche die gleiche Gesamtfunktion haben, in einem gemeinsamen black-box-Prozeß abgebildet werden können. Die Gattung der MS, welche dieselbe Gesamtfunktion besitzen und das gleiche Arbeitsprinzip anwenden, wird in einer gemeinsamen Funktionsstruktur abgebildet.

Im Unterschied zu den Prozessen ist der Input der MS Energie, Stoff oder Signal, und der Output (Hauptausgang) die Wirkungen. Das bedeutet z.B., daß aufgrund des Startbefehls "Fluß der Energie" (Input) sich der Bohrer einer Bohrmaschine dreht und eventuell verschiebt (Wirkungen). Diese Wirkungen bilden die Ursachen der Änderung des Zustandes eines Werkstückes (Werkstück ohne Bohrung - mit Bohrung).

5.2.2.5 <u>Kausale Beziehungen im technischen Prozeß und Maschinensystem</u>

Im technischen Prozeß sind zwei wichtige kausale Zusammenhänge zu beachten: Die erste - nach unserer Darstellung in Abb.5.8 horizontale - Kausalkette ist die Eigenschaftstransformation, bei welcher die einzelnen Einwirkungen Ursache der Teilumwandlungen sind, und der neue Zustand des Operanden ist die Wirkung (Folge) der

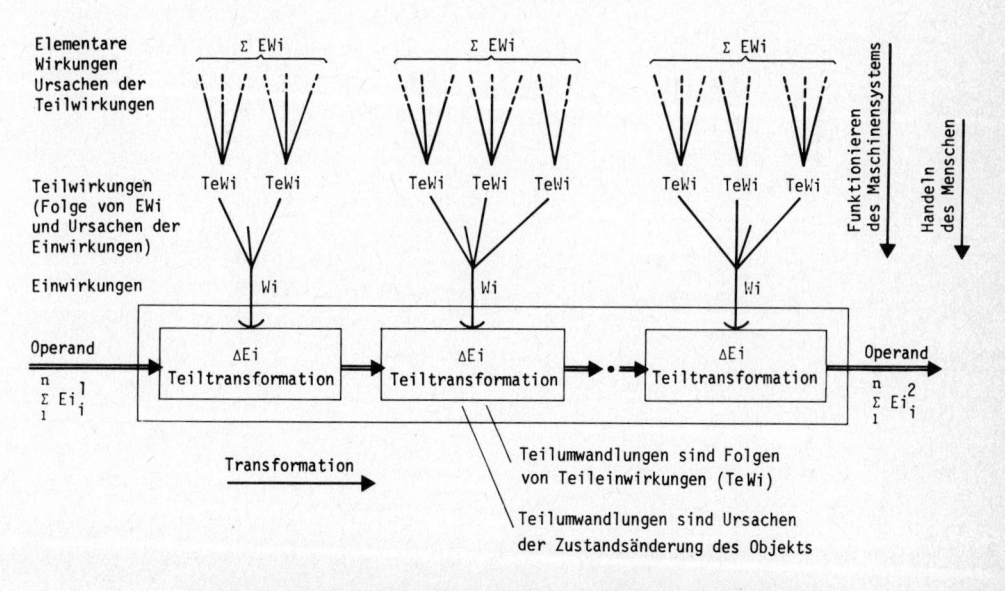

Aussage: - Die Umwandlung des Zustandes des Objekts als Folge der Teilumwandlungen ist also Folge der Teileinwirkungen, welche Ursache der Teilumwandlungen sind (horizontale Kausalkette)
- Die einzelnen Teileinwirkungen im Prozeß sind die Folge von Ursachen. Diese Ursachen werden beim Konstruieren gesucht (vertikale Kausalkette)

Abb.5.8. Kausale Beziehungen im technischen Prozeß und Maschinensystem

einzelnen Einwirkungen. Beispielsweise kann folgende Interpretation der Transformation stattfinden: Weil ein Stahlwerkstück erwärmt und abgekühlt worden ist, ist sein Zustand nun hart geworden.

Die zweite, vertikale Kette erstreckt sich in Richtung Funktionieren des Maschinensystems. Die Einwirkungen im technischen Prozeß als Output des MS entstehen auch als Wirkung (Folge) einer Reihe von Ursachen, wie etwa Startsignal, Fähigkeit, das Signal in eine Steuerbewegung umzuformen, Lieferung von Energie, die Fähigkeit, diese Energie umzuwandeln und die Wirkfläche entsprechend zu bewegen, zu regeln usw. usw. Wir können wieder interpretieren: Weil der Knopf gedrückt worden ist (Signal gegeben) und Energie angeschlossen ist, geschieht die entsprechende Wirkung. Die Gesetzmäßigkeit – nennen wir es "Prinzip des Determinismus" – stellt die allgemeine, wichtige Erkenntnis dar: beim Betrieb des MS wird mit Ursachen begonnen (Start, Einstellung, Mechanismus) und die Folge ist die Wirkung; beim Konstruieren geht es in umgekehrter Richtung: von der Wirkung zur Ursache. Man sucht die nötigen Ursachen zu der gewünschten Wirkung.

Die Suche nach den geeigneten Ursachen beim Konstruieren kommt in dem Schema Abb.5.9 Einwirkung - Mittel zum Ausdruck, welches als grundlegender Algorithmus [43] für das Konstruieren angesehen werden kann. Der Schritt der Suche nach Mitteln für eine Wirkung erbringt mehrere Mittel, welche über mehrere Stufen von Arbeitsprinzipien gefunden werden können (Schema: Wi – Pz – Mittel). Das gewählte Mittel (verschiedentlichen Abstraktionsgrades) verlangt eindeutig die notwendige Teileinwirkung (als Ursache) für die Gesamtwirkung. Andere Beziehungen sind aus dem Schema erkennbar.

5.2.2.6 Lösungsraum einer Aufgabe

Der theoretische Lösungsraum der Aufgabe schließt alle möglichen Lösungen einer Aufgabe – Beseitigung eines Problems – ein. Wenn wir die Überlegungen über die Entstehung eines Problems (Axiom 3.1 bis 3.5 Anhang 2) und diejenigen der Kausalkette in Erinnerung rufen, so ist es verständlich, daß diejenigen Lösungen, die die Ursachen des Problems bekämpfen, einen Teil des Lösungsraumes ausfüllen; daneben existieren noch diejenigen Lösungen, welche das Problem eliminieren oder mildern (häufigere Lösungsrichtung).

Der wirkliche Lösungsraum, welcher nur die ausgearbeiteten Lösungen einschließt, ist begreiflicherweise kleiner als der theoretische. Die wichtigsten Faktoren, welche über die Größe des wirklichen Lösungsfeldes entscheiden, sind der Stand der Wissenschaft und Technik, die Bedingungen der Aufgabe (welche Anforderungen werden gestellt die Situation im Konstruktionsprozeß (repräsentiert durch die Operatoren des KoP, besonders durch Können und Ehrlichkeit des Konstrukteurs) und die objektiven Einschränkungen (s. nächster Abschnitt). Das Lösungsfeld, weil abhängig vom Stand der Wissenschaft und Technik, ist also eine Funktion der Zeit.

A. Wi → APz → MS   B. MS → TeWi

$$MS \Leftarrow \begin{array}{l} Te\ Wi \\ Te\ Wi \\ Te\ Wi \\ Te\ Wi \end{array}$$

Aussage:

Das MS als Träger des bestimmten Arbeitsprinzips benötigt eine bestimmte Menge von Teilwirkungen (Te Wi) um im Stande zu sein, die Einwirkung zu realisieren.

$$Wi \Leftarrow \begin{array}{l} APz \Leftarrow \begin{array}{l} MS \\ MS \\ MS \end{array} \\ APz \Leftarrow \begin{array}{l} MS \\ MS \end{array} \\ APz \Leftarrow \begin{array}{l} - \\ - \end{array} \end{array}$$

C. EWi → EMS   (Elem. Konstruktionseigenschaften)

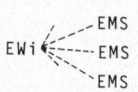

$$EWi \Leftarrow \begin{array}{l} EMS \\ EMS \\ EMS \end{array}$$

Aussage:

Jede Einwirkung (Wi) lässt sich durch eine Reihe von Maschinensystemen (MS) realisieren, wobei die Verwirklichung auf einem bestimmten Arbeitsprinzip (APz) beruht.

Aussage:

Elementare Einwirkungen (EWi) werden durch elementare MS (EMS) realisiert, wobei diese Fähigkeit auf elementaren Konstruktionseigenschaften beruht.

D. Komplettes Schema

Womit →   ← Wenn - dann

Elementare Konstruktionseigenschaften jedes EMS:

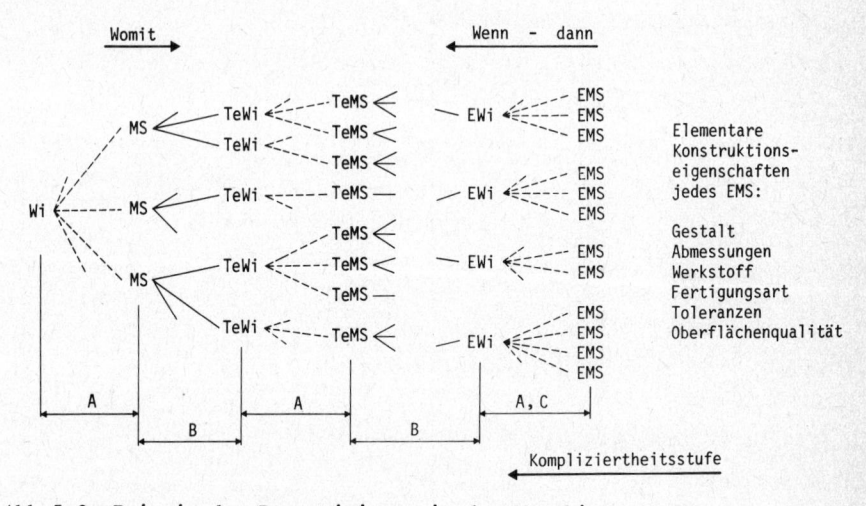

Gestalt
Abmessungen
Werkstoff
Fertigungsart
Toleranzen
Oberflächenqualität

← Kompliziertheitsstufe

Abb. 5.9. Prinzip des Determinismus in den Maschinensystemen
Schema: Wirkung - Mittel

5.2.2.7 Einschränkungen beim Konstruieren

Die Freiheit des Konstrukteurs beim Lösen einer Aufgabe wird nicht nur durch die Liste der Anforderungen eingeschränkt; es bestehen noch andere Faktoren, die der Konstrukteur respektieren muß. Es wäre auch möglich, diese Einschränkungen als eine gewisse Klasse von ständigen Anforderungen zu betrachten. Einige davon wurden bereits in Klassen von Eigenschaften erwähnt. Man unterscheidet folgende Arten (Dimensionen);
- Einschränkungen des "gesunden Menschenverstandes" sollen delikate Barrieren für

unsinniges, unlogisches Denken oder Urteilen erstellen. Typische Beispiele sind in den Aufgabenstellungen einiger "Erfindungen" zu finden.
- Physikalische Einschränkungen - die Naturgesetze müssen beachtet werden
- Einschränkungen der Natur - z.B. Mangel an Energie, Wasser, Rohstoffen
- Technische (Realisierungs-) Einschränkungen - durch den bekannten Stand der Technik sind die Realisierungsmöglichkeiten gesetzt
- Gesellschaftliche Einschränkungen - durch normative Aussagen der Gesellschaft (Gesetz, Vorschriften), kann aber auch nur Tradition sein
- Politische Einschränkungen - z.B. Mangel an gewissen Werkstoffen durch Krieg, Embargo
- Ökonomische Einschränkungen - werden durch vertretbare (oder gesetzte) Kosten repräsentiert (vgl. wirtschaftliche Eigenschaften des MS)
- Moralische Einschränkungen - von Seiten des Konstrukteurs (vgl.Kapitel 3) z.B. auch religiöse Anschauung.

5.2.2.8 Lösungsvarietät, Lösungsalternativen, ideale, optimale Lösung

Die Auswahl der Lösungen aus dem wirklichen Lösungsraum wird durch gewisse Lösungsalternativen bestimmt. Mit Lösungsvarietät wird eine Menge von Lösungen bezeichnet, welche den gestellten Anforderungen gerecht werden, jedoch nicht alle dieselbe Gesamtqualität haben. Durch Bewertung wird ihre Qualität bestimmt und die optimale Lösung gefunden. Diese optimale Lösung ist ein relativer Begriff, bezogen auf die Optimalitätskriterien; die Relativität erstreckt sich auch auf die Varietät (wurde das theoretische Lösungsfeld ausgenutzt? oder: ist die Lösung zeitgemäß?).
Die ideale Lösung könnte als momentanes Optimum des theoretischen Lösungsfeldes betrachtet werden; auch ein Spitzenprodukt wird nicht immer eine ideale, sondern lediglich eine optimale Lösung verkörpern.

5.2.2.9 Das Wesen des Konstruierens

Es wurde gezeigt, und die meisten Menschen wissen aus ihren Erfahrungen, wie umfangreich die Familie der Maschinensysteme ist. Dabei hat jeder spontan nur die existierenden Maschinen, Geräte, welche er in natura, abgebildet oder auf andere Weise kennen gelernt hat, ins Auge gefaßt. Wenn aber die Gesetzmäßigkeiten und Möglichkeiten des Strukturaufbaues und die Zuordnung der Funktionen und Strukturen bekannt sind, kann man sich leicht vorstellen, daß durch sinnvolle Kombinationen von elementaren Eigenschaften eine Unmenge von Strukturen - also Maschinensysteme - entstehen. Wenn alle diese Kombinationen auf allen Kompliziertheitsstufen gegeben sind, so entsteht erst ein komplettes ideales Lösungsfeld des Konstruierens von Maschinensystemen und zugleich eine volle praktisch unübersehbare Menge von Maschinensystemen.

Die Aufgabe des Konstrukteurs scheint nun einfach zu sein. Er hat "lediglich" die Wahl des geeigneten Maschinensystems aus dieser Menge zu den gestellten Anforderungen zu treffen. Daß so eine Kombination - Maschinensystem - existiert oder sogar mehrere für gegebene Bedingungen vorhanden sind, bildet eine wichtige Voraussetzung für die Konstruktionstätigkeit. Die Wahrscheinlichkeit der Existenz eines Maschinensystems für normale Anforderungen ist sehr hoch.

Ein solcher Vorgang des Konstruierens wird sich folgendermaßen vollziehen: Man macht eine Kombination, eine nach der andern, mehr oder weniger systematisch, und dann überprüft man in Denkmodellen, wie so ein System funktioniert, und ob den gestellten Anforderungen Genüge getan ist. So ein Vorgehen - wie einfach es auch aussehen mag - wird doch unmöglich für schon etwas kompliziertere Systeme (Unübersehbarkeit und Zeitverbrauch).

Der Suchweg muß also anders gestaltet werden: Man muß den Lösungsraum von Anfang an einengen, d.h. lediglich eine gewisse MS-Familie verfolgen. Die Frage nach einem geeigneten Ordnungssystem in dem Lösungsraum läßt sich nach der Bedeutung der Eigenschaften - Merkmale der Maschinensysteme - beantworten. Die Funktion als die Fähigkeit zu den gesuchten Einwirkungen wird ohne Zweifel das erste Kriterium sein; die Dimensionen der Funktion - Abstraktheit, Komplexität - würden dazu weitere Gesichtspunkte liefern. Für jedes Gebilde ist dann die Art und Weise, wie die Einwirkungen erzielt werden, charakteristisch, d.h. das Arbeitsprinzip (oft auch Wirkungsprinzip genannt); dieses ist bestimmend für die Baustruktur des Maschinensystems. Eine weitere Unterteilung geschieht mit Rücksicht auf die Leistung und andere Parameter wie Größe, Zuverläßigkeit usw.

Der Lösungsraum, die Menge der Funktionsträger, kann also in Untermengen aufgelöst werden, je nach den gemeinsamen Eigenschaften der Funktionsträger - Maschinensysteme. Es soll z.B. die Familie der Maschinensysteme, die durch die gemeinsame Funktion: Rotationsbewegung antreiben (oder noch abstrakter: Antreiben) gekennzeichnet ist, unterteilt werden; für die Bildung der Gattungen können die verschiedenen Arbeitsprinzipien angewendet werden: der Umsatz der chemischen Energie führt zum Kraftmotor, der elektrischen Energie zum Elektromotor oder der hydraulischen Energie zum Hydromotor. Die Baustrukturen der einzelnen Gattungen sind vollständig verschieden. Beachtet man aber solche Gruppierungen der Maschinensysteme in der Praxis, so stellt man fest, daß nicht immer die Funktion, sondern mehr andere Aspekte als gemeinsame Nenner unterschiedlicher Familien von Maschinensystemen maßgebend sind. Abb.5.10 zeigt in anschaulicher Form, in welche Gruppen von Maschinensystemen Dampfturbinen, Gasturbinen, Turboverdichter, Kolbenverdichter, Zentrifugalpumpen, Kolbenverbren-

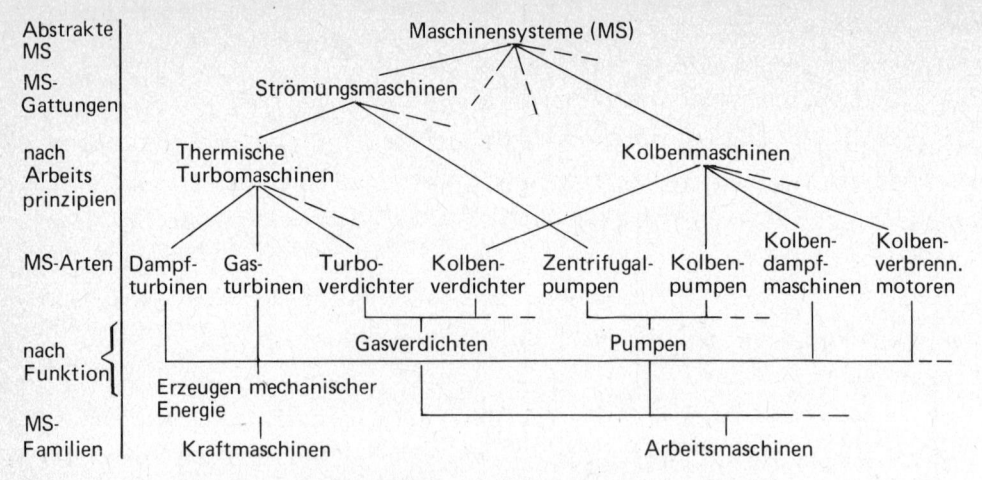

Abb.5.10. Gruppierungsmöglichkeiten einiger Arten der Maschinensysteme

nungsmotoren unter Anwendung diverser Gesichtspunkte eingegliedert sein können. Daß jede dieser Gruppierungen eine vernünftige Begründung findet, ist evident, was allerdings nicht bedeutet, daß sie für den Konstrukteur immer behilflich sind.
Eine Ausnahme (nebst einigen andern) finden wir auf der elementaren Ebene in der Disziplin der Maschinenelemente, zwar auch nur teilweise. Da sind die Funktionsträger "Maschinenelemente" ihren Funktionen entsprechend geordnet. Die gewählten Ordnungsmerkmale (Parameter) für die Bildung der Arten können zugleich als Fragestellungen für den Konstrukteur dienen. Eine solche Ordnung ist z.B. bei den Funktionen "Verbinden oder Dichten" bekannt. Für weitere Funktionen ist die Schaffung einer Ordnung im Werden begriffen (vgl. Abschnitt 5.2.6).
Es ist selten möglich, für eine komplexe Funktion direkt die entsprechende Struktur zu finden; für eine komplizierte Funktion mit vielen Bedingungen ist dies sogar undenkbar. Deshalb bedient man sich einer andern Arbeitsmethode, die auf die Auflösung der komplexen Systeme in Teilsysteme hinweist. Beim Konstruieren geht es also um die Aufteilung der Gesamtfunktion in ihre Teilfunktionen, für die erst die Mittel (Maschinensysteme) gefunden werden müssen. Wie gezeigt wurde, ist allerdings die Bestimmung der Teilfunktionen erst dann möglich, wenn das Arbeitsprinzip festgelegt ist. Dieses definiert dann die Gattungen der Maschinensysteme, deren Bestandteile die später gefundenen Funktionsträger der Teilfunktionen sind.
Dieser Vorgang zur Konkretheit wird fortgesetzt, bis die elementaren Funktionen und Funktionselemente ermittelt sind, welche durch elementare Konstruktionseigenschaften (Form, Abmessungen, Werkstoff, Toleranzen, Oberflächenart und teilweise Herstellungsart) beschrieben werden. Der geschilderte Weg entspricht auch dem Schema in Abb.5.9. Das methodische Vorgehen baut also auf einer bestimmten Anordnung des Lösungsraumes auf, mit andern Worten, man hält sich an eine bestimmte Ordnung der Maschinensysteme

in welcher Funktionen und Arbeitsprinzipien ordnende Gesichtspunkte darstellen. Die entstandenen Familien, Gattungen oder Gruppen von Maschinensystemen sind auf hoher Abstraktionsebene durch diese Eigenschaften charakterisiert.

Der Ablauf des Konstruierens bedeutet in idealisierter Darstellung, diese Abstraktionstreppe hinunterzusteigen. Der wirkliche Vorgang ist gewiss komplizierter und enthält mehrere Bewegungsrichtungen, wie sie im nächsten Abschnitt zur Sprache kommen.

5.2.2.10 <u>Bewegungsrichtungen beim Konstruieren</u>

Der Weg vom Problem zur Beschreibung des Maschinensystems geht nicht so geradlinig wie in den Strategien, besonders in derjenigen "Der gute Konstrukteur" gezeigt wurde (Abb.5.1). Es werden verschiedene Bewegungsrichtungen an der Zeitachse verfolgt, so daß es manchmal den Anschein macht, die Arbeit bleibe stehen, obwohl viel geleistet worden ist.

Versuchen wir nun, die wichtigen Richtungen dieses mehrdimensionalen Vorganges herauszugreifen und kurz zu erklären.

(1) Dimension "Problemachse". Bewegung vom Problem zu Anforderungen an das Maschinensystem (Abb.5.11 A). Ideal genommen steht am Anfang jedes Konstruierens ein Problem (ähnlich wie für gesellschaftliche Probleme gibt es auch Realisationsprobleme). Daß jedes Problem eine Ursache hat und auf verschiedene Weise gelöst werden kann (mit verschiedenen Mitteln), haben wir an verschiedenen Stellen schon gezeigt (Axiom 3.11 bis 3.12, Anhang 2). Auf dieser Achse sind fol-

A. Problemachse

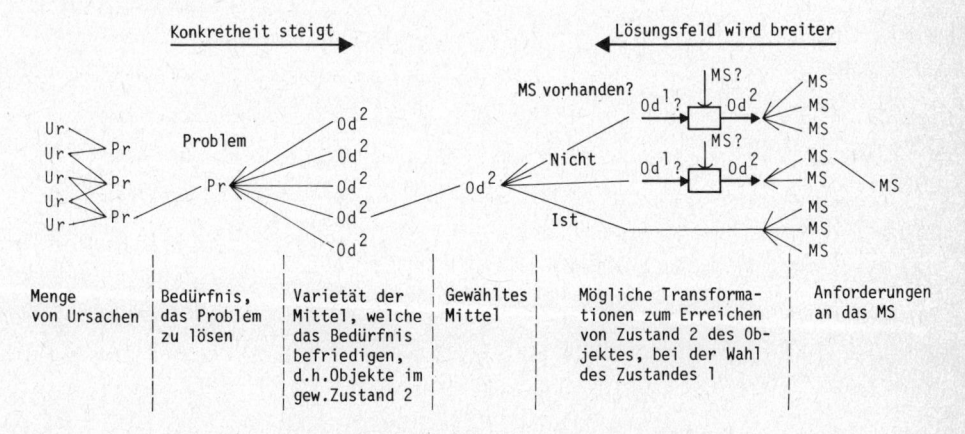

Abb.5.11. Bewegungsrichtungen beim Konstruieren:
   A. Problemachse: Von den Ursachen des Problems zu den Anforderungen an das Maschinensystem

B. Abstraktionsachse

Lösungsbewegung
(Zeitachse)

Stadien der Konstruktion:

Komplette Beschreibung des MS

Entwurf des MS

Konzeption des MS

Funktionsstruktur des MS

HERSTELLUNGSART WERKSTOFF
TOLERANZ
OBERFLÄCHENQUALITÄT   GRÖSSE
EINBEZUG VON EIGENSCHAFTEN
                           GESTALT
FUNKTIONEN BAUSTRUKTUR

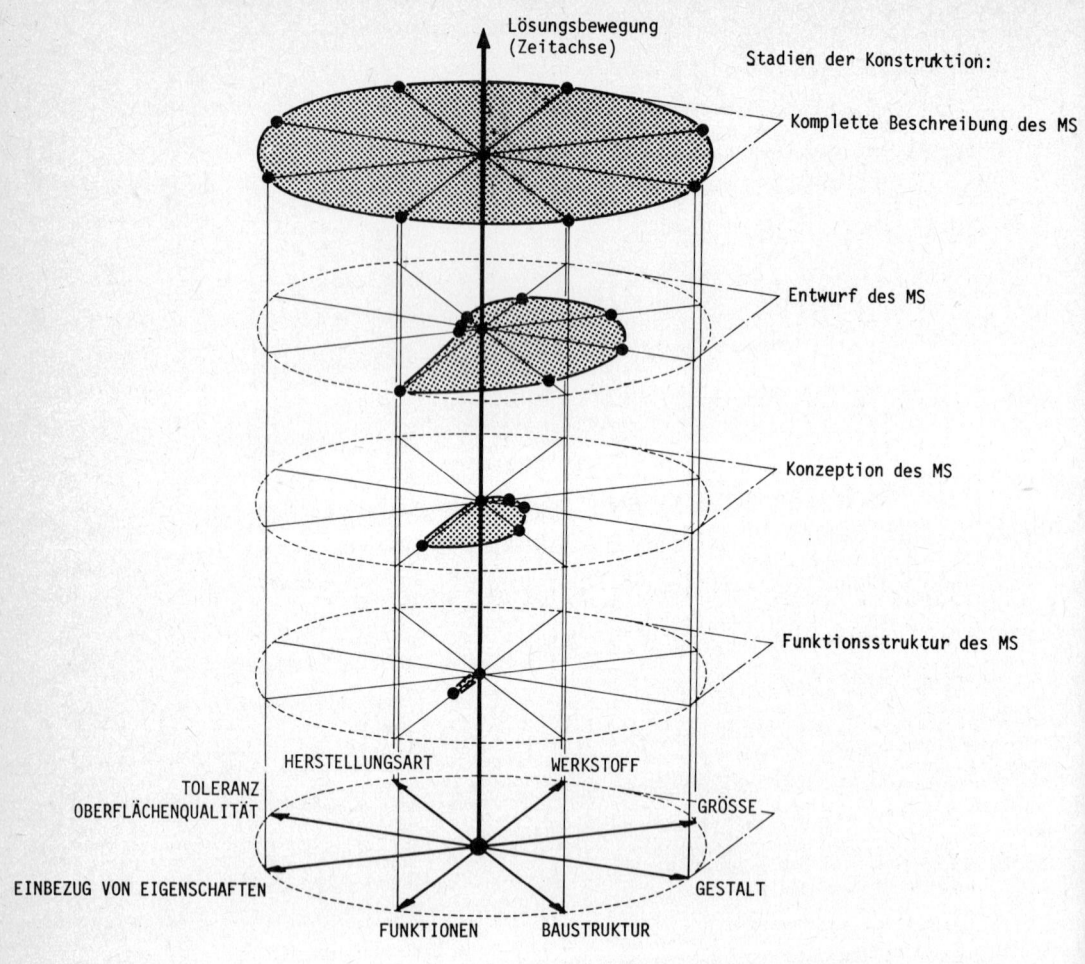

Abb.5.11. B. Abstraktionsachse: Von den Anforderungen zu der komplexen Beschreibung des Maschinensystems

gende Stadien zu unterscheiden: Ursachen des Problems, Problem, Bedürfnis das Problem zu lösen, Mittel zur Befriedigung des Bedürfnisses (gewähltes Mittel: Black-box-Prozeß mit ausgesuchten Mitteln als Ausgang ; mögliche freie Größe: Input, Prozeß, Operatoren), Anforderungen an das Maschinensystem. Die Bewegung in Richtung vom Problem zu den Anforderungen bedeutet Vergrößerung der Konkretheit und Einengung des Lösungsfeldes. Infolgedessen läßt sich auch diese Achse als Verlängerung der Abstraktionsachse betrachten.

(2) Dimension "Abstraktionsachse". Bewegung vom Abstrakten zum Konkreten (Abb.5.11 B). Die Unmöglichkeit, aus den Anforderungen direkt die Beschreibung des Maschinensystems zu gewinnen, zwingt beim Konstruieren, die Konkretisierung schrittweise zu vergrößern. Was hat der Vorgang in diesem Raum zu bedeuten?

- Vom formlosen zu 3-dimensionalen Gebilden
- vom dimensionslosen zu komplett vermaßten Gebilden
- vom System ohne Werkstoffvorstellung zu kompletter Werkstoffangabe
- vom System ohne Toleranz, Oberflächenartvorstellung zu kompletten Angaben
- vom System ohne Vorstellung der Realisierbarkeit zum System mit definierten Herstellungsarten
- vom System auf Funktion konzipiert zum System als Träger aller Eigenschaften.

Auf dieser Hauptachse für das Konstruieren sind folgende Stadien verankert: Maschinensystem durch Gesamtfunktion vertreten (black-box-Prozeß), Prozeßstruktur des Maschinensystems, Funktionsstruktur, Mittel für Teilfunktionen auf diversen Abstraktionsebenen, abstrakte Baustruktur (z.B. Konzeptionsskizze), konkretere (besonders formtreue) Struktur (Entwurf), konkrete Details (Detailzeichnungen), konkrete Struktur (Zusammenstellungszeichnungen und Stückliste). Der zunehmende Informationsinhalt der einzelnen Dokumente (Darstellungen der Stadien) in der Konstruktion ist in Abb.6.4 gezeigt.

Erinnern wir noch an die Tatsache, daß in diesen Schritten sukzessive die Familie, Gattung, Gruppe usw. bis Typ und Typgröße des Maschinensystems festgelegt wird.

(3) Dimension "Kompliziertheitsstufen-Achse". Bewegung von der Final- zur Elementarstufe des Maschinensystems. Die Aufgabe (Funktion) legt eine bestimmte Kompliziertheitsstufe des zu konstruierenden Maschinensystems fest (z.B. Einrichtung, Maschine oder Gruppe, Maschinenelement). Bei der Lösung der Aufgabe bewegt man sich jedoch nicht nur auf dieser Finalstufe, denn um diese zu definieren, zu konkretisieren, muß man ihre Teilsysteme kennen, und wiederum, um diese beschreiben zu können, braucht man Kenntnis ihrer Elemente. So geht man im Laufe der Lösung von einer Stufe zur andern, und sukzessive erhöht man die Konkretisierung der einzelnen Kompliziertheitsstufen des Maschinensystems. Die Bewegung entlang dieser Achse soll immer von der Konzeption der höheren Stufe ausgehen, wobei durch konkretere Ausarbeitung der niedrigeren Stufe sich auch die Konkretheit der höheren Stufen allmählich verschiebt. Diese Oszillation in dem Ablauf repräsentiert die Dialektik von Analyse und Synthese. Geometrisch gesehen verläuft die Kompliziertheitsstufenachse fast parallel zur Abstraktionsachse.

(4) Dimension "Darstellungsachse". Bewegung von der Vorstellung zur Darstellung. Jeder Lösungsschritt muß sich zuerst in Gedanken abspielen - eine Vorstellung muß entstehen, bevor ein Modell des Maschinensystems entweder auf Papier abgebildet oder stofflich verwirklicht werden kann. Solche im Laufe des Konstruktionsprozesses sich oft wiederholenden Tätigkeiten sind im Gebiet der Dar-

stellungsmethoden behandelt. Dort, wo sie in der Tätigkeit überwiegen (Zeichnungsarbeiten), werden sogar selbständige Arbeitsetappen gebildet.

(5) Dimension "Qualitätsachse". Bewegung von der schlechteren zur besseren Qualität des Maschinensystems. Auch die beste Idee enthält einige Schwachstellen. Der Vorgang der Verbesserung von einer brauchbaren Lösung (mit Schwächen) zu einer verbesserten Lösung ist typisch für alle Konstruktionsschritte. Immer wieder werden festgestellte Mängel zu beseitigen gesucht, ohne daß ein neues Stadium im Konstruktionsablauf erreicht wird.
Die Rückschleifen, welche solche Verbesserungsabläufe abbilden sollen, sind meist weder typisch noch ausreichend.

(6) Dimension "Varietätachse". Bewegung vom Varietätbilden zum Varietäteinengen. Eine solche Bewegungsrichtung hat hinter sich den Mechanismus, der die Gewinnung einer optimalen Lösung anstrebt, nach dem Prinzip, das durch Vergleich von und Auswahl aus mehreren Lösungen die Qualität der Lösung ermöglicht. Diese Schritte lassen sich beliebig in die Achse einmontieren und werden als Arbeitsprinzip erklärt.

(7) Dimension "Informationsachse". Bewegung von Informationsgebrauch zu Informiertsein. Den vielen Überlegungen und Entscheidungen liegen die Fachinformationen zugrunde. Die Schritte der Informationsbeschaffung und -verarbeitung begleiten alle andern Schritte ohne in einem Vorgehensmodell besonders erwähnt zu werden. Eine Ausnahme bildet z.B. die Operation "den Stand der Technik ermitteln". Diese Operation am Anfang des ganzen Prozesses wird wegen ihrer Bedeutung und ihrem Umfang oft direkt aufgeführt.

(8) Dimension "Verifikationsachse". Bewegung von der Entscheidung zum Verifizieren. Die komplizierten und anspruchsvollen Teilüberlegungen und Entscheidungen bilden wieder den Ausgangspunkt für die nachfolgenden Schritte. Um nicht mit falschen Angaben zu operieren, ist jedes Teilresultat zu überprüfen, sei es durch Kontrolle der Richtigkeit des Vorganges oder auf eine andere Weise (sichere Methode). Demnach wird jeder Ablauf mehrmals zurückgeführt, um kleinere oder größere Abschnittergebnisse zu verifizieren. Auch diese Operationen sind meist nicht explizit im Vorgehensplan angegeben, mit Ausnahme der Zeichnungskontrolle, obschon diese unumgänglich ist.

5.2.3 Konstruktionsablauf - Konstruktionsstrategie

Die Aufgabe, einige Wegweisungen zu geben, welche den Konstrukteur in die Lage versetzen, von Anfang an zielorientiert zu handeln, ist bei der Erwägung aller beschriebenen Bewegungsrichtungen recht kompliziert; dazu kommt noch, daß sie für die Lösung aller Konstruktionsaufgaben brauchbar sein sollten.

Es muß noch der Einfluß verschiedener Faktoren (inkl.Einschränkungen) auf ein solches Vorgehen einbezogen werden wie etwa
- von der Seite des Maschinensystems: der Kompliziertheitsgrad, Originalität, Anforderungen
- von der Seite des Konstruktionsprozesses: Stand der Operatoren, Qualität der Konstrukteure, Stand der Fachinformationen, Arbeitsmittel, Steuerung des Konstruktionsprozesses, Arbeitsbedingungen
- von der Seite des Betriebs: Stückzahl (Produktionsart), Termine, Versuchs-, Herstellungsmöglichkeiten, Tradition, Organisation
- von der Seite der Gesellschaft: Normen, Vorschriften, Umweltschutz und weitere Einschränkungen.

Mit Rücksicht auf die genannten Faktoren, deren Einfluß im Vorgehensplan beschrieben ist, hat man zwischen folgenden Fällen zu unterscheiden:
- Das Vorgehensmodell vermittelt Informationen über einen "idealen" Arbeitsablauf (Reihenfolge der wesentlichen Arbeitsphasen) beim Konstruieren, entweder in verbaler oder graphischer Form als Flußdiagramm. Das Modell beachtet meistens nur technische und logische Zusammenhänge, wobei die Einflußfaktoren wie z.B. Produktkompliziertheit, Konstrukteurqualität, Fachinformationen (Stand), Zeit usw. in der kompliziertesten Stufe als "ideal" vorausgesetzt werden. Die Gültigkeit (Anwendbarkeit) ist meistens sehr breit.
- Der Vorgehensplan ist im Gegensatz zum allgemein gültigen Vorgehensmodell für eine konkrete Aufgabe ausgearbeitet; demzufolge können alle gegebenen Faktoren berücksichtigt werden. Er geht vom allgemeinen, theoretisch begründeten Vorgehensmodell aus und ist dem gegebenen Zustand angepaßt, besonders auch für Termine. Eine vorteilhafte Darstellung hiefür erfolgt z.B. in Form eines Netzplanes.
- Die Vorgehensweise beschreibt Art und Weise des Arbeitsvorgehens eines bestimmten Konstrukteurs. Sie hat also Gültigkeit für einen Einzelnen und wird stark durch persönliche Eigenschaften sowie durch praktische Erfahrungen beeinflußt.

Die größte Aufmerksamkeit werden wir dem Vorgehensmodell schenken und zwar gerade für seinen Gültigkeitsbereich und als Muster zur Ableitung der Vorgehenspläne und -weisen.

5.2.3.1 Übersicht über einige wichtige Vorgehensmodelle

In den letzten Jahren hat die Konstruktionsforschung besonders die Entwicklung von Vorgehensmodellen beim Konstruieren vorangetrieben. Wie mannigfaltig man konstruiert hat, so unterschiedlich sind auch die Vorgehensmodelle, mindestens von der Form her, wie sie die Flußdiagramme vermitteln.

Wenn man sich die Mühe nimmt, einen Vergleich anzustellen, stößt man bald auf Schwierigkeiten und zwar bezüglich der benutzten unterschiedlichen Gesichtspunkte, Voraussetzungen und nicht immer klar angegebenen Ziele. Beim Studium bevorstehender Arbeiten sei besonders zu achten auf

- die Zielsetzung des Autors: z.B. praxis-, unterrichts- oder rechnerorientierte Arbeit
- das Fachgebiet, aus dem der Autor stammt: trotz der allgemeinen Gültigkeit trägt die Methode meistens die Prägung des Fachgebietes, in dem sie entstanden ist
- die Erkenntnisse (Erfahrungen) stützen sich auf die Ausführungen: z.B. Verallgemeinerung der praktischen Erfahrungen, Übertragung interdisziplinärer Methoden oder Erkenntnisse aus anderen Gebieten, Kombinieren mehrerer Arbeiten
- der Schwerpunkt der Arbeit: fast jede Arbeit befaßt sich vorwiegend mit einer bestimmten Phase und nicht homogen mit dem ganzen Konstruktionsprozeß.

Der Rahmen dieses Buches erlaubt keine ausführliche Analyse und Vergleiche. Es wäre außerdem für die meisten Leser nicht aufschlußreich. Anderseits bringt die Darstellung einiger bekannter Vorgehensmodelle Stützpunkte für einen groben Vergleich und die Orientierung. Das ist der Grund, weshalb im Anhang 7 folgende Vorgehensmodelle präsentiert sind:

- Asimov: "Morphology of design" (Anhang 7a)
- Pabla-Matchett: Fundamentale Arbeit (Anhang 7b)
- Hansen: Konstruktionssystematik (Anhang 7c)
- Rodenacker: Physikalisch orientierte Konstruktion (Anhang 7d)
- Koller: Algorithmisch-physikalisch orientierte Konstruktionsmethodik (Anhang 7e)
- Roth: Vorgehensschritte und Hilfsmittel (Anhang 7f)
- VDI Richtlinie 2222: Vorgehensplan (Anhang 7g)
- Konstruieren: Suche nach den Konstruktionseigenschaften (Anhang 7h)

5.2.3.2 <u>Verallgemeinertes Vorgehensmodell</u>

Die ausgewählten Beispiele von Vorgehensmodellen haben die Bestandteile, den Ablauf sowie die benutzte Form der Abbildung beigebracht. Der erste Eindruck ist wohl eher der von Meinungsverschiedenheiten als der von Einheit. Ein tieferer Vergleich läßt jedoch viele Ähnlichkeiten und gemeinsame Tendenzen erkennen, welche besonders durch Verschiedenheit der Begriffe und Darstellungsformen sowie durch differenzierte Zielsetzungen verhüllt sind.

Versuchen wir nun, den Stand der herkömmlichen Kenntnisse in diesem Gebiet in das verallgemeinerte Vorgehensmodell zu projizieren, um dem praktizierenden Konstrukteur ein anwendbares Mittel zu bieten. Für andere Zwecke (z.B. Rechnereinsatz) müßten andere Aspekte hervorgehoben werden wie z.B. Verteilung der Schritte auf schöpferische und algorithmisierbare Schritte. Für die kurzen Beschreibungen wird das Flußdiagramm (Abb.5.12) als Bezugsmittel dienen. In diesem Zusammenhang werden wir lediglich den eigentlichen Konstruktionsprozeß unter die Lupe nehmen, d.h. die Produktplanung vor oder die Herstellung des Prototyps nach diesem Prozeß werden außer acht gelassen.

Daß es sich um einen idealisierten Wegweiser handelt, haben wir schon betont. In diesem Fall stehen folgende Annahmen am Ausgangspunkt:
- Das Maschinensystem ist kompliziert, und es handelt sich um eine Neuentwicklung.
- Die Faktoren des Konstruktionsprozesses sowie die Betriebsfaktoren sind als ideal zu betrachten.

Auf der Zeitachse, welche als Hauptachse der Darstellung dient, wechseln sich überwiegend die Abstraktionsachse (2.Dimension) und die Kompliziertheitsstufen-Achse (3.Dimension) ab. Die Verbesserungsrichtung ist nur teilweise durch spezielle Prozesse oder Rückschleifen abgebildet. Die andern Dimensionen sind nur ab und zu speziell erwähnt, was allerdings die in Wirklichkeit oszillierenden Bewegungen in Richtung Information, Vorstellung - Darstellung oder Lösung - Verifizierung in der Hauptachse nicht vollständig illustriert. Dieses Modell spiegelt ebenfalls die Problemachse nicht wider.

Der ganze Ablauf gliedert sich in 4 Hauptphasen:

(1) Klären der Aufgabenstellung

(2) Konzipieren

(3) Entwerfen

(4) Ausarbeiten

Diese Phasen sind nun in jene Teilprozesse oder -schritte aufgelöst, aus denen man entweder einen genau definierten Output bekommt oder die als erkennbare Operationen mit klarer Fragestellung gewisse Teilergebnisse liefern. Die Outputs (immer mit kreisförmigen Gebilden symbolisiert) bilden das zu konstruierende Maschinensystem in steigender Konkretheit ab.

Eine wichtige Stellung für die Effizienz des Konstruktionsprozesses und seine Leitung bekleiden die Entscheidungsoperationen. Im Flußdiagramm sind die Bewertungs- und Entscheidungsschritte des Konstrukteurs (Gruppe) im Rahmen der einzelnen Phasen zu unterscheiden von den wichtigen Entscheidungen, die als Freigaben bezeichnet sind. Im vorliegenden Flußdiagramm handelt es sich um die Freigabe zum Entwerfen und weiter zum Ausarbeiten. Nach dem Ausarbeiten der Fertigungsunterlagen wird die Freigabe für die Fertigung (resp. Freigabe zur Serienfertigung nach der Prototyp-Erprobung) erfolgen, welche nicht mehr im Flußdiagramm eingezeichnet ist.

AUFGABENSTELLUNG, ANFORDERUNGEN

1 KLÄREN der Aufgabenstellung

1. Aufgabenstellung kritisch erkennen
2. Stand der Technik ermitteln
3. Analyse der Problemsituation
4. Überprüfen der Realisationsmöglichkeiten
5. Anforderungen klassifizieren (Prioritäten setzen)
6. Ausarbeiten der kompletten bereinigten Aufgabenstellung

BEREINIGTE AUFGABENSTELLUNG, PFLICHTENHEFT

2 KONZIPIEREN

1. Bestimmen der Funktionsstruktur
   - 11. Abstrahieren : BLACK BOX
   - 12. Arbeitsprinzip der Transformation wählen
   - 13. Prozeßstruktur des MS festlegen
   - 14. Funktionsstruktur (Variationen) bestimmen
   - 15. Funktionsstruktur darstellen

   Varietät von FUNKTIONSSTRUKTUREN

2. Bestimmen der Prinzipkonzepte
   - 21. Wirkungsprinzipien der Teilfunktionen wählen
   - 22. Funktionsträger (MS-Familie) bestimmen
   - 23. Kombinieren, Bewerten, Ausscheiden
   - 24. Prinzipkonzepte darstellen

   Varietät von PRINZIPKONZEPTEN

3. Bestimmen der Konzepte
   - 31. Überschlägige Berechnungen, Werkstoff-, Herstellungsartwahl
   - 32. Anordnen, Grobgestalten
   - 33. Konzepte darstellen

   Varietät von KONZEPTEN

   Verbessern ← Bewerten, Optimieren

KONZEPT des Maschinensystems

KONSTRUKTIONSPROZESS

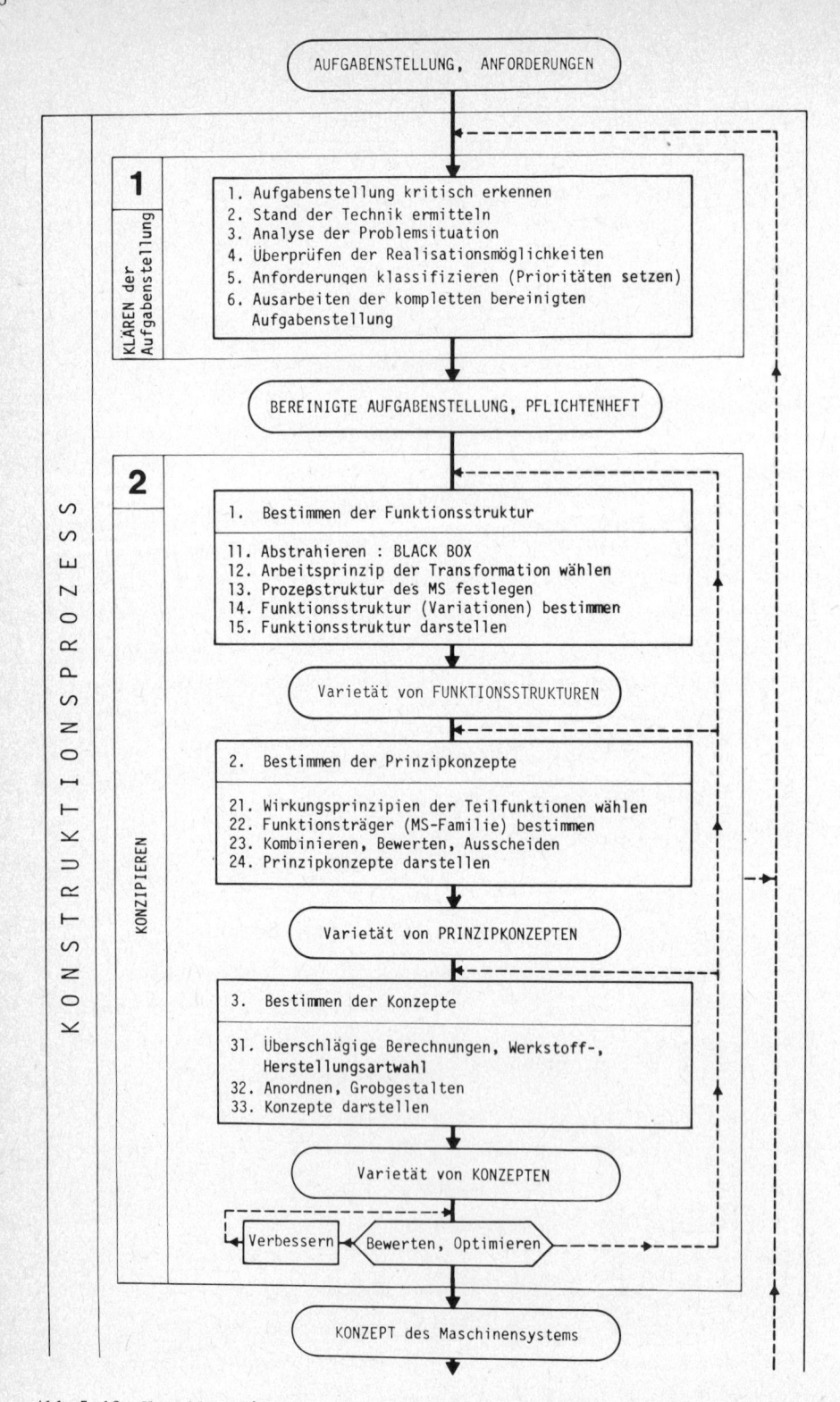

Abb.5.12. Verallgemeinertes Vorgehensmodell beim Konstruieren. Flußdiagramm

```
┌─────────────────────────── Freigabe ───────────────────────────┐
│                                                                │
│  ┌─3──────────────────────────────────────────────────────┐    │
│  │      1. Entwurfskizzen ausarbeiten                     │    │
│  │         Anordnen, gestalten, teilweise bemessen,       │    │
│  │         Werkstoff, Fertigungsart wählen   Darstellen   │    │
│  │                                                        │    │
│  │              Varietät von ENTWURFSKIZZEN               │    │
│  │                                                        │    │
│  │      2. Maßstäbliche Konstruktionsentwürfe ausarbeiten │    │
│  │         Gestalten, teilweise: bemessen, Werkstoff,     │    │
│  │         Fertigungsart wählen. Überschlägige            │    │
│  │         Berechnungen der Festigkeit, Darstellen        │    │
│  │                                                        │    │
│  │              Varietät von ENTWÜRFEN                    │    │
│  │                 Bewerten, Auswahl                      │    │
│  │                 OPTIMALER ENTWURF                      │    │
│  │                                                        │    │
│  │      3. Bereinigten Konstruktionsentwurf ausarbeiten   │    │
│  │         Gestalten, weitere Festigkeitsberechnungen,    │    │
│  │         teilweise Werkstoff bemessen, Fertigungsart    │    │
│  │         wählen, Fertigungseignung überprüfen           │    │
│  │                                                        │    │
│  │     Verbessern ← Techn.-wirtsch. Bewerten-Verifikation │    │
│  └────────────────────────────────────────────────────────┘    │
│                                                                │
│                     ENTWURF des MS                             │
│                        Freigabe                                │
│                                                                │
│  ┌─4──────────────────────────────────────────────────────┐    │
│  │      Fertigungsgerechtes Gestalten, Wertgestalten      │    │
│  │      Komplettes Bemessen, Werkstoff-, Fertigungsart-,  │    │
│  │      Toleranzen-, Oberflächenartwahl                   │    │
│  │                                                        │    │
│  │      Festigkeitsnachweise, Gewicht-, Geometrie         │    │
│  │      berechnungen                                      │    │
│  │                                                        │    │
│  │      Darstellen der Details und Systeme                │    │
│  │                                                        │    │
│  │        Verbessern ← Zeichnungskontrolle                │    │
│  └────────────────────────────────────────────────────────┘    │
│                                                                │
│        Komplette BESCHREIBUNG DES MASCHINENSYSTEMS             │
└────────────────────────────────────────────────────────────────┘
```

K O N S T R U K T I O N S P R O Z E S S

ENTWERFEN (3) / AUSARBEITEN (4)

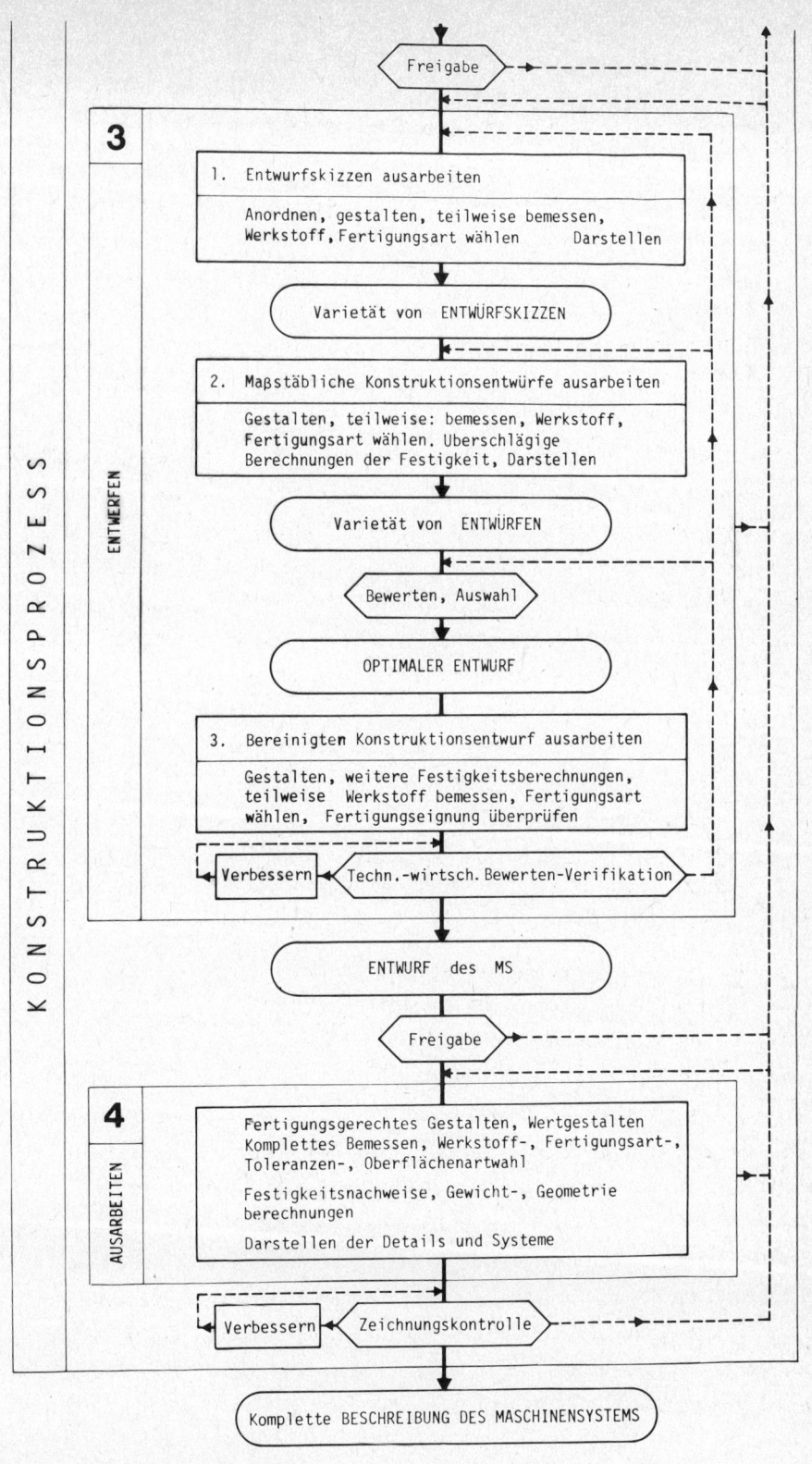

des Konstruktionsprozesses

Es folgen Bemerkungen zu den einzelnen Etappen, wobei noch zu sagen ist, daß die Anwendung der Methoden erst in den nachfolgenden Abschnitten erörtert wird. Die numerische Bezeichnung entspricht derjenigen in Abb.5.12.

(1) Klärung der Aufgabenstellung

Der Konstrukteur bekommt Anforderungen für das zu konstruierende Maschinensystem, welche minimal unvollständig, oft auch unrealistisch oder sogar widersprüchlich sind. Man soll in diesem ersten Schritt besonders die genaue Problemsituation erkennen. Diesem Ziel dient das kritische Studium der Aufgabenstellung und die Analyse der Problemsituation von allen möglichen Aspekten. Als Informationsquelle zum Vergleich sowie für die Kritik und Ueberprüfung der Realisierbarkeit dient die Kenntnis des Standes von Technik und Wissenschaft. Die Marktforschung ist schon in der Planungsphase vorausgesetzt. Die Ueberprüfung der Realisierbarkeit der Aufgabe, besonders vom technischen und wirtschaftlichen Gesichtspunkt betrachtet, soll eine große Wahrscheinlichkeit des erfolgreichen Ergebnisses des Konstruierens gewährleisten. Daneben sollen alle Anforderungen klassifiziert werden, wobei sich das Zusammenfassen in Klassen (vgl. z.B. Anhang 6) und das Setzen der Prioritäten (Forderungen, Wünsche) der einzelnen Anforderungen empfiehlt. Eine übersichtliche und möglichst einheitliche Form bei der Ausarbeitung des kompletten Pflichtenheftes ist von großer Bedeutung; es sollte begleitet sein von Kommentaren und Dokumenten über Verhandlungen mit dem Auftraggeber.

(2) Konzipieren

Die Phase des Konzipierens trägt maßgebend zur Qualität des zu konstruierenden Maschinensystems bei. Sie ist aber auch die schwierigste, denn die Umwandlung der Anforderungen in das erste zwar noch nicht vollkommen reale aber schon funktionierende Modell geschieht hier. Diese Phase, welche früher als Domäne der Intuition betrachtet wurde, kann in drei Teilprozesse aufgelöst werden:

- Bestimmen der Funktionsstruktur des Maschinensystems
- Bestimmen der Prinzipkonzepte des Maschinensystems
- Bestimmen der Konzepte des Maschinensystems

(2.1) Die Funktionsstruktur des Maschinensystems als sehr abstrakte Abbildung des Maschinensystems haben wir definitionsmäßig kennengelernt. Ein möglicher systematischer Weg führt von der Gesamtfunktion über Transformations-Arbeitsprinzip zur Prozeßstruktur (technischer Prozeß der Transformation), welcher schon ziemlich genaue Anlehnung der Funktionsstruktur erlaubt. Dieser Weg ist markiert von einer Reihe die Konzeption charakterisierenden Entscheidungen wie der Wahl des Arbeitsprinzips, Beteiligung des Menschen an der Transformation (Mechanisierungs- und Automatisierungsgrad) oder Definieren der Grenzen von beteiligten Maschinensystemen. Diese Schritte sind auch die varietätsbildenden Operationen.

Eine weitere Variationsmöglichkeit entsteht durch Gruppieren der Funktionen. Das Beispiel des Mähdreschers soll dies erläutern. Die bekannten Arbeitsfunktionen des Mähdreschers - Mähen, Heben, Transportieren, Dreschen, Blasen, Sortieren und Pressen - müssen angetrieben werden. Es könnte entweder für jede Funktion ein Antrieb konstruiert werden oder ein Gruppenantrieb oder sogar ein einziger Antrieb für alle. Die Verbindungen Antrieb - Wirkstelle werden für alle diese Fälle anders sein - die kompliziertesten Verbindungen für den letzten Fall.

Die grundlegende Funktionsstruktur läßt sich verschiedenartig strukturieren, um ein breites Lösungsfeld zu erreichen. Dabei können folgende Denkoperationen beteiligt sein:
- aggregieren, addieren, zusammenfügen,
- subtrahieren, auslassen,
- multiplizieren, vergrößern, verlängern, erhöhen,
- dividieren, zerlegen, verkleinern,
- ersetzen, ausnützen, übertragen, lokalisieren oder
- Kombinationen dieser Operationen.

So läßt sich eine Menge von Varianten der Funktionsstruktur ausarbeiten; für die praktische Anwendung kann jedoch eine begrenzte Varietät von Bedeutung sein. Der Weg, auf dem eine solche brauchbare Varietät erreicht wird, führt nicht nur über die Ausarbeitung aller Kombinationen mit nachfolgender Konkretisierung und Bewertung. Die Erfahrung erlaubt in dem entsprechenden Fachgebiet diejenigen Funktionen zu erkennen, welche eine solche Manipulation zulassen und welche Variationen dann als zweckmäßig und mit Aussicht auf Erfolg betrachtet werden können. Es bleibt noch viel Raum für die Intuition des erfahrenen Konstrukteurs. Diese Prozedur hat eine große Bedeutung für die Befreiung des Suchprozesses von der Last der Vorbilder - konventionelle Lösungen. Anfänglich fast absurd scheinende Lösungsvarianten können sich als neue und vorteilhafte Lösungen erweisen.

Die Funktionsstruktur kann aus Funktionen unterschiedlicher Kompliziertheitsgrade zusammengesetzt sein, (die Grenze ist die elementare Stufe) oder sie kann bis auf die Kompliziertheitsstufe geführt werden, an der bekannte Maschinensysteme den Funktionen zugeordnet werden können.

Es sei noch auf die Bedeutung der Abbildung der Funktionsstruktur hingewiesen. Abschnitt 6.6.2 zeigt einige grundsätzliche Möglichkeiten. Wegen der flexiblen Handhabung beim Schaffen der Struktur hat sich der Funktionsbaum als vorteilhaft erwiesen, wogegen die Blockform mehr Informationen enthält und übersichtlicher ist (aber starr).

Das Flußdiagramm beschreibt jedoch nicht die zweite grundsätzliche Möglichkeit - die Entstehung der Funktionsstruktur durch Kombinieren von "normierten Teilfunktionen" (vgl. 5.2.2.4 Abschnitt (2) [53, 54, 83, 123]).

(2.2) Bestimmen des Prinzipkonzeptes

In den folgenden Schritten sind die Funktionsträger der in der Funktionsstruktur enthaltenen Funktionen - d.h. die technischen Systeme der entsprechenden Kompliziertheitsstufen ausfindig zu machen. Der Vorgang spielt sich auf den verschiedenen Kompliziertheitsebenen in ähnlicher Weise ab. Durch die Wahl des Arbeits- (Wirkungs-, Funktions-) Prinzips wird die Familie des Teilsystems bestimmt.

Nun sollen die Teilsysteme in das Gesamtsystem integriert werden, was durch möglichst günstige Kombinationen der einzelnen Teilfunktionsträger geschieht. Die Überprüfung der Verträglichkeit der einzelnen Elemente zur Erzielung der Gesamtfunktion gehört mit in den Prozeß hinein. Die Reihe der vorteilhaften Kombinationen wird durch die Beschreibung oder am besten durch das Prinzipkonzept dargestellt. Es lassen sich erfahrungsgemäß auch ohne zeitraubende Berechnungen gewisse Lösungen ausscheiden, so daß die Varietät in einem vernünftigen Rahmen bleibt.

(2.3) Bestimmen der Konzepte

Die gestalterische Tätigkeit beginnt bei der Ausarbeitung der Konzepte, aber immer noch mehr im qualitativen als im quantitativen Bereich. Die Anordnung der teilweise gestalteten Teilsysteme zu einem Ganzen (mit der angestrebten Gesamtfunktion) ist die Hauptaufgabe. In dem Konzept sollen schon alle wichtigen Elemente und ihre Relationen zu erkennen sein. Oft ist es nicht möglich oder nötig, die ganze Struktur gestalterisch zu beschreiben. Es kann sich z.B. um Fälle handeln, die aufgrund der existierenden Vorbilder einen direkten Übergang zum Entwurf erlauben.

Bewerten, Optimieren in der Konzeptphase

Es ist bekannt, daß die Möglichkeit für den Einsatz objektiver Bewertungsmethoden beim Konzipieren kaum existiert. Deshalb wird im Vorgehensmodell immer mit einer Varietät als Ausgang gerechnet; mehrere Lösungen werden also parallel entwickelt und erst in der Endphase, wo vom Konstrukteur gestaltete Konzepte verglichen werden, ist ein wichtiger Bewertungsschritt geplant, und nach Auswahl der optimalen Variante käme eventuell ein weiterer Schritt zur Verbesserung resp. Ausmerzung der Schwachstellen in Frage. Das Gesagte soll nicht als Empfehlung gewertet werden, mit einer sehr umfangreichen Varietät zu arbeiten. Wie an einigen Stellen angedeutet wird, soll jede Gelegenheit genutzt werden, um nicht passende Lösungen, aus welchem Grunde auch immer, auszuschließen, damit keine unnötige Arbeit geleistet wird. Die meisten Ausscheidungen in diesem Stadium sind auf technische Gründe zurückzuführen. Es wäre auch denkbar, mehrere hoffnungsreiche Konzepte in die Entwurfsphase durchzulassen, um eine genauere Bewertung zu ermöglichen.

(3) Entwerfen

Der Entwurf als Output dieser Phase beschreibt schon ziemlich konkret die Struktur des Maschinensystems. Es sind noch nicht alle Angaben über Gestalt, Abmessungen,

Werkstoff vollständig, anderseits wurden wichtige Passungen, Oberflächenart bereits
festgelegt. Zu diesem Stadium kommt man von dem Konzept nicht immer in einem Schritt.
Im Flußdiagramm ist eine solche Umwandlung in drei Schritten vorgesehen.

Im ersten Schritt, der von der Qualität des Konzeptes abhängt, soll die ganze Struktur gestaltet werden, jedoch unter Beachtung der funktionellen Maße. Ein solches Layout erlaubt die wichtigsten Modelle für die Festigkeitsberechnungen (Beanspruchung) abzuleiten und dadurch gewisse Stützmaße zu gewinnen. Das Gestalten, von diesen Stützmaßen (auch durch Vergleich gewonnen) ausgehend, kann proportionale, den Festigkeitsgesetzen entsprechende Form annehmen. Bei komplizierten und neuen Strukturen ist es nicht empfehlenswert, im ersten maßstäblichen Konstruktionsentwurf alle Einzelheiten zu lösen, sondern wie es der Schritt 3.2 vorsieht, zuerst eine Varietät der groben Entwürfe auszuarbeiten und durch Bewertung den optimalen groben Entwurf auszuwählen.
Die nachfolgende Bereinigung soll nicht nur die Schwachstellen beseitigen, sondern durch erweiterte Überlegungen den Konkretisierungsgrad weiterschieben. Die Bewertung kann nun relativ gründlich die wichtigsten Eigenschaften überprüfen und bewerten.
Die kleineren Unzulänglichkeiten werden im Prozeß der Verbesserung noch beseitigt.
Bei größeren Mängeln führt die Arbeit in einer Schleife zurück.

Die Freigabe nach der entsprechenden Bewertung eines Gremiums von Fachleuten ist hier von großer Bedeutung; denn die erreichte Konkretheitsstufe erlaubt allen beteiligten Fachleuten, die aus verschiedenen Gebieten delegiert sind, sich schon eine ziemlich reale Vorstellung über das Maschinensystem zu machen, was bei der Bewertung der Konzeption nicht der Fall war.

(4) Ausarbeiten

Die letzte Phase mündet in die vollständige Beschreibung des Maschinensystems.
Der als Ausgangspunkt dienende Entwurf definiert schon einige der elementaren Eigenschaften vollständig, einige berührt er überhaupt nicht. Der Arbeitsbereich des Detaillierens kann von Fall zu Fall, von Gebiet zu Gebiet anders sein, je nach Informationskraft des Entwurfes.

Eine Reihe von Berechnungen - wie die restlichen Festigkeitsnachweise, Gewicht, Geometrie (z.B. bei Zahnrädern) - untermauern die Entscheidungen. Besonders die Gesichtspunkte der Fertigungseigenschaften (fertigungsgerecht) und damit verbunden die Wirtschaftlichkeit bilden die Schwerpunkte bei den Überlegungen.

Ein überwiegender Zeitanteil dieser Etappe wird für die Darstellung verbraucht.
Manche Leute halten diese Phase für zeichnerische Arbeit. Allerdings trifft diese Überlegung nicht ganz zu, denn wenn auch keine konzeptionellen Entscheidungen mehr fallen, kann die Konstruktionszeit doch sehr vorteilhaft investiert werden, um einige Eigenschaften zu vervollkommnen.

Die Zeichnungskontrolle wird als ein wichtiger Schritt separat angedeutet. Es ist besser, eine Zeichnung zweimal zu überprüfen, als einmal etwas in der Fertigung ändern zu müssen. Nach den Verbesserungen ist die Phase des Beschreibens, und somit auch der eigentliche Konstruktionsprozeß abgeschlossen.

Im Vorstehenden ist eine ganz grobe Skizze des Ablaufes gebracht, ohne auf Details einzugehen. Die meisten Phasen werden mit vielen unterschiedlichen Operationen gefüllt, wie sie das Strukturbild in Abb.2.4 zeigt. Insbesondere sind die Konstruktionsoperationen mit der Suche nach den das Maschinensystem definierenden elementaren Eigenschaften überall vertreten und zwar in dem Maße, in dem diese Eigenschaften in der betreffenden Phase zu bestimmen sind.

5.2.3.3 Fallstudie: Familie der Maschinensysteme "Spannzeuge"

Die Schilderung eines Modell-Vorgehens bringt gewiß nicht alle nötigen Informationen, um den methodischen Vorgang nachbilden zu können. Eine Fallstudie, welche die Stadien und Dokumente des zu konstruierenden Maschinensystems beschreibt und zeigt, ist unbedingt notwendig, um die Problematik näherzubringen. Mehrere Gründe sprechen dafür, nicht einen wirklichen Fall aus der Konstruktionspraxis abzubilden, sondern für den Zweck des Verständnisses einen idealisierten Fall zu entwerfen. Er soll genügend einfach, aber zugleich auch genügend komplex sein, um die theoretischen Ausführungen einigermaßen zu illustrieren. Das wichtigste am Beispiel bleibt jedoch,die mögliche Form der einzelnen gegenseitig gekoppelten Konstruktionsdokumente zu zeigen. Diese Anforderung erfüllt allerdings nicht nur die Beschreibung des Konstruktionsvorganges, sondern ebenso die Darstellung der einzelnen Abstraktionsstufen einer Familie der Maschinensysteme. Die Tatsache, daß eine solche Darstellung nicht mit unnötigen Details belastet zu werden braucht, befürwortet die zweite Möglichkeit. Wir sehen hier die Problematik von einem neuen Blickwinkel. Dazu ist noch zu bemerken, daß das Beispiel in keiner Weise die volle Deckung der Problematik anstrebt.

(1) **Die Familie der Maschinensysteme Spannzeuge** (Spanneinheiten)

Als Spannzeug wird ein Mitglied der Familie der Maschinensysteme bezeichnet, das die Funktion des Haltens von Objekten in einer bestimmten Lage ausübt. Spannzeug als Fachbegriff für Fertigungstechnik kann ohne weiteres auch für andere Gebiete verwendet werden.

Das Festhalten eines Objektes während der Bearbeitung (der Zweck des Spannens in der Fertigung) verlangt eine lösbare Verbindung dieses Objektes (für begrenzte Zeit) mit einem angegebenen (festen) System herzustellen. Dabei geht es nicht darum, irgendwo im Raum das Objekt zu halten, sondern in einer ganz bestimmten Lage. Aus dieser Anforderung ergibt sich die Operation Bestimmen Wie?, z.B. Zentrieren beim Drehen.

Alle mit den genannten Zielsetzungen verbundenen Operationen sind in der Struktur des technischen Prozesses enthalten, wie in der Abb.5.13 A dargestellt ist. Einige dieser Operationen werden vom Menschen bewältigt, so daß die eigentliche Aufgabe der Spannzeuge auf die Einwirkungen beschränkt ist, wie dies Abb.5.13 B (black box-Prozeß)und Abb.5.13 C und D (Funktionsstruktur) darstellen. Der komplette technische Prozeß bleibt dabei die Stütze für die Analyse der Problemsituation.

Die geforderte Verbindung zwischen Objekt (im Fertigungsprozeß Werkstück und Werkzeug) und dem angegebenen System (z.B. Werkzeugmaschine) mit Hilfe eines speziellen Maschinensystems - Spannzeug - ist lediglich eine von mehreren Lösungsmöglichkeiten und folglich ist der black-box-Prozeß für weitere Lösungen repräsentativ, wie für direkte Verbindung zwischen Objekt und System (ohne Zwischenglied) durch Formschluß (Konus + Mitnehmer), Klebstoff, Saugwirkung, Klemmanordnung. Alle diese Mittel sowie Spannzeuge können noch einer übergeordneten Klasse von Spannmitteln angehören.

Spannzeuge sind dadurch gekennzeichnet, daß sie die Verbindung Objekt-System kraftschlüssig herstellen. Ihre Arbeitsweise (Arbeitsprinzip) läßt sich also wie folgt beschreiben: Das Objekt wird durch eine entsprechende Kraft gegen ein festes System gedrückt, so daß eine Verbindung entsteht. Die kraftausübende Einheit wird direkt oder indirekt mit dem festen System verbunden. So lassen sich drei grundlegende Anordnungsvarianten durch Eingliedern eines weiteren Zwischenelementes in die Kette ableiten. Es läßt sich sogar schon in diesem abstrakten Stadium die Funktion des Bewegens der Krafteinheit für die Einspannmöglichkeit oder Größenvariationen vorschreiben, wie dies die Prinzipskizzen (Abb.5.13 D) mittels Pfeil andeuten.

Gruppe A: Eine Wirkfläche bildet das feste System und eine das Spannzeug. Die Prinzipskizze und die zugehörige Funktionsstruktur für diese Gruppe der Spannzeuge bedeutet die Konkretisierung der abstrakten Funktion des Verbindens (vgl. Abb.5.13C). In diese Gruppe gehören von den bekannten Maschinensystemen z.B. Spanneisen, Spannbügel oder Reitstock, welcher allerdings noch als Träger weiterer Funktionen dient.

Gruppe B: Das feste System wird durch ein zusätzliches Element in die geeignete Wirkfläche gestaltet, gegen welche das Spannzeug seine Spannwirkung ausübt. Das Spannzeug bleibt entweder ähnlich wie in der A-Gruppe oder kann durch eine geeignete feste Wirkfläche in der Gestaltung beeinflußt werden. Als solche Stützpunkte dienen z.B. Prisma, Treppenblöcke, Winkelstücke.

Gruppe C: Das feste System wird mit dem Wirkfläche-gestaltenden Element fest verbunden, welches dazu noch eine bewegliche Verbindung mit der beweglichen Wirkfläche übernimmt. Als Vertreter dieser Gruppe können z.B. Spannstöcke, Spannfutter oder Spanndorne genannt werden.

(2) Eigenschaften der Spannzeuge und zugehörige Gruppen von Spannzeugen

Die Analyse des Spannens liefert die wichtigsten Parameter für die Spannzeuge, welche mit der Funktion verknüpft sind (es geht um die Klasse der funktionsbedingten Eigenschaften):

- Die Art des zu spannenden Objektes (was wird gespannt?) beeinflußt z.B. die Wirkflächen
- Die Größe des Objektes bestimmt die Spannbreite und Spannweite
- Die Art des zu spannenden Objektes (was wird gespannt?) beeinflußt z.B. die Wirkflächen.
- Die Größe des Objektes bestimmt die Spannbreite und Spannweite.
- Der Bearbeitungsprozeß determiniert die nötigen Spannkräfte und die Genauigkeit des Lage-Bestimmens und der Bearbeitung neben anderen Anforderungen wie Zugänglichkeit, Anschlußflächen (welcher Fertigungsart soll das Spannzeug dienen?).
- Die Größe der Kraft und Wirtschaftlichkeit beeinflussen die Art, wie die Spannkraft erzielt wird (womit ist die Kraft erzielt?) und wie schnell sie eintreten soll.

Mit Bezug auf die genannten Parameter ergeben sich z.B. folgende Klassen von Spannzeugen (für das Gebiet Fertigungstechnik):

- nach Objekt: Werkzeugspanner, Werkstückspanner
- nach Fertigungsart: Bohr-, Fräs-, Drehspannzeuge oder Spannzeug für Handarbeit
- nach Krafterzeugung: handbetätigte oder kraftbetätigte Spannzeuge
- nach Geschwindigkeit des Spannens: Schnellspannzeuge.

Diese und weitere Klassen tragen ganz bestimmte Merkmale und werden verschiedenartig kombiniert.

Daneben lassen sich allgemeine Anforderungen an die Spannzeuge ermitteln. Die Prozeßstruktur macht einen Teil der allgemeinen gültigen Anforderungen deutlich:

- mit dem Arbeitsprozeß verbunden:
  o ev. Übertragung der Bewegung des Systems (vgl.5.13 C)
  o Stützen bei elastischen Objekten
  o keine Verformung des Objektes
  o möglichst schnelles Einspannen und Lösen
  o Kühlmittelabfluß (keine schädlichen Wirkungen)
  o Späneabfuhr (keine schädlichen Wirkungen);

Abb.5.13. Vom Skizzenbuch des Konstrukteurs
        A. Der komplette technische Prozeß beim Spannen der Objekte (Werkstücke)
        B. "Blackbox" der Familie Spannzeuge
        C. Grundlegende Funktionsstruktur der Familie "Spannzeuge"
        D. Kraftschlüssiges Spannen: 3 Anordnungsmöglichkeiten (Prinzipien A,B,C) mit entsprechenden Funktionsstrukturen. Für das "Prinzip C" ist parallel die Block- und Baumstruktur gezeigt.

A

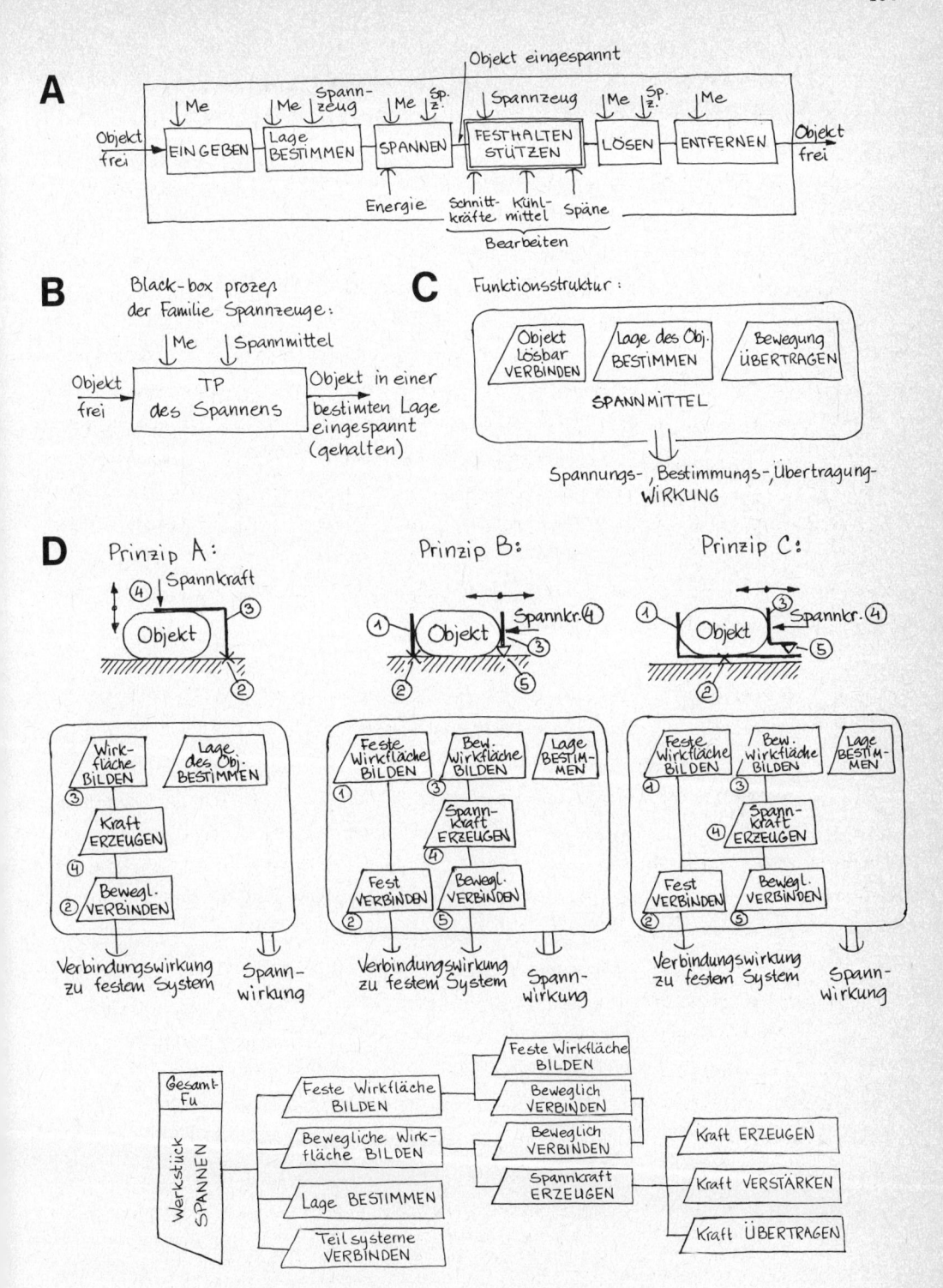

Objekt frei → EINGEBEN ↓Me → LAGE BESTIMMEN ↓Me ↓Spannzeug → SPANNEN ↓Me ↓Sp.z. → FESTHALTEN STÜTZEN ↑Spannzeug (Objekt eingespannt) → LÖSEN ↓Me ↓Sp.z. → ENTFERNEN ↓Me → Objekt frei

↑Energie ↑Schnittkräfte ↑Kühlmittel ↑Späne
        Bearbeiten

B Black-box prozeß der Familie Spannzeuge:

Objekt frei → TP des Spannens ↓Me ↓Spannmittel → Objekt in einer bestimmten Lage eingespannt (gehalten)

C Funktionsstruktur:

| Objekt lösbar VERBINDEN | Lage des Obj. BESTIMMEN | Bewegung ÜBERTRAGEN |

SPANNMITTEL
↓
Spannungs-, Bestimmungs-, Übertragung-WIRKUNG

D

Prinzip A: Spannkraft ④ ③ Objekt ②

Prinzip B: ① Objekt ③ Spannkr.④ ⑤

Prinzip C: ① Objekt ③ Spannkr.④ ⑤ ②

Prinzip A:
- Wirkfläche BILDEN ③
- Lage des Obj. BESTIMMEN
- Kraft ERZEUGEN ④
- Bewegl. VERBINDEN ②

↓ Verbindungswirkung zu festem System   ↓ Spannwirkung

Prinzip B:
- Feste Wirkfläche BILDEN ①
- Bew. Wirkfläche BILDEN
- Lage BESTIMMEN
- Spannkraft ERZEUGEN ④
- Fest VERBINDEN ②
- Bewegl. VERBINDEN ⑤

↓ Verbindungswirkung zu festem System   ↓ Spannwirkung

Prinzip C:
- Feste Wirkfläche BILDEN ④
- Bew. Wirkfläche BILDEN ③
- Lage BESTIMMEN
- Spannkraft ERZEUGEN ④
- Fest VERBINDEN ②
- Bewegl. VERBINDEN ⑤

↓ Verbindungswirkung zu festem System   ↓ Spannwirkung

Gesamt-Fu: Werkstück SPANNEN
- Feste Wirkfläche BILDEN
  - Feste Wirkfläche BILDEN
  - Beweglich VERBINDEN
- Bewegliche Wirkfläche BILDEN
  - Beweglich VERBINDEN
- Lage BESTIMMEN
- Spannkraft ERZEUGEN
  - Kraft ERZEUGEN
  - Kraft VERSTÄRKEN
  - Kraft ÜBERTRAGEN
- Teilsysteme VERBINDEN

- mit dem Menschen verbunden:
  - o Arbeit erleichtern
  - o Vermeiden von schweren Anstrengungen des Menschen
  - o Vermeiden von Unfällen (Sicherheit, Zuverläßigkeit);
- mit der Lagerung und Wartung verbunden:
  - o Schutz gegen Beschädigung bei der Manipulation, Lagerung.

(3) <u>Die Gruppe der Spannstöcke</u>

Unsere Aufgabe ist nicht das Gebiet der Spannzeuge komplett zu erforschen und zu klassifizieren, sondern entsprechende Stadien des Konstruierens zu beschreiben. Deshalb beschränken wir uns auf die Spannstöcke, um eine weitere Konkretisierungsstufe der Maschinensysteme zu zeigen. Um die Orientierung zu erleichtern, läßt sich eine gewisse Idealisierung nicht vermeiden. Wir haben gesehen, daß die Funktionsstruktur der Gruppe C, zu der die Spannstöcke gehören, ebenfalls für andere Gruppen, z.B. Spannfutter oder Spanndorn gültig ist. Wir müssen weitere konkretere Aussagen machen (Lösungsfeld beschränken), um nur die Abbildung der Spannstöcke zu gewinnen.

Es ist jedoch bekannt, daß diese Gruppe noch sehr universell ist und fast allen Klassen von Spannzeugen, welche wir auf verschiedenen Gesichtspunkten aufgebaut haben, angehören kann. Nur das Gebiet der Dreharbeiten oder allgemeines Formgeben von Rotationskörpern bleibt die Domäne der Spannfutter und -dorne, wo besonders die Konkretisierung des Bestimmens auf das Zentrieren typisch ist.

Die Arbeitsweise der Spannstöcke, abgebildet in der Prinzipskizze (Abb.5.13 D) geschieht folgendermassen: Die bewegliche Haltefläche wird mit einer bestimmten Kraft gegen eine feste Haltefläche (Backen) gedrückt, wodurch die Haltewirkung (Verbindung des Objektes, das zwischen Halteflächen liegt, mit Spannstock) erfolgt. Die Halteflächen sind also beweglich verbunden. Diese Arbeitsweise, mit durch die Funktionsstruktur (Abb.5.13 D - Baum- und Blockform) definierten Teilfunktionen, erlaubt noch eine große Vielfalt von Lösungen. Eine einfache Art der Möglichkeitenübersicht ist der morphologische Kasten (Abb.5.13 E), in welchem die ermittelten Teilfunktionen enthalten sind. Die Reihe der Teilfunktionen ist in der Matrix umfangreicher als in der Funktionsstruktur, so daß zum "Krafterzeugen" noch "Verstärken" und "Übertragen" zugefügt werden, um evtl. eine zu kleine Kraftquelle (z.B. Muskelkraft) kombiniert mit einem Verstärker benutzen zu können. Eine solche Erweiterung ist typisch, gestützt auf die logische Koppelung einiger Funktionen.

Die Auswahl der Funktionsträger (wenn auch noch abstrakt) in einer solchen Matrix erfolgt aufgrund der gestellten Anforderungen. Eine Parameter-Matrix (Beispiel Abb.5.13 F) kann diese Auswahl erleichtern. Die Lösungen, die den gestellten Anforderungen nicht genügen, werden ausgeschieden.

E

	TEILFUNKTIONEN		Lösung – Funktionsträger					
		A	B	C	D	E	F	G
1 Haltefläche BILDEN	a Anordnung	feste Fläche						
	b Form	Fläche (3 Punkte)	Linienförmig	Punktförmig	Prisma			
	c Oberflächenqualität	glatt	rauh					
	d Härte	hart	weich					
2 Kraft	a ERZEUGEN	Muskelkraft	Pneumatisch	Hydraulisch	Elektrisch			Feder
					Magnet	Drehmotor	Schrittmotor	
	b VERSTÄRKEN			Mechanisch				Pneumatisch Hydraulisch
		Keil	Hebel	Schraube	Exzenter	Zahnrad	Schnecken	
	c ÜBERTRAGEN	Geradlinige/geradlinige		Dreh/geradlinige				
		Hebel	Stange	Schraube	Exzenter			
3 Beweglich geradlinig VERBINDEN		Gleitfläche			mitt Wälzlagerung			
4 Fest VERBINDEN		unlösbare Verbindung			lösbare Verbindung			
		Schweißen	Löten	Nieten	Schrauben div. Art	Keile		

F

FUNKTIONSTRÄGERN (Familien)			Eigenschaften der Fu-Träger (Familie)				
			Spannkraft	Spannhub	Geschwindigkeit	Genauigkeit der Kraftgröße	Haltesicherheit (Zuverlässigkeit)
2a Krafterzeuger	A	Muskelkraft	klein ca. 25-40 kp	nicht begrenzt	langsam	relativ gut	klein
	B	Pneumatik	unbegrenzt (Größe!)	begrenzt Zylinder	sehr hoch	gut	gut
	C	Hydraulik	unbegrenzt	begrenzt Zylinder	hoch	gut	gut
	D	El. magnet	begrenzt	sehr klein	sehr hoch	genügend	kleinere
	E	Motor-Dreh	nicht begrenzt (Größe)	unbegrenzt (Übertragung)	hoch	von Übertragungssyst. abh.	von Übertragungssyst. abh.
	F	Feder	begrenzt	klein	hoch	gut	gut
2b Kraftverstärker	A	Keil	unbegrenzt	sehr klein	klein	klein	genügend (Winkelsicherung)
	B	Hebel	unbegrenzt	begrenzt (Abmess.)	–	gut	klein
	C	Schraube	unbegrenzt	unbegrenzt	langsam	gut	gut (Steigung!)
	D	Exzenter	hoch	sehr klein	gut	klein	ausreichend
	E	Zahnrad	hoch	unbegrenzt	–	–	keine
	F	Schnecke	hoch	unbegrenzt	kleiner	–	gut (Steigung)

Abb. 5.13. E. Morphologischer Kasten: Wirkungsprinzipien und Funktionsträger einiger Teilfunktionen der Spannzeuge
F. Parametermatrix für einige Funktionsträger als Hilfe für die Entscheidung über den geeigneten Funktionsträger

(4) Die Untergruppe der Maschinen-Parallel-Schraubstöcke

Für den nächsten Konkretisierungsschritt müssen nun weitere Eigenschaften bzw. weitere Funktionsträger festgelegt werden. Wählen wir sie z.B. für Spannen kleiner Werkstücke auf der Werkzeugmaschine die Untergruppe der muskelbetätigten Spannstöcke mit Schraube als Kraftverstärkerelement, Linearbewegung und geraden Halteflächen. Dies ist schon eine relativ konkrete Beschreibung, obschon sie noch eine Reihe von Möglichkeiten (z.B. in der Führung der geradlinigen Bewegung) erlaubt.

So läßt sich schon eine erste Gestaltung eines solchen Maschinensystems durchführen, welche noch in erster Linie das Funktionieren verfolgt. Dabei entdeckt man, daß die Anordnung verschieden sein kann, besonders mit Rücksicht darauf, von welcher Seite die Kraft auf die Schraube ausgeübt wird, und ob die Schraube auf Zug oder Druck ausgenützt wird. Abb.5.13 G zeigt einige dieser Anordnungsmöglichkeiten, welche gewisse typische Merkmale tragen. Bei der Anwendung für diverse Zwecke sind besonders die Zugänglichkeit der Krafteinleitung und die Baulänge maßgebend. Abb.5.13 G stellt auch die entsprechende noch abstrakte Baustruktur dar.

Nach der Entscheidung über die Anordnung - in unserem Fall wird die Prinzipskizze und die entsprechende Baustruktur CB (Abb.5.13 G) benutzt - kann die Gestaltung erfolgen. Damit wird die weitere Konkretheitsstufe erreicht, und dadurch bereits der Typ und die Typengröße (Art des Maschinensystems) festgelegt.

(5) Typ und Typengröße des Schraubstockes

Bevor die Gestaltung des ganzen Systems beginnt, kann sich in unserem Fall eine Studie der Funktionsmaße, die grundlegende Bedeutung für die Gestalt haben, von Vorteil erweisen (Abb. 5.13 H).

Die erste Gestaltungssynthese erfolgt in einer Konzeptskizze (Abb.5.13 I), in welcher allerdings nicht alle Fertigungsmöglichkeiten überlegt werden müssen. Die Entwurfsskizze stellt einen weiteren Schritt in der Konkretisierung dar. In der Skizze Abb.5.13 J sind mehrere Lösungsvarianten einiger Teilfunktionen oder Gestaltungszonen, wie z.B. Griff-Mutter oder Parallel-Führung angedeutet.

Beim Gestalten sind besondere Regeln zu beachten, welche als allgemeine Gestaltungsrichtlinien für Spannzeugbau formuliert werden können:
- Einhaltung der Funktion und andere Anforderungen, besonders Sicherheit des Menschen und Erleichterung seiner Arbeit
- Fertigungs- und montagegerechtes Gestalten

Abb.5.13. G. Prinzipkonzepte der Schraubstöcke: Prinzipskizzen und abstrakte Baustrukturen
  H. Geometrie des Schraubstockes aufgrund der Funktionsmaße und der Bedienungsmöglichkeit sowie der Verbindungsmöglichkeiten mit dem festen System
  I. Konzeptskizze des Schraubstocks

G

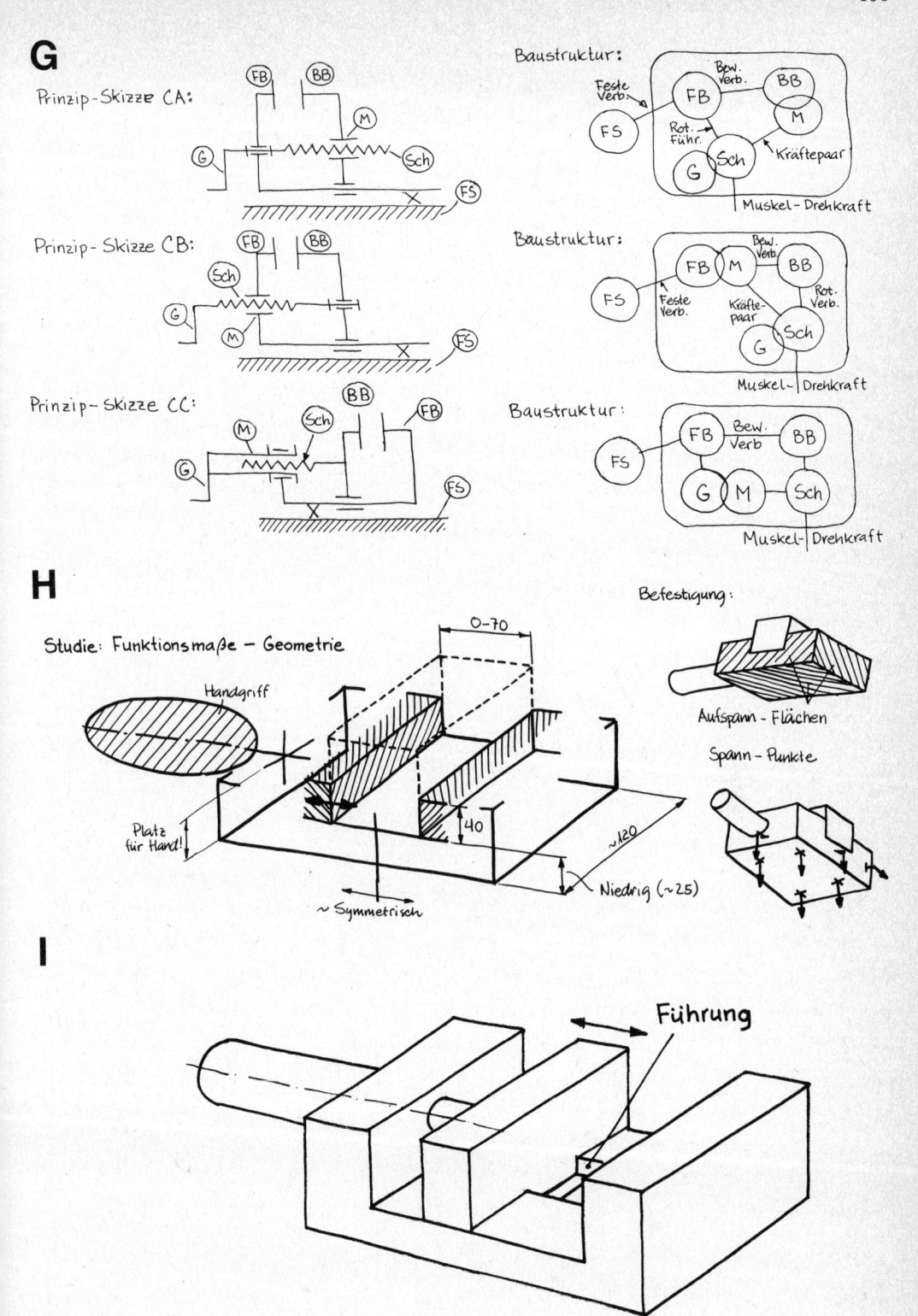

Prinzip-Skizze CA:

Baustruktur:

Prinzip-Skizze CB:

Baustruktur:

Prinzip-Skizze CC:

Baustruktur:

H

Studie: Funktionsmaße – Geometrie

Befestigung:

Aufspann-Flächen

Spann-Punkte

I

Führung

- Maximale Anwendung von standardisierten Elementen
- Anwendung von standardisierten Gruppen (Kraft-, Spann-, Verbindungseinheiten)
- Anwendung des Baukastenprinzips
- Typisieren der Spannzeuge in Gruppen, Untergruppen, Teile

Wir verzichten in unserem Beispiel auf die letzten Stadien des Konstruierens - auf Ausarbeiten der Detail- und Zusammenstellungszeichnungen.

Mit der Entwurfsskizze als grobmaßstäblicher Vorlage kann schließlich der maßstäbliche Entwurf ausgearbeitet werden. Die Darstellungs- und Vermaßungsart und Weise sind in Abhängigkeit von vielen Faktoren sehr verschieden. Der Entwurf in Abb.5.13 K liegt eher im minimalen Bereich.

(6) Konstruieren und das Gebiet einer Familie von Maschinensystemen

Die beschriebene Topologie der Spannzeuge ist nicht eine Fallstudie in dem Sinne, daß ein Konstruktionsvorgang von den Anforderungen bis zur Ausarbeitung gezeigt wird. Sie stellt mehr ein Lösungsfeld dar, welches aber durch Entscheidungen auf den einzelnen Ebenen immer enger geworden ist. Der beschriebene Vorgang ist in Abb. 5.13 L zusammengefaßt. Ein solcher Vorgang, d.h. die Bewegung im Lösungsfeld einer Familie von Maschinensystemen ist allerdings typisch für das Konstruieren.

Die letzte Tabelle (Abb.5.13 M) zeigt schließlich das Anwachsen des Informationsumfanges der einzelnen Modelle (Konstruktionsdokumente) des Schraubstockes.

5.2.3.4 Vorgehensplan

Für eine konkrete Aufgabe kann ein Vorgehensplan die planmäßige Abwicklung der Konstruktionsarbeit steuern. Während sich die gezeigten Vorgehensmodelle für beliebige Maschinensysteme ohne Rücksicht auf Kompliziertheitsgrad, Schwierigkeitsstufe und Arbeitsbedingungen anwenden lassen, ist ein Vorgehensplan nur für die Situation der Aufgabe gültig; er kann mit Rücksicht auf Qualität und Kapazität der Konstrukteure, Termine, Schwierigkeit, Risiko eines Mißerfolges, Kosten und weiteren Faktoren optimiert werden.

Ein Vorgehensplan beinhaltet meistens nicht alle Detailschritte, jedoch genügt es nicht, wenn nur Hauptphasen wie Konzipieren, Entwerfen und Ausarbeiten als Arbeitsschritte geplant werden. In den meisten Fällen wird es auch nicht um ein formales Dokument gehen, sondern mehr um strategische Überlegungen des Konstrukteurs, wie die Probleme der Aufgabe am besten zu bewältigen sind. Die Form des Netzplanes oder Gannt-Diagrammes ist vorteilhaft für die formale Beschreibung des Vorgehens.

5.2.3.5 Vorgehensweise

Das Umformen der Vorgehensmodelle mit der gezeigten Vielfalt für persönlichen Gebrauch und nach individuellen Dispositionen ist ein wichtiger Schritt in der Aneignung einer methodischen Arbeitsweise. Es ist nicht schwer, wenn der Konstrukteur

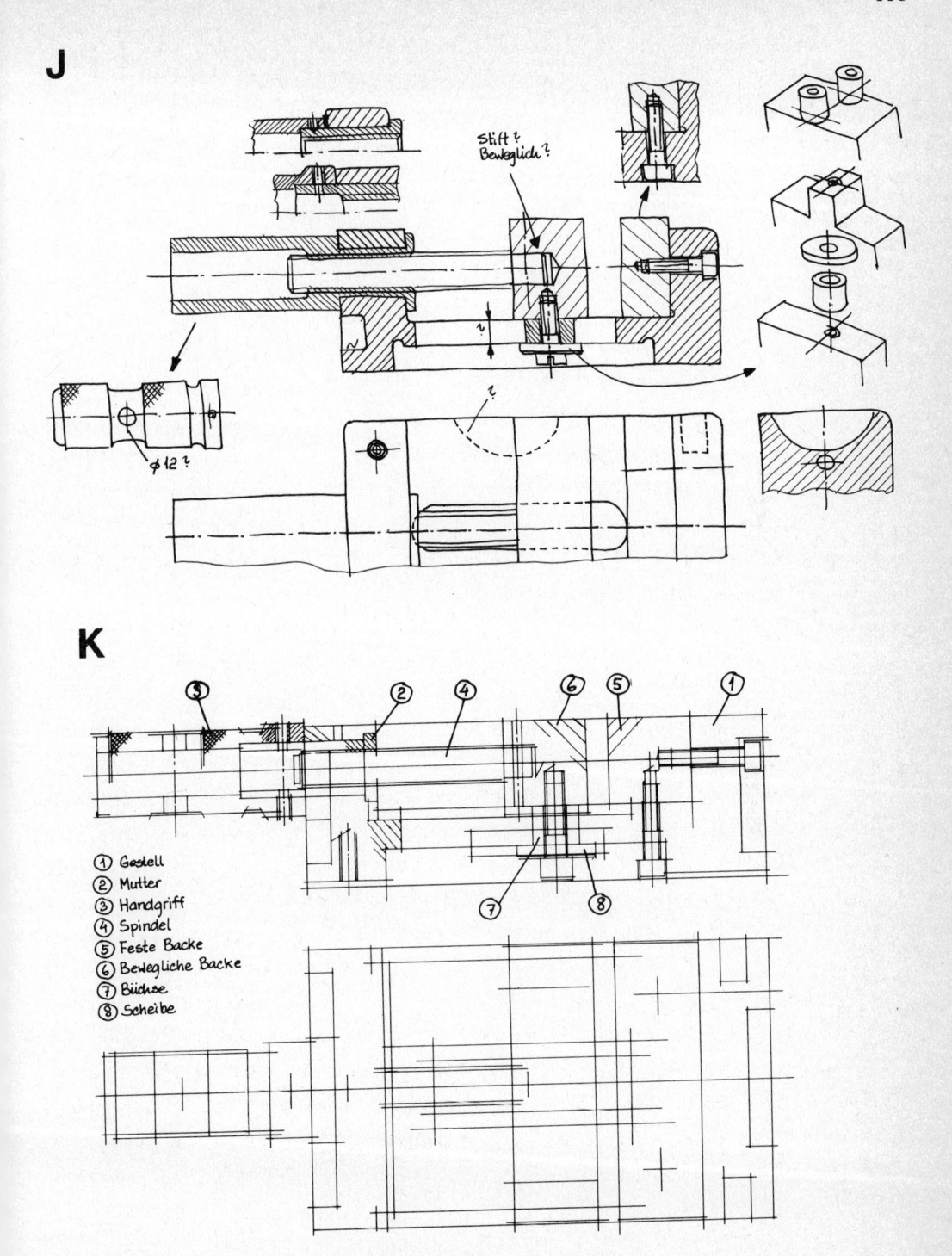

Abb.5.13. J. Grobmaßstäbliche Entwurfsskizze; entwickelt neben der Gesamtstruktur einzelne Gestaltungszonen
K. Entwurf des Schraubstockes. Die Vielfalt der Ausführungen ist
abhängig von vielen Faktoren. Hier eine Minimalausführung ohne Maße

① Gestell
② Mutter
③ Handgriff
④ Spindel
⑤ Feste Backe
⑥ Bewegliche Backe
⑦ Büchse
⑧ Scheibe

schon als Student Wissen und Übung in systematischem Vorgehen erhalten hat. Schwieriger ist die Lage bei Konstrukteuren der Praxis, denn sie wurden gezwungen, sich meistens unbewußt eine Arbeitsweise aufzubauen. Hier werden nur Disziplin und eine konsequente, bewußte Kontrolle der vernünftig gewählten Arbeitsschritte zum Erfolg führen. Langsam beginnt dann die systematische Arbeitsweise auch als Stereotyp wirksam zu werden.

5.2.4 Methoden - Konstruktionstaktik

Die Elemente des Vorgehens - die Konstruktionsschritte - sind noch relativ komplexe Prozesse, und die Beschreibung und Beispiele können keine besonderen Details zeigen. Für manche dieser Lücken können die Methoden und Arbeitsprinzipien, verbunden mit taktischen Anleitungen, das Verhalten aufzeigen.

Die Abgrenzung des Methodenbegriffes ist nicht leicht. Auf der einen Seite werden als Methoden große Tätigkeitskomplexe erklärt, wie z.B. Modelltechnik, Markt- oder Wertanalyse, auf der andern Seite schroffe Anleitungen, die sich mehr als Arbeitsprinzipien betrachten lassen (z.B. die Methode des Rückwärtsschreitens, Descartes-Methode oder Aggregation).

Die Heterogenität des Methodengebietes ist dadurch noch erhöht, daß viele dieser Methoden auch Erläuterungen der Gesetzmäßigkeiten und Daten für Berechnungen beinhalten. Dieser Tatsache muß sich der Leser bewußt sein, wenn er versucht, die einzelnen Verfahren zu vergleichen. Ähnlich wie beim Vorgehen soll man folgende Begriffe unterscheiden:

- Die Methode ist ein System methodischer Regeln, das Klassen möglicher Vorgänge bestimmt, die von der gegebenen Ausgangssituation zur gewünschten Situation führen.
- Die Existenz einer Methode erlaubt die Aufstellung eines Planes, der das Handeln für einen konkreten Fall festlegt. Die Methode erlaubt die Aufstellung einer Vielzahl solcher Pläne.
- Eine persönliche Arbeitsweise beruht auf den angewandten und individuell angepaßten Methoden.

Die Vielfalt der Methoden zwingt zwecks Übersicht zu einer Klassifikation. Je nach Ziel lassen sich die einzelnen Methoden der Lösungsfindung oder des Bewertens ordnen. Ein weiterer Ordnungsgesichtspunkt sind die Fähigkeiten oder Eigenschaften des Menschen, welche durch die Methode angesprochen oder stimuliert werden. So nützt z.B. Brainstorming und Synectic das Assoziationsphänomen aus, Systemtechnik leitet zur Planmäßigkeit und Ordnung an, und durch Fragen wird bewußtes diskursives Denken hervorgerufen.

Die heutige Literatur ist überfüllt von Beschreibungen der einzelnen Methoden. Dies ist der Grund, weshalb hier auf die Beschreibungen verzichtet wird; dafür wird eine übersichtliche Zusammenstellung (Abb.5.14) angeboten, welche neben einer kurzen Cha-

L

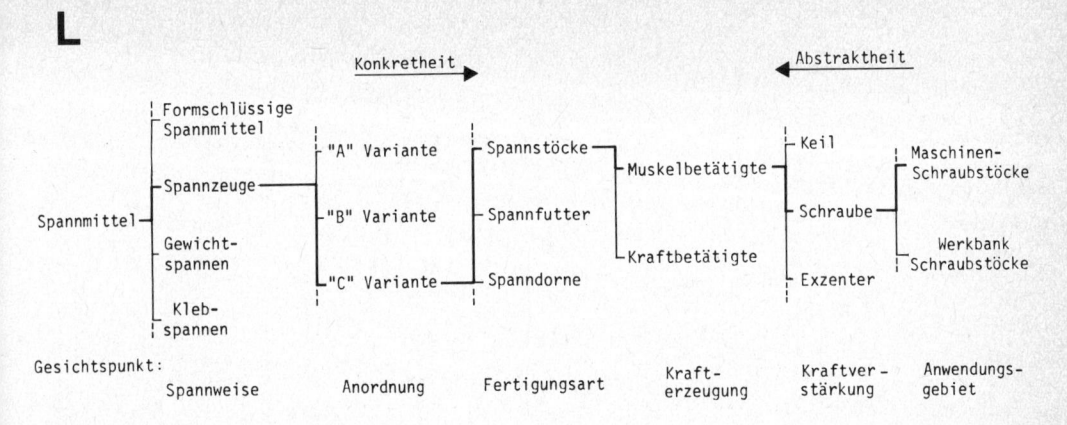

```
                        Konkretheit ──►              ◄── Abstraktheit
```

```
              ┌ Formschlüssige
              │ Spannmittel
              │                 ┌ "A" Variante ── Spannstöcke                  ┌ Keil     ┌ Maschinen-
              ├ Spannzeuge ─────┤                                 ┌ Muskelbetätigte         Schraubstöcke
Spannmittel ──┤                 ├ "B" Variante ── Spannfutter ────┤            ├ Schraube ─┤
              ├ Gewicht-        │                                 └ Kraftbetätigte         │ Werkbank
              │ spannen         └ "C" Variante ── Spanndorne                   └ Exzenter    Schraubstöcke
              │
              └ Kleb-
                spannen

Gesichtspunkt:
              Spannweise        Anordnung        Fertigungsart    Kraft-        Kraftver-    Anwendungs-
                                                                  erzeugung     stärkung     gebiet
```

M

Stadien	Zugehörige Gruppen (Beispiele)	Beispiel Abb.	Festgelegte Eigenschaften							
			Teil-Funkt.	Baustr. Elem. Anordng.	Elementare					
					Form	Grösse	Werk-stoff	Ferti-gung	Tole-ranz	Ober-fläche
Black box	Spannmittel	B								
Funktions-struktur	Spannzeuge allg. " Var. A,B,C	C D	teilw.							
Prinzip-konzept	Spannstock	G	über-wieg.	teilw.						
Konzept	Schraubstock	I	über-wieg.	teilw.	teilw.					
Grob-entwurf	Schraubstock Typ	J	über-wieg.	über-wieg.	teilw.	teilw.	wenig	wenig		
Entwurf	Schraubstock Typengrösse	K	kompl.	kompl.	über-wieg.	über-wieg.	teilw.	teilw.	geringe	geringe

Abb.5.13. L. Die Übersicht der Schritte in der Familie der Spannmittel. Jeder
           Schritt zum Konkreten bedeutet die Entscheidung über eine "Funktions-
           bedingung" (einen Gesichtspunkt) wie Spannweise, Anordnung usw.
        M. Übersicht der Informationen über elementare Eigenschaften in den
           einzelnen Dokumenten dieses Beispiels.

rakterisierung die Zuordnung oder Eignung dieser Methode für die einzelnen Phasen oder Tätigkeiten zeigt. Die Bezeichnung "Konstruktionstätigkeiten" entspricht der Abb.2.4. Die Reihenfolge ist grundsätzlich alphabetisch, folglich keine Bedeutungshierarchie.

5.2.5 Arbeitsgrundsätze

Neben den Methoden steht dem Konstrukteur noch ein taktisches Instrument zur Verfügung: die Arbeitsgrundsätze. Sie vermitteln in kurzer Form wichtige, allgemein gültige Anweisungen für das richtige Verhalten in den Arbeitssituationen des Konstruk-

	Bezeichnung der Methode	Charakteristik	Zielsetzung	Geeignet bes. für	Hinw.
1	Aggregation	Verbindung von MS oder Funktionen eines Funktionsträgers	Neue Eigenschaften Einfachere Struktur	2.3 3.2	Kp.5
2	Adaptation	Anpassung oder Teilumwandlung eines existierenden MS	Zuverlässige Lösung für neue Bedingungen	3.2	8
3	Applikation	Anwendung des existierenden MS für neue Funktion	Bewährte MS in neuen Gebieten einsetzen	2.3 3.2	
4	Bemessungslehre	Techn. u.wirtschaftl.Eigenschaften des MS in mathematische Beziehung zu bringen und Extreme zu suchen	Optimale Lösung zu finden	3.3 4.5	126
5	Bewertung	Die techn. u.wirtschaftliche Wertigkeit mittels Punktbewertung zu finden	Die beste Variante unter mehreren	3.3	126 39
6	Brainstorming	In freier Diskussion ohne Kritik die Einfälle sammeln	Viele Lösungen eines Problems zu finden	3.2	9
7	Descartes	4 Prinzipe: Kritik, Zerlegung, Ordnen, Übersicht schaffen	Richtigkeit, Effektivität des Denkens	Allg.	
8	Eigenschaftsanalyse	Eingehende Analyse jeder Eigenschaft des MS	Verbesserung des existierenden MS	3.1	
9	Erfindungsmethode	Vorgehen beim Erfinden, auf das Konstruieren angewendet	Neue Lösungen ausfindig machen	3.2	
10	Systematische Feldüberdeckung	Von Festpunkten des Gebietes aus alle Richtungen erforschen	Möglichst komplette Informationen zu gewinnen	3.5 3.2	106
11	Fragen	Durch System von Fragen lückenlose Information oder Anregungen	Möglichst komplette Information	Allg.	
12	Gedankenexperiment	Idealisierte Gedankenmodelle "arbeiten" lassen	Überprüfung der Idee; Ermittlung des Verhaltens	3.2 3.6	
13	Iteration	Von angenommenen Größen ausgehend, sukzessive Präzisierung aller Werte	Lösung eines Systems mit komplizierten Zusammenhängen	3.2	Kp.5
14	Inkubation	Nach intensivem Durcharbeiten des Problems Pausen einschalten	Auf intuitivem Wege Lösungen finden	3.2	Kp.5
15	Kombination mit Interaktion	Kombinieren der MS oder Eigenschaften zu neuen und höheren Wirkungen	Neue Lösungen von bestehenden MS abzuleiten	3.2	
16	Methoden der Systemtechnik	Systematisches Vorgehen in jeder Lösungs- und Entscheidungssituation	Soweit wie möglich vollkommene Untersuchung eines Gebietes	Allg.	9
17	Marktanalyse	Systematisches Sammeln und Ordnen der Marktinformation	Ermitteln der Marktlage	3.1	
18	Modelltechnik	Die Darstellung von TS für verschidene Zwecke	Ermittlung des Verhaltens und anderer Eigenschaften des TS	3.6 3.7	Kp.6
19	Morphologischer Kasten	Aufstellung der Funktionsträger für Teilfunktionen in einer Matrix	Neue Lösungen durch Kombination der Funktionsträger	3.2 2.3	9 106

	Bezeichnung der Methode	Charakteristik	Zielsetzung	Geeignet bes. für	Hinw.
20	Netzplantechnik	Vorgänge und deren Dauer graphisch darzustellen	Übersicht schaffen und den kritischen Weg finden	3.7	
21	Mess- und Prüftechnik	Im Mess- und Prüfprozess gewünschte Werte gewinnen	Ermittlung der Eigenschaften des MS	5.04	
22	Synectic	Team analysiert Problem und sucht nach neuen Lösung durch Analogie	Neue Lösungen entdecken	3.2	9
23	Technisch-wirtschaftl. Konstruieren	Mittels technischer und wirtschaftlicher Wertigkeit die "Stärke" der Konstruktion finden u. steigern	Eine "beste Lösung" aus einer Menge zu ermitteln	3.3	126
24	Vorwärts-Rückwärts-Schreiten	Versuchen beider Lösungsrichtungen vom "ist" zum "soll" und vom "soll" zum "ist"	Den günstigeren Lösungsweg finden	3.2	9
25	Wertanalyse	Analyse und Kritik der bestehenden Lösungen aus der Sicht der Wirtschaftlichkeit	Verbesserung der wirtschaftlichen Eigenschaften d. MS	3.3	127
26	Zerlegung der Gesamtheit	Taktischer Vorgang, beruhend auf Zerlegung der Gesamtheit in Bestandteile	Übersicht schaffen, Teillösungen ermöglichen	3.2	
27	Methodischer Zweifel	Durch systematisches Negieren der bestehenden Lösungen neue Lösungswege suchen	Neue Lösungen finden	3.2	106
28	Methode 635	6 Teilnehmer schreiben je drei Ideen und nach 5 Min. dem nächsten übergeben, um 3 Ideen zu schreiben	Mehrere Lösungen finden	3.2	9

Erklärungen, Bemerkungen:
a. Einige Methoden sind auch als Grundsätze aufgeführt wegen fliessenden Grenzen dieser zwei Kategorien.
b. Für die Bezeichnung der Methode wird ein eingebürgerter oder charakterisierender Begriff benutzt.
c. Das Eignungsgebiet der Methode - d.h. Konstruktionstätigkeiten - ist durch Nummern entsprechend Abb. 2.4 bezeichnet bzw. durch "Allg." (allgemeine Anwendung) angedeutet
d. Als Hinweis wird entweder das entsprechende Kapitel (Kp) oder die entsprechende Nummer des Literaturverzeichnisses angegeben.

Abb.5.14. Übersicht und Charakteristiken einiger wichtiger Methoden

teurs. Einige wichtige ausgewählte Prinzipien beinhaltet Abb.5.15, wobei die Aufstellung weder komplett noch homogen sein will. Gewiß kann sie aber dazu anregen, daß sich jeder Konstrukteur bewußt seine eigene Liste von Grundsätzen anlegt. Einige dieser Prinzipien sind als Leitideen bereits in Methoden oder im Vorgehensmodell benutzt worden. Dadurch brauchen sie aber ihren Wert nicht zu verlieren, denn die Anwendung kann breiter sein.

Arbeitsgrundsätze des Konstrukteurs

A. <u>Allgemeine Prinzipien</u>

(1) Kritische Übernahme aller Angaben.
    Keine Information ohne Prüfung annehmen.
(2) Kontrollprinzip.
    Jedes Ergebnis überprüfen. Günstige Kontrollstrategie & -taktik anwenden
    und wichtige Anforderungen überprüfen, z.B. Funktion, Realisierbarkeit,
    Wirtschaftlichkeit.
(3) Effektivitätsprinzip.
    In jedem Prozess soll man maximale Effektivität anstreben.
(4) Wirtschaftlichkeitsprinzip.
    Wirtschaftlichkeit ist oberster Grundsatz beim Konstruieren.
    Man soll die Funktion des MS möglichst billig erreichen.
(5) Optimierungsprinzip.
    Optimale Lösungen (Kompromiß-Lösungen für gegebene Bedingungen) anstreben.
    Auch optimale Konstruktionszeit, optimale Sorgfalt, Präzision.
(6) Systemprinzip, Gesamtheitsprinzip.
    Jedes Objekt und jeder Prozess sind Systeme und Elemente zugleich.
    Alle Zusammenhänge müssen berücksichtigt werden.
(7) Prinzip der Fixierung von Information.
    Gedächtnis ist unzuverläßig. Jede wichtige Information in wirtschaft-
    licher Weise fixieren und ordnen.
(8) Ordnungsprinzip.
    Jedes Wissensgebiet klassifizieren.
(9) Übersichtsprinzip
    Schaffen einer umfassenden Übersicht.
(10) Prinzip des methodischen, planmäßigen Vorgehens.
    Den Ablauf der Tätigkeit methodisch und planmäßig steuern.
    Minimal einen Lösungsweg oder Kontrollweg benützen.

B. <u>Allgemeine Prinzipien bei der Lösungssuche</u>

(1) Orientierungsprinzip
    Stand der Technik im betr. Gebiet sorgfältig ermitteln.
(2) Übernahme guter Lösungen
(3) Prinzip der genauen Aufgabenstellung. Für jedes Teilproblem jeden
    Teilschritt Aufgabenstellung formulieren.
(4) Abstrahierungsprinzip
    Abstrahieren von konkreten Bedingungen, um neue Wege zu finden.
(5) Zerlegungsprinzip
    Jedes komplexere Problem in vernünftige Teilprobleme zerlegen.
(6) Variations-Kombinationsprinzip
    Geeignete Elemente zu einem Ganzen kombinieren.
(7) Inkubationsprinzip
    Das Vorbewußtsein arbeiten lassen. Produktive Phasen
    mit Ruheperioden wechseln.

C. <u>Prinzipien hinsichtlich Qualität des TS</u>

(1) Funktionsgerecht konstruieren.
(2) Marktgerecht konstruieren. Alle Kundenanforderungen erfüllen
(3) Betriebsgerecht konstruieren:
    Betriebssicherheit und Bedienungsbedingungen,
    minimale Betriebskosten, minimaler Raumbedarf, minimale Maße erzielen.

Arbeitsgrundsätzr des Konstrukteurs
(4) Menschengerecht konstruieren: maximaler Schutz des Menschen; Vermeidung schwerer oder monotoner Menschenarbeit; minimale Ermüdung des Menschen anstreben. (5) Aussehensgerecht konstruieren, die ästhetische Einwirkung des Produktes vor Augen haben. (6) Verpackungs-, transport- und lagergerecht konstruieren; günstige Bedingungen für Verpackung, Lagerung und Transport des MS. (7) Vorschriftsgerecht konstruieren: Alle Normen und Vorschriften berücksichtigen; keine patentgeschützten Produkte nachahmen. (8) Fertigungsgerecht konstruieren: die wirtschaftlichste Realisierbarkeit des Produktes mit bestehenden Herstellungssystemen erzielen. (9) Montagegerecht konstruieren, rationelle Montierbarkeit des TS überprüfen. (10) Minimale Herstell- und Betriebskosten anstreben. (11) Festigkeitsgerecht konstruieren; entsprechende Festigkeit und Starrheit des TS sicherstellen. (12) Korrosionsgerecht konstruieren; entsprechende Korrosionsbeständigkeit des TS gewährleisten (13) Wärmedehnung des Systems und der Elemente berücksichtigen. (14) Adequate Schmierung vorsehen. (15) Fachmännisch konstruieren: einfache Struktur, einfache Form, optimale Abmessungen, geeigneter Werkstoff, möglichst grobe Oberfläche, möglichst grosse Toleranzen, optimales Herstellverfahren anstreben. D. Darstellungstechnische Prinzipien (1) Klar, vollständig, eindeutig (2) Wirtschaftlich, optimal darstellen (3) Zweckgerecht darstellen (mit Rücksicht auf den Empfänger) (4) Manipulation, Handhabung und Archivierung berücksichtigen.

Abb.5.15. Zusammenstellung einiger Klassen von Prinzipien des Konstrukteurs

5.2.6 Hilfsmittel für das methodische Konstruieren

Einer der häufigsten Einwände gegen das methodische Vorgehen spricht von erhöhtem Konstruktionsaufwand und Verlängerung der Konstruktionsdauer. Vergleiche zwischen intuitivem Sprung und "mühsamem Weg", etwa laut unserem Flußdiagramm (Abb.5.12), scheinen genügend Beweis zu sein.

Wir wollen weder die Qualität des Produktes noch die "Wartezeiten" und Unsicherheit des Auftauchens der Idee diskutieren, um den Unterschied nicht so kraß zu machen (vgl. Abschnitt 5.1.1). Allerdings ist es eine Tatsache, daß es nur mit geeigneten Hilfsmitteln möglich ist, den methodischen Weg effektiv zu bewältigen. Ein anderer Aspekt des vorbereiteten Lösungsfeldes (was die Hilfsmittel anbelangt) ist die mögliche Anwendung des Rechners.

Die heutige Literatur spricht im Bereiche der Hilfsmittel über Leitblätter (oder Funktionsblätter [33] , Kataloge [87, 88] oder Lösungssammlungen [25]. Leider bleibt die Verarbeitung immer noch auf Beispiele von Funktionsträgern für bekannte Funktionen wie z.B. Krafterzeugung, Kraftverstärkung, Rücklaufsperrung, Schalten von Antrieben, begrenzt.

Weil es nötig ist, für jede Konkretisierungsstufe der Funktion solche Hilfsmittel zur Verfügung zu haben, handelt es sich um eine sehr zeitraubende Tätigkeit, welche außerdem mächtige Fachinformationsbedürfnisse hat.

Notwendig dazu wäre, um mehrere Gruppen in die Arbeit einschalten zu können, vorerst eine einheitliche Vorstellung über zweckmäßigen Inhalt und Form von solchen Unterlagen zu gewinnen. Dieser Zustand ist noch nicht erreicht, auch ist der Zeitpunkt, da dies möglich sein wird, noch nicht abzusehen.

Eine Vorstellung, welche Unterlagen, Kataloge benötigt werden, übermittelt in übersichtlicher Weise Anhang 7 f, mit gleichzeitiger Zuordnung der Kataloge zu den einzelnen Konstruktionsphasen.

Die Form der Hilfsmittel ist sehr vom Inhalt abhängig. In den meisten Unterlagen hat sich die Matrix-Form durchgesetzt, denn eine solche Anordnung ermöglicht eine rasche Übersicht und erlaubt einen Vergleich der einzelnen Funktionsträger. Die Form kann den Abb.5.13 E und F entnommen werden. Als Beispiel wird in Abb.5.16 noch ein Katalog der Funktionsträger für die Funktion "Übertragung des Drehmomentes von einer Welle auf die andere" zusammengestellt.

5.3 Typische Mängel in der Konstruktionsarbeit

Wenn der Output des Konstruktionsprozesses unbefriedigend ist, sucht man nach Ursachen. Eine solche Diagnose auszusprechen ist nicht immer einfach, weil es sich meist um eine Kombination von mehreren Mängeln handelt. Die Symptome sind nicht derart, um eindeutig die Ursachen der Probleme anzuzeigen. Aber auch alle Konstruktionsprozesse, welche realtiv gute Resultate aufweisen, können vom Standpunkt der einzelnen Operatoren nicht als einwandfrei bezeichnet werden.

Die Analyse der negativen Erscheinungen des Konstruktionsprozesses deckt eine Reihe von typischen Mängeln auf, die leider nicht nur beim Anfänger, sondern auch bei erfahrenen Konstrukteuren zu finden sind. Das ist nämlich das Gefährliche auf dem Gebiet der Arbeitsmethoden, daß die schlechte Arbeitsweise im Laufe der Zeit nicht besser, sondern zur Gewohnheit wird. Die Impulse zu Änderungen müssen überwiegend von außen kommen.

Um eine solche Diagnose zu erleichtern und jedem Konstrukteur einige Tips, wo die Ursachen liegen können, zu geben, wurde ein Katalog von Arbeitsmängeln und möglichen Ursachen zusammengestellt; dabei sind nur diejenigen Mängel inbegriffen, die von Arbeitsmethoden stammen oder enge Zusammenhänge mit diesem Gebiet haben, also keine organisatorischen, Personen- oder Arbeitsbedingungen-Probleme.

Die Mängel im Konstruktionsprozeß haben folgende Konsequenzen:
- Die Aufgabe ist nicht erfüllt
- Mangelhafte Lösung; einige Anforderungen sind nicht erfüllt
- Unbefriedigende Lösung; der Gesamtwert des Maschinensystems ist nicht ausreichend
- Zu lange Lösungszeit
- Zu große Konstruktionskosten.

Die wichtigsten Ursachen methodischer Natur sowie Empfehlungen sind:

(1) Der Konstrukteur hat zu früh konkretisiert, wodurch er keine prinzipiell neuen Lösungswege entdecken konnte.

   Empfehlung: Bewußt und geplant auf der Abstraktionsebene bleiben und nach anderen Lösungswegen suchen. Wenn schon Konkretisation vorgenommen wurde und keine erfolgreiche Lösung vorliegt, einen Schritt zurück zur Abstraktionsebene tun (Methode zu 2). Dies heißt also, sich in Bewegungsdimensionen 1 und 2 (Abschnitt 5.2.2.10) bewegen (auch in negativer Richtung).

(2) Der Konstrukteur ist an die zur Verfügung stehenden Vorbilder so gebunden, daß er keine neue Lösung hervorbringen kann, oder er ist von Autoritäten im Fachgebiet oder von Fachinformationen so sehr beeinflußt, daß seine Denkgänge fixiert sind.

   Empfehlung: Gebundenheit beseitigen durch
   - Bildung seiner eigenen Vorstellung vor der Informationsverarbeitung
   - abstrakte Formulierung der Aufgabe (mittels Problem, gewünschter Zustand des Operanden, oder abstrakter Funktion) - Dimensionen 1 und 2
   - Eigenschaftenanalyse (Methode 8)
   - neue Kombinationen von Elementen (Methode 19)
   - Frage: "Womit noch?".

(3) Der Konstrukteur arbeitet intuitiv; er wartet auf den Einfall.

   Empfehlung: Benutzung von bewußten systematischen Vorgängen und Arbeitsmethoden.

(4) Oft kann der Bearbeiter der Aufgabe nicht mehrere Lösungen entdecken. Es schwebt ihm immer wieder nur eine einzige Lösung vor.

   Empfehlung:
   - Zurückschreiten in Dimension 1, 2, 3, 4
   - Methoden: Applikation (3), Brainstorming (6)
     Eigenschaftenanalyse (8), Erfindungstheorie (9), Kombination mit Inter-

aktion (15), Konstruktionssystematik (16), Morphologischer Kasten (19), Synectics (22), Zerlegen (26), Methodische Zweifel (27).

(5) Die Analyse der Fehlerursachen zeigt, daß mehr Fehler durch Unterlassung (Versäumen) als durch technische Unkenntnisse verursacht werden.(Summe von kleinen Fehlern). Der Beweis, daß es sich um ein Versäumnis handelt, ist, daß man nach der Entdeckung der Fehler die Zusammenhänge sehr gut versteht und die Fehler erkennt. Bei der Menge der Arbeitsschritte und Entscheidungen, die vom Konstrukteur getroffen werden müssen, sind auf der andern Seite diese Fehler nicht überraschend.

Empfehlung: Reduktion der Fehler auf ein Minimum ist nur durch eine methodische, systematische Arbeitsweise, richtige Verifikation, Benutzung von geeigneten Hilfsmitteln (Fragebogen, Übersichtsformulare), welche die Arbeit einigermaßen formalisieren, möglich. Besonders nennenswert ist die Methode des Fragens (11) und das Prinzip der Übersichtsschaffung.

(6) Der Konstrukteur leidet unter Mangel an Fachinformationen.

Empfehlung: Anwendung diverser Fragebogen:
- Wurden alle Informationsquellen benutzt (Abb.4.2) ?
- Wurde mit Fachspezialisten zusammengearbeitet? (Konsultationen)
- Wurden andere Fachgebiete durchsucht?
- Wurde die Zeitentwicklung analysiert?
- Wurde die Methode der systematischen Feldüberdeckung (10) benutzt?

(7) Es wird mit nicht-sicheren Informationen gearbeitet, die als Grundlage (Prämisse) zu Lösungen dienen.

Empfehlung: KonsequenteVerifikation: Methodischer Zweifel (27)

(8) Bei der Konstruktionsarbeit ist immer ein gewisses Risiko des Mißerfolges vorhanden. Wer das Risiko fürchtet, sollte sich an bewährte Konstruktionen halten.

Empfehlung: Das methodische Vorgehen mit einem vernünftigen System von Informationszufluß und Kontrolle vergrößert allgemein die Wahrscheinlichkeit des Erfolges. Je nachdem, in welchem Gebiet das Risiko liegt, kann man etliche Methoden einsetzen: es sei besonders auf die Modelltechnik aufmerksam gemacht (21).

(9) Nichtbefriedigende Qualität der Lösung hat die Wurzel oft in der Unterschätzung der Aufgabe durch den Konstrukteur. In dieser Situation wird dann der Lösung nicht genügend Aufmerksamkeit gewidmet, und die Resultate fallen dementsprechend aus.

Empfehlung: Der Vorgesetzte sollte bei regelmäßigen Kontrollen und Diskussionen eine solche Einstellung entdecken und Verbesserungen diskutieren.

(10) Manchmal gibt es Ideen für bessere Lösungen, die aber erst dann gekommen sind, wenn die erste Lösung schon bis zu einer gewissen Stufe ausgearbeitet war. Ein

PARAMETERMATRIX für Funktion: Übertragung des Drehmomentes von einer Welle auf eine andere									
Funktionsträger || Wichtige Parameter oder Merkmale								
Familien der TS, welche die Funktion erfüllen	Mögliche Wellenanordnung	Maximale Übersetzung i_{max}	Maximale Leistung P_{max} kW	Maximale Umfangsgeschwind. v_{max} m/s	Durchschn. Wirkungsgrad η	Durchschn. Lebensdauer Btr. t_L Stunden	Richtwert der relat. Kosten	usw.
Zahnräder - Stirntriebe mit geraden Zähnen	‖	4 (7)	$50 \cdot 10^3$	15 (100)	0,98	10^5	Richtwerte werden für konkrete Fälle ermittelt	
Schrägverzahnte Stirnräder und Schraubenräder	‖ ⊦·	7 (10)	$50 \cdot 10^3$	25 (150)	0,97	10^5		
Schneckengetriebe	⊦·	4 (100)	50 (200)	15	0,4–0,7	10^3		
Reibräder	‖	7 (15)	100	15–20	0,96	$2 \cdot 10^3$		
Kettentriebe	‖	8 (10)	100 (3500)	40	0,9–0,97	2–$10 \cdot 10^3$		
Flachriemen- und Bandtriebe	‖ (∣·)	5 (20)	100 (3500)	35 (100)	0,88–0,95	stark variert		
Keilriementriebe	‖ (∣∕)	7 (10)	100 (1500)	60	0,96	stark variert		
Seiltriebe	‖ (∣·)	5						
Zahnriementriebe usw.	‖							

Abb. 5.16. "Parametermatrix" für die Funktion: Übertragung des Drehmomentes

Dilemma zwischen der Vorstellung einer besseren Lösung und der verlorenen Arbeit ist in vielen Fällen nicht leicht zu beseitigen. Es muß auf der einen Seite jedenfalls die Aufgabenstellung in einem gewissen Stadium einfrieren, sonst kann die Lösung nicht fortgesetzt werden; auf der andern Seite darf nicht Bequemlichkeit verhindern, bessere Resultate zu erzielen.

Empfehlung: In solchen Situationen ist die Besprechung des Problems in einer Gruppe für die Entscheidung nötig. Je nach Wichtigkeit des Problems muß das entsprechende Niveau gefunden werden.

(11) Es gibt Situationen, in denen der Konstrukteur, wo er geht und steht, sich mit dem Problem beschäftigt, und trotzdem fällt ihm keine befriedigende Lösung ein. Krampfhafte, ununterbrochene Denktätigkeit bringt meist nicht die erhofften Resultate, wie dies auch auf anderen Arbeitsgebieten der Fall ist.

Empfehlung: Trotz Zeitmangel ist es nötig, nach intensiver Denktätigkeit gewisse Pausen einzuschalten. Dieses Vorgehen wurde schon mehrmals betont, wie z.B. in der Methode der Inkubation (14).

5.4 Einige Bemerkungen zur Aneignung des methodischen Konstruierens

Motto: Auch eine schlechte Methode, konsequent benutzt, ist besser als keine Methode. In dem vorgehenden Kapitel wurden verschiedene Methoden und Operationen wie auch einige Lösungsstrategien und Vorgänge beschrieben. Für jeden Konstrukteur und Studenten taucht nun die Frage auf: Was soll ich eigentlich lernen? Ist es überhaupt möglich, so eine Menge an Informationen, Prinzipien, Regeln zu verdauen? Oder reicht es aus, sie nur einmal durchzulesen?

Die Kenntnisse der Arbeitsmethoden sind für den Konstrukteur unentbehrlich, aber die Arbeitsmethoden sind nicht nur Kenntnisse, sie erfordern auch eine gewisse Fertigkeit, und viele von den Prinzipien, die aufgeführt wurden, müssen zur Gewohnheit werden. Dies bedeutet, daß es für die Erziehung zum methodischen Arbeiten nötig ist, mehrere Wiederholungen von geeigneten Aufgaben durchzuführen, um sich bewußt die angenommene Methode als Arbeitsweise anzueignen.

Die Wahl der geeigneten persönlichen Methode ist nicht so schwer, wie es auf den ersten Blick aussehen mag. Die persönlichen Begabungen, Neigungen und Erfahrungen bilden Grundlagen und Bedingungen, denen die Arbeitsmethode angepaßt werden muß. Der Inhalt der Arbeit ist selbstverständlich ein anderes entscheidendes Kriterium.

Es ist also für einen in der Praxis stehenden Konstrukteur notwendig, zuerst die bisher benutzten Arbeitsmethoden durch gewisse Merkmale zu beschreiben; er wird feststellen, wie schwer eine solche Analyse trotz Vorlage sein kann. Weiter wird er diese Beschreibung mit Ausführungen z.B. in diesem Buche vergleichen, die Abweichungen, je nach Wichtigkeit, beurteilen, und wenn er überzeugt ist, daß er sich einige negative Arbeitsschritte angeeignet hat, entsprechende Ziele setzen. Es ist sehr wichtig, diese Zielsetzungen eingehend zu überlegen, aber dann besonders am Anfang ohne Ausnahme die Schritte und Prinzipien einzuhalten, obwohl sie im Anfangsstadium die Arbeit meistens verlängern. Erst nachdem die Arbeitsweise beherrscht wird, werden sich positive Resultate zeigen.

Eine andere Frage ist der Einsatz der Arbeitsmethodik im Unterricht, wo die Studenten sich noch keine Arbeitsmethoden angeeignet haben. Der Kern des Problems ist: Auf welche Art und Weise können diese Kenntnisse übermittelt werden? Allgemein ist zu sagen, daß die Zeit in der Schule zu kurz ist, um eine gewisse Stufe eines persönlichen Arbeitsstils zu erreichen. Die andere Seite des Problems ist, daß gerade Arbeitsmethoden so allgemeine Kenntnisse darstellen, daß sie den Studenten übergeben werden sollten. Die Erfahrungen sprechen dafür, die Theorie der Arbeitsmethoden erst dann zu lesen, nachdem der Student bereits gewisse Erfahrungen auf dem Arbeitsgebiet besitzt.

Es empfiehlt sich allerdings, schon im propädeutischen Stadium die Prinzipien der richtigen Arbeitsweise konsequent anzuwenden; der Student wird sich dessen trotz einer kurzen Einleitung zu Beginn kaum bewußt sein.

5.5 Beziehungen der Arbeitsmethoden zu den anderen Faktoren

An dem allgemeinen Modell des Konstruktionsprozesses haben wir gezeigt, daß der Konstruktionsprozeß von einem System von Faktoren beeinflußt wird; das Zusammenspiel dieser Faktoren ist von großer Bedeutung für die Ergebnisse der einzelnen Gebiete, besonders im Gebiete der Konstruktionsmethodik.

Man kann nicht erwarten, daß die beste Konstruktionsmethodik die erhoffte Rationalisierung bringt, wenn die anderen Operatoren nicht den Anforderungen angepaßt werden. Es geht besonders um Konstrukteur, Form der Fachinformationen, Darstellungstechniken und technische Mittel, wie aus den präsentierten Ausführungen klar hervorgeht.

5.6 Zusammenfassung

Die Konstruktionsmethodik stellt einen wichtigen Einflußfaktor des Konstruktionsprozesses dar. Allerdings kann festgestellt werden, daß trotz einer gewissen monopolisierten Stellung der Konstruktionsmethodik im Konstruktionsprozeß die Einführung, Verwirklichung und gute Resultate vom Zustand der anderen Faktoren entscheidend abhängig sind. Die Maßnahmen im Bereich der Arbeitsmethoden müssen komplett durchgeführt und von Maßnahmen in anderen Faktoren des Konstruktionsprozesses begleitet werden.

Es wurde versucht, trotz des Bestrebens nach allgemeiner Gültigkeit für das Konstruieren von technischen Systemen, relativ konkrete Hinweise für den in der Praxis stehenden Konstrukteur zu bringen, und zwar besonders im Bereich der Konstruktionsstrategie und der dazugehörenden Erkenntnisse.

Der Umfang erlaubt nicht, ausführlich über Methoden zu sprechen, die in der Literatur stark vertreten sind. Eine kurze Zusammenfassung der Mängel beim Konstruktionsprozeß möchte ein Beitrag zu einer Diagnose und Therapie der bestehenden Fehler sein. Es soll eine Brücke geschlagen werden zwischen praktischen Problemen und Instrumenten und Erkenntnissen der Konstruktionsmethodik.

Kurze in Aussagen gefaßte, rekapitulierende Erkenntnisse findet der interessierte Leser im Anhang 1.

6. Darstellung beim Konstruieren

Jede Art von Beschreibung eines Objektes, Prozesses oder Zusammenhanges wird als Darstellung bezeichnet. Durch Darstellung entstehen die Modelle von Objekten, Prozessen, Zusammenhängen. Die Art und Weise der Darstellung oder Abbildung kann, in Abhängigkeit von mehreren Faktoren, sehr verschieden sein.
Unter "Darstellung beim Konstruieren" wird alles Wissen und Können verstanden, das zur Fertigung eines beliebigen Modells dient. Der Zweck des Modells kann dabei sehr unterschiedlich sein, wie noch gezeigt wird. Die Modelle können durch Skizzier-, Zeichnen-, Guß -, Spanbearbeitungs- oder Montagevorgänge gefertigt werden, um nur einige Beispiele zu nennen.
In dem System der Operatoren des Konstruktionsprozesses nehmen die Darstellungstechniken eine besondere Stellung ein, sowohl im Hinblick auf den Einfluß, welchen sie auf die Qualität des Maschinensystems ausüben, als auch im Hinblick auf die Rationalisierung der Konstruktionsarbeit (die Zeichnungsarbeiten belegen heute 30 bis 40 % der Gesamtzeit). Die Auswirkungen erstrecken sich auf alle andern Abteilungen des Unternehmens, für welche die Darstellung des Maschinensystems die Unterlage für ihre Arbeit bildet (Fertigung, Arbeitsvorbereitung, Einkauf, Vorrichtungskonstruktion usw.). Wie aus Abb.2.8 folgt, werden durch die Darstellungstechnik noch weitere Zielsetzungen des Konstruktionsprozesses beeinflußt: die Konstruktionszeit, die Effizienz und die Kosten des Konstruktionsprozesses.
Eine der verbreitetsten Darstellungstechniken ist das Zeichnen, das mit Recht die Sprache des Ingenieurs genannt wird; dieser spezielle Code ist für den Konstrukteur und für seine Aufgaben unentbehrlich geworden. Deshalb hat sich im Rahmen der technischen Wissenschaften schon früh eine selbständige Disziplin gebildet - Technisches Zeichnen - welche in Anlehnung an die Darstellende Geometrie und eine Reihe weiterer Wissensgebiete ihre eigenen Regeln entwickelt hat. Wir haben es hier mit einem hochentwickelten Gebiet zu tun, welchem durch ständige Konfrontation mit dem Verbraucher die meisten Schwächen genommen wurden und welches sich nach Normierung in breiten Fachgebieten lange Zeit bewährt hat; leider ist es dabei aber auch sehr unflexibel geworden.

Das heute an den technischen Schulen unterrichtete Zeichnen deckt einen zwar bedeutenden Bereich, aber doch nur einen Teil der weiteren Möglichkeiten. Diese Tatsache, welcher sich Studierende und oft auch Konstrukteure nicht voll bewußt sind, ist ein bedeutendes Merkmal in dem herkömmlichen Unterricht in Europa. Eine andere Auffassung mit breiterem Angebot an Darstellungstechniken wird in den USA [22] [27] (und auch andern Ländern wie z.B. Dänemark [104]) vertreten und im Unterricht angewendet.

6.1 Merkmale des Modells (Darstellungsart)

Jedes Modell kann sehr unterschiedlich sein, in Abhängigkeit vom Zweck des Modells, vom modellierten Objekt, vom Adressat (Empfänger), von der vom Modell geforderten Information, vom Code der Darstellung, vom Hersteller, von der Darstellungstechnik und den Darstellungsmitteln. Erörtern wir kurz die wichtigsten Merkmale.

(1) Zweck (Zielsetzung) des Modells

Der Zweck des Modells hat den größten Einfluß auf die Entscheidung über Modellart und weitere Modelleigenschaften. Das Modell wird für folgende Zwecke benutzt:

(a) Zur Kommunikation zwischen Konstruktion und anderen Abteilungen. Das Modell vermittelt meist die Beschreibung des Maschinensystems.

(b) Die Darstellung dient aber nicht nur der Kommunikation selbst, sondern der Fixierung von Vorstellungen (Visualisierung), der Information. Diese Aufgabe kann der Funktion, welche im sprachlichen Gebrauch eine Notiz (Protokoll, Bericht) erfüllt, gleichgestellt werden. Manchmal dürfte eine solche Darstellung die Rolle eines Dokumentes übernehmen und als Beweis dienen.

(c) Die oft komplizierten Beziehungen werden durch die Darstellung übersichtlicher und eine bessere Orientierung wird gewährleistet.

(d) Die komplette Entwicklung der Struktur und Gestalt eines komplizierten Gebildes in der Vorstellung des Konstrukteurs ist fast unmöglich ohne die Hilfe einer Zwischen- oder Hilfsdarstellung, die anregend wirkt und auch eine bessere und systematischere Beurteilung erlaubt. Diese Vorstellungshilfe wird auch Selbstkommunikation genannt [104].

(e) Für die Ermittlung von gewissen Eigenschaften werden Versuchsmodelle hergestellt. Experimente liefern die nötigen Kenntnisse über einzelne Eigenschaften, besonders das Verhalten bzw. die Funktion des künftigen Maschinensystems.

(f) Die Darstellung kann weiter der Kontrolle, dem Erteilen von Hinweisen, dem Simulieren von Anweisungen und ähnlichen Zwecken dienen.

(2) Objekt der Darstellung

Für das Konstruieren kommen grundsätzlich drei Objektklassen in Frage:
- (a) Technische Systeme als Objekt des Konstruierens (genauer: unterschiedliche Eigenschaften der technischen Systeme)
- (b) Prozesse
- (c) Beziehungen unter gewissen Größen (oft Eigenschaften des Maschinensystems).

(3) Der Adressat der Darstellung (Empfänger der Information)

Die Darstellung wird, indem sie einem der genannten Zwecke dient, vom Empfänger gebraucht, seien dies der Konstrukteur selbst oder ein Ingenieur oder Arbeiter in verschiedensten Stellungen.

(4) Die geforderte Information im Modell

Je nach Zielsetzung wird das Original nicht vollständig dargestellt (oft wäre das gar nicht möglich). So bringt das Modell nicht komplette Informationen über das technische System, sondern nur über gewisse Gebiete, insbesondere über einzelne Eigenschaften. So kennt man Funktions-, Form- oder Transport-Modelle.

(5) Code der Darstellung

Die Information ist in einem bestimmten Code-Zeichensystem dargestellt, welches nur für die in die Codierung Eingeweihten lesbar ist. So bestimmen z.B. die Regeln der Darstellung oder das Symbolverzeichnis den in der Konstruktion benützten Code.

(6) Der Hersteller der Darstellung

Derjenige, welcher das Objekt im bestimmten Code für den gewünschten Zweck dargestellt hat, wird als Hersteller bezeichnet. In unserem Fall ist es überwiegend der Konstrukteur.

(7) Darstellungs- und Reproduktionstechnik

Ähnlich wie bei den Kunstmalern werden die verschiedenen Ausführungsmöglichkeiten wie z.B. Bleistift- oder Tuschezeichnen, Stempeln, Druck- oder Klebtechnik oder Analog- bzw. Digitaltechnik als Darstellungstechnik bezeichnet. Es muß auch die entsprechende Reproduktionstechnik erwogen werden.

(8) Darstellungsmittel

Alle Arbeitsmittel, welche dem Hersteller dienen, werden unter dem Oberbegriff "Darstellungsmittel" in Kapitel 7 diskutiert.

6.2 Darstellungstheorie

Unter Darstellungstheorie werden die verschiedenen für die Darstellung zur Verfügung stehenden Kenntnisse verstanden. Einige dieser Kenntnisse sind in selbständigen Disziplinen enthalten (diese werden lediglich erwähnt), andere wichtige Kenntnisse werden ausführlicher behandelt.

6.2.1 Theorie der Zeichen (Semiotik) [66]

Weil jede Darstellung ein spezielles Zeichensystem ist, ist Semiotik eine grundlegende Wissenschaft, wenn immer auch sehr allgemeine Gesetzmäßigkeiten enthalten sind. Es ist nicht ohne Interesse, die drei Dimensionen der Semiotik zu erkennen. Syntaktik behandelt die formale Beziehung der Zeichen zueinander, Semantik beschreibt die Beziehungen der Zeichen zu den Darstellungsobjekten, und Pragmatik umfaßt die Beziehungen zwischen Zeichen und ihren Verwendern.

6.2.2 Informationstheorie

Wie das Modell ein Informationsträger ist, der der Beseitigung von Unsicherheiten dien so können eine Reihe von Erkenntnissen aus der Informationstheorie von Bedeutung sein, auch wenn die zugrundeliegende Definition der Information nicht genau der hier angenommenen Auffassung entspricht.

6.2.3 Kommunikationsprozeß

Die Mitteilung einer Nachricht vom Absender an den Empfänger erfolgt im Kommunikationsprozeß, wie dies Abb.5.1 veranschaulicht. In dieser Darstellung kommt besonders die Funktion des Codes zum Ausdruck. Für die Praxis lassen sich folgende Voraussetzungen für die Darstellung ableiten, welche einen erfolgreichen und optimalen Kommunikationsprozeß gewährleisten:
- der Adressat der Darstellung soll bekannt sein (also seine Kenntnisse),
- die Codierung muß in dem System optimalisiert werden,
- die Modelltechnik (Code) soll dem Empfänger angepaßt werden.

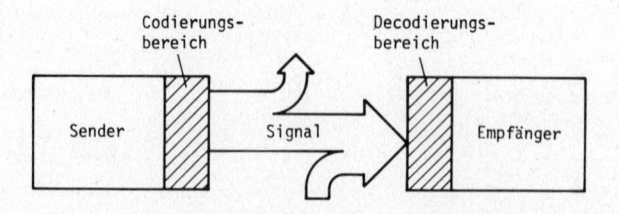

Abb.6.1. Das allgemeine Modell des Kommunikationsprozesses

6.2.4 Ähnlichkeit zwischen Original und Modell

Das abzubildende System wird nicht immer in allen Details in seinem Modell abgebildet. Allerdings ist die Ähnlichkeit (Analogie) zwischen dem Original (Urbild) und seinem Modell für die Zweckerfüllung erforderlich. Die Analogie kann von voller Identität bis zur Übereinstimmung in nur einer Eigenschaft reichen.

Diese Eigenschaft der Abbildung bezeichnen wir als den Abstraktionsgrad. Wie wir gezeigt haben, ist jedes System durch seine elementaren Eigenschaften beschrieben - sowohl das Original als auch das Modell -, welche die anderen Eigenschaften determinieren. Trägt das Original die Eigenschaften ΣEi_O und das Modell die Eigenschaften ΣEi_M, so ist die Analogie gleich dem Durchschnitt

$$\Sigma Ei_O \wedge \Sigma Ei_M$$

Dieser Sachverhalt geht aus Abb.6.2 hervor. Daß es sich dabei um Analogien in Funktion, Struktur, Herstellungsart, Farbe und in anderen Eigenschaften handelt, ist evident.

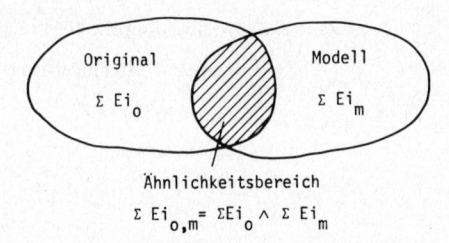

Abb.6.2. Das Ähnlichkeitsphänomen: Beziehungen zwischen Original und Modell

Noch eine Tatsache muß erwähnt werden. Je abstrakter das Modell ist, desto mehr Originale kann es vertreten. So kann z.B. ein Konzeptionsentwurf eine ganze Familie von Maschinensystemen repräsentieren.

Für die Modellierung von physikalischen Prozessen sind die Gesetzmäßigkeiten der Ähnlichkeit der Ähnlichkeitstheorie (Modellgesetze) zu entnehmen, welche sich auf Π Theorien von Buckingham stützt.

Die Qualität der Ähnlichkeit wird in zwei Richtungen charakterisiert:
- nach der Anzahl ähnlicher Eigenschaften
  (Ähnlichkeitsskala von "nicht ähnlich" bis "identisch"),
- nach der Ähnlichkeitsrichtung zwischen Original und Modell können symmetrische Beziehungen entstehen, so z.B. zwischen einer Maschine und ihrer Zusammenstellungszeichnung. Ein solcher Fall wird als Isomorphie bezeichnet. Eine asymmetrische Beziehung besteht zwischen der Maschine und z.B. ihrer Funktionsstruktur. Nur in der Richtung Maschine-Funktionsstruktur geht es um eine eindeutige Beziehung - Homomorphie.

6.2.5 Die darzustellenden Eigenschaften des Maschinensystems

Wenn von der Darstellung eines Maschinensystems (oder irgend eines beliebigen Objektes) die Rede ist, dann versteht man meist die Baustruktur des Systems als repräsentierende Eigenschaft. Die Struktur eines jeden Systems ist bekanntlich durch seine elementaren Eigenschaften beschrieben. Diese sind nach Axiom 5.4 (Anhang 2) die folgenden: Struktur (Elemente und ihre Beziehungen), Gestalt (Form), Abmessungen, Werkstoff, Toleranzen und Oberfläche.
Die durch diese Merkmale beschriebene Baustruktur des Maschinensystems ist dabei Träger von allen Eigenschaften, welche durch diese elementaren Konstruktionseigenschaften determiniert sind.(vgl. Anhang 6).
Im Verlaufe des Konstruierens sind in den Anfangsphasen nicht alle elementaren Eigenschaften des Maschinensystems bekannt, und es werden lediglich einige Eigenschaften abgebildet wie z.B.
- durch die Abbildung des Maschinensystems in der Gesamtfunktion in "Black-box"
- durch die Abbildung des Maschinensystems in den Teilfunktionen in "Funktionsstruktur"
- durch die Abbildung des Maschinensystems im Wirkungsprinzip im "Prinzipschema".

6.2.6 Die Kenntnisse zur Darstellung der einzelnen Eigenschaften

Die Darstellung der einzelnen Eigenschaften beruht auf verschiedenen Kenntnissen, welche besonders in der Darstellenden Geometrie oder Toleranzlehre enthalten sind. Die Darstellungsweise bildet den Gegenstand der Normung. Einige Details sind im Abschnitt 6.6.1 zu finden.

6.3 Darstellungsarten (Modellsystematik)

Die Modelle können von mehreren Gesichtspunkten aus kategorisiert werden. In diesem Punkt herrscht keine einheitliche Auffassung, und die angegebenen Klassen, meist durch Eigenschaftswerte charakterisiert, repräsentieren eine pragmatische Aufstellung
Für das Konstruieren sind folgende Gesichtspunkte und entsprechende Modell-Klassen von Bedeutung: (ein Modell kann mehreren Klassen angehören)
(1) Arten nach dem Objekt der Darstellung: Modelle der Objektsysteme (MS, TS), Modelle der Prozesse und Modelle der Relationen.

(2) Nach dem Zweck: Kommunikationsmodell, Versuchsmodell, Simulationsmodell oder Anweisungsmodell.

(3) Nach der Abbildungs-, Nachbildungsart: Gegenstände (3-dimensionale aus verschiedenen Materialien), perspektivische Abbildung, isometrische Abbildung, normale rechtwinklige Projektion, Nomogramm, Schema für graphische Darstellung der Relationen, kybernetisches Modell, mathematisches numerisches Modell, analoges Modell, symbolisches Modell, verbale Beschreibung oder Gedankenmodell.

(4) Nach der abgebildeten Eigenschaft: Funktionsmodell, Strukturmodell (Schema), Blockdiagramm, Flußdiagramm, Prinzipschema oder ikonische, formtreue Abbildung (Formmodell).

(5) Nach der Darstellungstechnik: Die Abhängigkeit dieses Gesichtspunktes von der Darstellungsart ist evident, deshalb nur einige Beispiele für die graphische Darstellung: von Hand gefertigt (z.B. Skizze), mit Hilfe der Zeichenmaschine (z.B. Zeichnung).

(6) Nach dem Abstraktionsgrad:
  - sehr abstrakte Modelle, z.B. Funktionsschema, Strukturmodell, Wirkungsschema,
  - abstraktes Modell, z.B. Konzeptionsentwurf,
  - "konkretes" Modell, z.B. Detailzeichnung, Zusammenstellungszeichnung.

6.4 Anforderungen an die Modelle

Bei der Erörterung der Darstellungsfragen sind einige Anforderungen bereits erwähnt worden. Stellen wir nun eine Übersicht aller Anforderungsgruppen zusammen.

(1) Mit Rücksicht auf den Zweck soll die Darstellung
  - die gewünschte richtige Information womöglich ohne Redundanz beinhalten,
  - Klarheit der Mitteilung gewährleisten,
  - Eindeutigkeit anstreben (keine andere Auslegung zulassend).

(2) Die Darstellung soll dem Empfänger verständlich sein und rasches "Lesen" (Decodierung) ermöglichen.

(3) Die Form (Ausführung) der Darstellung sollte:
  - den Bedingungen und Traditionen des Fertigungsunternehmens angepaßt sein, z.B. Serienfertigungsunterlagen,
  - leichte Manipulation ermöglichen (Format minimal)
  - Lesbarkeit erleichtern, übersichtlich sein,
  - Änderungen zulassen,
  - Reproduktion ermöglichen,
  - zeitliche Stabilität aufweisen,
  - Lagerungsfähigkeit ermöglichen (z.B. einheitliche Formate).

6.5 Parameter der Darstellung

Alle angeführten Forderungen sind von der Darstellungsart, dem -code und der -technik sowie von der Qualität der Darstellung abhängig, welche durch den Hersteller und die Darstellungsmittel verwirklicht wird. Alle diese genannten Merkmale (Parameter) füllen den Lösungsraum von Darstellungsproblemen, und die Wahl der einzelnen Parameter entscheidet über Erfolg und Wirtschaftlichkeit des Darstellungsprozesses.

Die herkömmliche Palette der angewandten Darstellungsarten oder -systeme ist nicht sehr breit und nützt bei weitem nicht alle vorhandenen Möglichkeiten aus. Nur die Kombination von verschiedenen Codes, Darstellungstechniken und Reproduktionsmethoden macht die Auswahl reicher und optimierungsfähiger. Mit Rücksicht auf die Funktion der Modelle sowie auf ihre Herstellungskosten lohnt es sich, die Festlegung dieser Parameter reichlich zu überlegen und nicht nur traditionelle Formen als einzige Lösung zu betrachten. Sehr oft ist jedoch der Einfluß der Empfänger entscheidend, so daß der Konstrukteur nicht freie Hand hat zu optimieren.

Um dem Konstrukteur alle Möglichkeiten näherzubringen, werden im nächsten Abschnitt die Darstellungsarten und -techniken diskutiert. Die grundsätzliche Gliederung erfolgt nach dem Objekt der Darstellung, d.h. Maschinensystem, Prozeß und Beziehungen.

6.6 Darstellungsarten der Maschinensysteme

Die Rolle der elementaren Konstruktionseigenschaften für das Konstruieren und Darstellen von Maschinensystemen wurde bereits gezeigt. Ihre Bedeutung gibt Anlaß, sich zuerst mit den Darstellungsmöglichkeiten dieser Elemente zu befassen und sie kurz zu bewerten.

6.6.1 Darstellungsmöglichkeiten der elementaren Konstruktionseigenschaften der Maschinensysteme

(1) Baustruktur des Maschinensystems - beschreibt die Elemente der Struktur und die gegenseitigen Beziehungen.

Den maßgebenden Einfluß auf die Darstellungsart hat der Darstellungszweck und der mit dem Stadium der Konstruktionsarbeit verbundene Abstraktionsgrad. So kommen folgende Darstellungsarten in Frage:
- Baustrukturschema (Abb.5.13 G): abstrakte, für eine Familie der Maschinensysteme gültige Darstellung. Wie die Bauelemente, so bleiben auch die Beziehungen lediglich schematisch dargestellt; durch Sinnbilder der Elemente kann mehr Information geliefert werden wie z.B. in hydraulischen, pneumatischen Systemen.

- Konzeptskizze: spiegelt komplette Struktur, allerdings mit weniger Details über Bauelemente wider.
- Konstruktionsentwurf: enthält komplette Baustruktur des Maschinensystems in zusammengebautem Zustand, mit vielen Angaben über Eigenschaften der Elemente wie Gestalt, Abmessungen.
- Zusammenstellungszeichnung: gibt genaue Beschreibung der Struktur im montierten Zustand an, wobei die Beschreibung der Elemente meist in separaten Dokumenten (Detailzeichnungen) erscheint.
- Stückliste: bildet meist einen Bestandteil der Zusammenstellungszeichnung einer Baugruppe und beinhaltet ein genaues Verzeichnis der Details, mit einigen Eigenschaften wie z.B. Werkstoff, Anzahl; Informationen stehen in verbaler, teilweise symbolischer Form.
- Anweisungszeichnung: oft in isometrischer Darstellung in zerlegtem Zustand der Bauelemente, soll sehr anschaulich sein, z.B. in den Anweisungen für den Verbraucher, der nicht Fachmann ist.
- Übersichtszeichnung: eine ähnliche Form wie z.B. die Zusammenstellungszeichnung, jedoch weniger Details für den Gebraucher.
- Wörtliche Beschreibung: ist nicht sehr anschaulich, wenn es sich um etwas komplizierte Systeme handelt.
- 3-dimensionale Modelle: z.B. aus Bausätzen zusammengestellt.

(2) Gestalt (Form) des Maschinensystems läßt sich darstellen durch:
- wörtliche Beschreibung bei einfachen Formen,
- Symbol für die Form (z.B.
- **3-dimensionales Modell** (für Lern-, Kontroll-Zwecke, sehr anschaulich, z.B. Attrappe),
- graphische Abbildung in isometrischer oder Normal-Projektion (viele Ausführungsmöglichkeiten)
- numerische Beschreibung.

(3) Abmessungen werden angegeben durch:
- genaue Darstellung z.B. beim Entwurf (Maße können der Zeichnung entnommen werden)
- grobe Angaben von einzelnen Dimensionen (Maßlinien und -zahlen),
- Koordinaten-Angaben der einzelnen Punkte,
- Tabellenwerte z.B. bei Zahnrädern,
- Zentralangabe der Werte wie z.B. nichtvermaßte Radien R = 5

(4) Werkstoff wird bestimmt durch:
- Normen- oder Firmenbezeichnung,
- Schraffierung (nur für relative Angaben).

(5) Toleranz der Länge, Winkel oder Lage, Form wird angegeben durch:
- Zahlen bei dem Maß auf vereinbarte Weise (z.B. $\pm$ 0,1),
- Symbole (z.B. H7, oder für Parallelität //)

(6) Oberflächengüte wird bezeichnet durch:
- Symbole ($\sqrt{}$ $\triangledown$)
- Rauhigkeitsangabe in Zahlen bei genau definierten Begriffen
- wörtliche Angaben.

(7) Herstellungsart des Werkstückes wird nicht angegeben, läßt sich aber indirekt ablesen aus:
- der Gestalt des Teiles (z.B. Neigungen, Radien bei einem Gußstück) oder
- Werkstoffangaben (z.B. GG=Grauguß)

oder wird direkt vorgeschrieben durch:
- wörtliche Hinweise (z.B. Härten, mattiert, Kleben, Prüfen auf 100 atü),
- Symbole nach Norm.

Mit dieser Aufzählung sind nicht alle Möglichkeiten erfaßt, und es bleibt den einzelnen Unternehmen überlassen, für ihre Bedingungen noch weitere günstige Darstellungsarten zu finden, allerdings ohne die Codierung zu übertreiben.

6.6.2 Darstellungsmöglichkeiten einiger weiterer Eigenschaften der Maschinensysteme

Neben den elementaren Eigenschaften werden auch andere Eigenschaften der Maschinensysteme, die diversen Zwecken dienen, dargestellt. Nennen wir einige Möglichkeiten:

(1) Wirkungs- oder Arbeitsprinzip, kann durch Prinzipskizzen dargestellt werden (Abb.5.13 D, G)

(2) Die Funktionsstruktur als Darstellung der Teilfunktionen einer Familie von Maschinensystemen findet unterschiedliche Ausdrucksformen:
- Katalogform - wörtliche Beschreibung der Teilfunktionen,
- Funktionsbaum als eine hierarchische Ableitung der Teilfunktionen (übersichtlich und als Arbeitsdokument vorteilhaft),
- Funktions-Blockdiagramm (Abb.5.13 C und D) als kompakte, an die Prozeßstruktur anknüpfende Form mit Darstellung der grundlegenden Beziehungen,
- Schaltplan - Schema der normativen Funktionen.

(3) Das Funktionsverhalten kann ermittelt werden durch Experiment mit:
- dreidimensionalem Strukturmodell (bei mechanischer Arbeitsweise)
- Versuchseinrichtungen diverser Art (z.B. pneumatische Einrichtung mit Baukastenelementen) (Anhang 9, A,B),
- analogen Modellen (z.B. mit Analogrechner),
- numerischen Modellen (z.B. mit EDV).

6.6.3 Die Zeichnung als die verbreitetste Darstellungsart

Die Zeichnung ist die zeichnerische Darstellung (Modell) eines räumlichen Systems in einer Ebene, unter Berücksichtigung gewisser vereinbarter Regeln oder verbindlicher Standards. Jeder Träger einer solchen Darstellung wird Zeichnung genannt (Entwurfswerkstattzeichnung). In diesem Zusammenhang werden lediglich einige Aspekte diskutiert, um die vorstehenden Ausführungen zu illustrieren und um ein neues Licht auf das ganze System zu werfen.

6.6.3.1 Zeichnungsarten

Es existieren viele Zeichnungsarten, die nach verschiedenen Gesichtspunkten, besonders Einflußfaktoren, in folgende Klassen geordnet werden können:
(1) Zeichnungen nach Zweck und Informationsinhalt:
   - Fertigungsunterlagen (Werkstattzeichnungen): Die bekannteste Art von Zeichnungen sind diejenigen, welche das Maschinensystem komplett beschreiben: Zusammenstellungszeichnungen, Stücklisten, Detailzeichnungen (oft diverser Art wie Gußzeichnungen, Schweißzeichnungen), Montageanweisungen und weitere. Diese Art von Zeichnungen wird weitgehend normiert.
   - Unterlagen für den Betrieb der Maschinensysteme: Dazu gehören alle Unterlagen, welche für einen erfolgreichen Betrieb, d.h. Bedienung, Reinigung, Pflege, Wartung, Instandsetzen des Maschinensystems von Bedeutung sind, wie Übersichtszeichnungen, Bedienungsanleitungen, Schmierpläne, Wartungsanweisungen, Fundamentpläne. Besonders wichtig ist hier die Anpassung der Information an den Adressat.
   - Unterlagen für die Distribution: Zeichnungen und Hinweise für Angebots-, Transport-, Lagerungszwecke dienen der Distribution, und die Angaben beziehen sich auf Verkauf, Lagerung und Transport.
   - Arbeitsdokumente für die Entwicklung eines Maschinensystems: Die "internen" Zeichnungen, Schemata, Skizzen, Berichte dienen der erfolgreichen Entwicklung und Gestaltung der Maschinensysteme, wie bereits unter Konstruktionsmethodik diskutiert worden ist. Die Formen sind nicht vereinheitlicht, weil der Adressat meist identisch ist mit dem Hersteller (Selbstkommunikation, Fixierung).
(2) Zeichnungen nach der benutzten Zeichnungstechnik:
Nach der Zeichnungstechnik entstehen folgende Arten von Dokumenten (Originale):
   - Skizzen, handgefertigt, meist mit Bleistift oder Filzstift
   - Bleistiftzeichnungen, maßstäblich, mit Lineal und Bleistift gezeichnet.
   - Tuschzeichnungen meist auf Transparentpapier

(3) Zeichnungen nach Format (z.B. A0 bis A5)

(4) Zeichnungen nach Herkunft (z.B. Original, Kopie)

(5) Zeichnungen nach Trägermaterial (z.B. Transparentpapier, karriertes Papier, Tuch oder Tafel)

6.6.3.2 <u>Informationskraft der Zeichnungen</u>

Je nach Zweck und Arbeitsstadium bringen die Zeichnungen sehr unterschiedliche Informationen hinsichtlich Informationsvolumen resp. Konkretheit. So macht z.B. die Funktionsstruktur lediglich Aussagen über Teilfunktionen; der Konzeptentwurf sollte die Baustruktur im wesentlichen klar wiedergeben, jedoch die Form und die meisten weiteren Eigenschaften der Elemente bleiben noch undefiniert. In übersichtlicher Weise zeigt Abb.6.3 eine Reihe von Zeichnungen mit steigender Informationskraft; auf der Abbildung ist die Aussagekraft der einzelnen Dokumente über die einzelnen elementaren und einige abgeleitete Eigenschaften angegeben.

6.6.3.3 <u>Die Tätigkeiten beim Anfertigen und Manipulieren von Zeichnungen</u>

Das technische Zeichnen ist ein Oberbegriff für mehrere typische Tätigkeiten. Die bedeutendsten sind:
- Die Form darstellen, d.h. einschließlich aller nötigen Ansichten, Schnitte und Details
- Vermaßen und Toleranzen angeben
- Oberflächengüte und Farbe angeben
- Struktur beschreiben, z.B. in der Stückliste, und weitere Angaben über Herstellungsart, Montage.

Das Ausfüllen der Stückliste bringt zwangsläufig noch das Bestimmen des Werkstoffes, was nicht als Zeichenarbeit angesehen werden darf, sowie eventuelle Angaben über Ausgangsdimensionen mit sich. Hingegen kann das Berechnen des Gewichtes zu den Zeichenarbeiten gehören.

Weitere Arbeiten, obwohl sie nicht direkt zum Zeichnen gehören, müssen dennoch in der Konstruktion durchgeführt werden. Es handelt sich um das Schneiden des Papiers und der Zeichnungen, das Festigen des Zeichnungsrandes, das Falten und Archivieren.

6.6.4 <u>Dreidimensionale Modelle des Maschinensystems</u>

Die dreidimensionale Darstellung der Maschinensysteme wird nicht häufig und nur für spezifische Zwecke benutzt. Die folgenden Arten werden häufiger gebraucht:

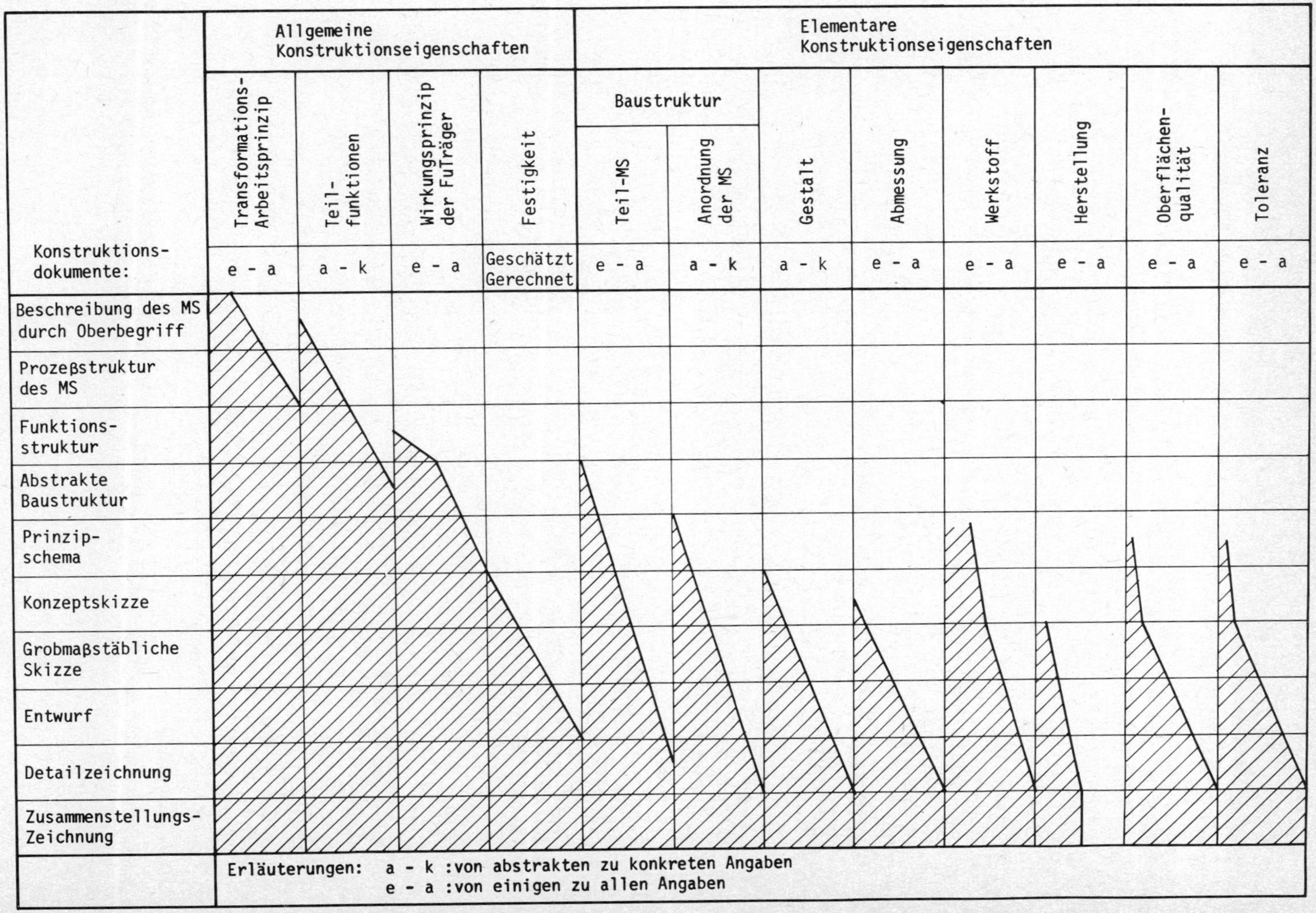

Abb. 6.3. Die Informationskraft einiger Zeichnungsarten

- Der Prototyp ist das verbreitetste Modell für die Ermittlung der Eigenschaften eines Maschinensystems. Bekanntlich ist es wirtschaftlich nur bei Serienproduktion vertretbar, einen Prototyp herzustellen.
- Einfache räumliche Modelle, z.B. für die Kontrolle der Flächenabwicklung oder Montagemöglichkeit (z.B. Hineinschieben eines Teiles in einen begrenzten Raum)
- Formtreue aber nicht funktionierende Modelle (Attrappen), welche die Wirkung der äusseren Gestalt vermitteln (Anhang 9, C)
- Funktionsmodelle, welche der Ermittlung der Funktionstüchtigkeit dienen, aber sonst mit dem Original wenig Ähnlichkeit haben (vgl.6.6.2).

6.7 Darstellungsarten der Prozesse

Der Konstrukteur arbeitet häufiger als vermutet wird mit Prozessen. Das Prozeßdenken läßt sich dabei durch geeignete Darstellungsweise fördern. Folgende Darstellungsarten der Prozesse kommen beim Konstruieren in Frage:
- Als Symbol für einen Prozeß haben wir bereits am Anfang ein Viereck angenommen und alle zugehörigen Werte (Input, Output) in einem allgemeinen Modell des technischen Prozesses gesehen, in welchem die Teilprozesse in einer gewissen Reihenfolge dargestellt werden. Damit ist die Möglichkeit gegeben, die parallelen Verläufe und Verbindungen deutlich darzustellen.
- Eine spezielle Form dieser Darstellung ist das Prozeß-Blockdiagramm (Abb.5.13 A), welches die für die gewünschte Transformation des Operanden nötigen Operationen und deren Relationen abbildet. Ein solches Blockdiagramm bedeutet den Ausgangspunkt für die Bestimmung der Funktionsstruktur.
- Das Flußdiagramm stellt eine erfolgreiche Form des Ablaufes des Prozesses dar. Für spezielle Arten von Prozessen wie z.B. Entscheidungsprozesse wird eine spezielle Symbolik benützt (Modifikation des Vierecks, siehe z.B. Abb.5.12).
- Symbole für sich wiederholende Prozesse in Verfahrens- oder Fertigungstechnik
- Das Balkendiagramm für die Planung und Kontrolle des zeitlichen Verlaufs
- Netzplantechnik-Diagramm für die Planung und Ermittlung des kritischen Weges
- Ljapuner Sprache [37]
- Wörtliche Beschreibung des Vorganges.

6.8 Darstellungsarten der Beziehungen

Die Darstellung der Beziehungen bedeutet besonders für Berechnungen und Entscheidungen eine wichtige Hilfe. Dabei kann es sich um

- mathematische Darstellungen handeln wie z.B. Gleichungen, Matrix oder numerische Darstellungen
- Graphische Darstellungen wie z.B. Schema, Nomogramm, Flußdiagramm oder Netzplan.

6.9 Darstellungstechniken

Der bedeutendste Parameter des Darstellungsgebietes sind die Darstellungstechniken. Dieses Gebiet ist von charakteristischen Zeichen geprägt; manche sind eng mit den einzelnen Darstellungsarten oder Darstellungsmitteln verbunden. Die bestehende enge Beziehung soll jedoch nicht dem Erkennen weiterer Möglichkeiten im Wege stehen. Wenn nun auf einige der Darstellungstechniken eingegangen wird, sollte auch die Tatsache bewußt sein, daß weder ein erschöpfender Katalog geboten wird noch eine ausführliche Beschreibung folgt.

(1) Graphische (zeichnerische) Techniken für das Darstellen: Die verbreitetsten Darstellungstechniken sind die graphischen Techniken: Bleistiftzeichnen und Tuschzeichnen
Genaueres über diese Techniken zu sagen, auf denen das Technische Zeichnen beruht, ist nicht nötig. Eine ausführliche Behandlung der Ausstattung für diese Techniken erfolgt in Kapitel 7.

(2) Klebetechnik: Meist selbstklebende Linien, Flächen, Buchstaben sowie häufig wiederkehrende Symbole und Zeichenelemente dienen in gewissen Gebieten der Rationalisierung der Zeichenarbeit.

(3) Stempeltechnik: Durch Stempeln können schnell auch komplizierte Gebilde dargestellt werden; die Wiederholung bedingt die Wirtschaftlichkeit.

(4) Abziehkleber: Das Auflegen und Anreiben sind die einzigen Operationen dieser Technik, bei welcher durch eine hauchdünne Klebstoffschicht auch komplizierte Abbildungen blitzschnell angefertigt werden können.

(5) Magnettechnik: Nützt eine statisch-adhäsive Oberfläche für die Haftung der Darstellungselemente – ähnlich wie beim Kleben.

(6) Beschriftungstechniken: Eine Vielfalt von Möglichkeiten bietet sich für das Beschriften an, wie z.B.: Handschrift-Technik, Schablonentechnik, Klebe-, Stempeltechnik und Schreibmaschinentechnik.

(7) Fertigungstechniken der gegenständlichen Modelle: Die Fertigung gegenständlicher Modelle, für die die verschiedensten Materialien gebraucht werden, nützt die vielen bestehenden Fertigungstechniken wie z.B.:
- Gießen (für Gips, Gummi, Kunststoffe, Aluminium usw.),
- Trennen (für Pappe, Holz, Metalle, Plexiglas, Kunststoffe, Schaumstoffe usw.)

- Spanen (für Holz, Kunststoffe, Metalle usw.)
- Schleudern (für Duroplast und andere Kunststoffe)
- Handlaminierverfahren (für Duroplast)
- Preß-,Ziehverfahren, Extrudern
- Verbinde-Techniken wie Verschrauben, Schweißen, Kleben.

(8) Montagetechniken: Aus den verbreitetsten (typisierten) Standard- oder Spezialelementen wird ein sehr variables Ganzes zusammengestellt. Dazu ist allerdings der Baukasten oder Bausatz eine Voraussetzung. Sehr verbreitete Modelltechnik in der Elektronik sowie in der Hydraulik und Pneumatik (Anhang 9, A,B).

(9) Phototechnik:
Die Möglichkeiten sind bisher noch nicht ausgenutzt; es hängt viel von der geeigneten Einrichtung ab.

(10) Filmtechnik: Bisher spärlich ausgenutzte Technik, welche jedoch für Modelle des zeitlichen Verlaufes sehr geeignet ist.

(11) Holographische Technik: Die Holographie ist noch relativ unbekannt. Das holographische Bild erlaubt interessante Anwendungen im Vergleich zur gewöhnlichen Photographie bei Teilzerstörungen, bei welchen doch das Gesamtbild, wenn auch gröber und undeutlich, bleibt.

(12) Fernseh-Technik: Die Möglichkeiten des Fernsehens sind bekannt und werden in Verbindung mit Rechnern angewendet.

(13) Video-Technik: Die Anwendungsmöglichkeit ist ähnlich wie bei der Filmtechnik, jedoch mit gewissen Vorteilen.

(14) Audio-Technik: Die Übertragung der Darstellungsinformation durch Audio-Wege ist heute noch eine Besonderheit

(15) EDV-Technik: Die Anwendung des Rechners erlaubt die Bildung von Analog- oder Digitalmodellen für verschiedene Zwecke beim Konstruieren, besonders für Berechnungen, Funktionsversuche, Kommunikation. Näheres im Abschnitt 7.

6.10 Eine Skizze der historischen Entwicklung der Darstellung

Die Geschichte der Darstellungstechnik ist eigentlich die Geschichte des Zeichnens. Die Vorbilder erster Zeichnungsskizzen sind schon bei Leonardo da Vinci (1452-1519) zu finden (Abb.6.4).

Die Zeichnungstechnik eines Künstlers bedeutet eine gute Grundlage für die Darstellung. Die Zeichnungen der ersten Jahre der Entwicklung der Technik (Abb.6.5) um 1860 tragen den Akzent der graphischen Darstellung. Die Entwicklung am Anfang dieses Jahrhunderts [81] bringt die Befreiung des Ingenieurs von dieser Last, mit Übertragung der Schwerpunkte auf andere Aspekte, besonders die wirtschaftliche Ge-

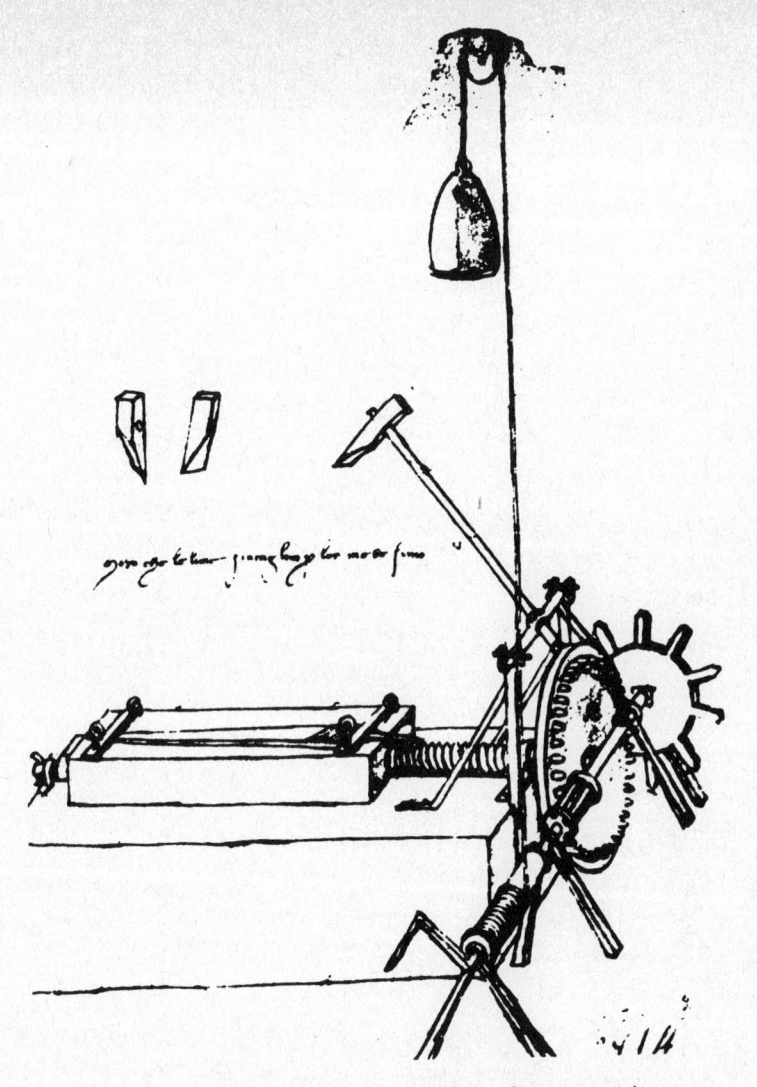

Abb.6.4. Leonardo da Vinci: Skizze einer Maschine

staltung. Die Entwicklung in den letzten fünfzig Jahren hat nicht so revolutionäre Änderungen im Zeichnungswesen gebracht wie man eigentlich hätte erwarten können. Die jüngste Vergangenheit hat mehrere neue Techniken und besonders den elektronischen Rechner gebracht. Die Hoffnungen auf Rationalisierung sind nun hauptsächlich dem komputergestützten Zeichnen zugewendet.

Erst die neueste Zeit bereichert das Darstellungsgebiet mit neuen Darstellungsarten, besonders durch das Vordringen der Konstruktionsmethodik (z.B. Prozeßdiagramm, Funktionsstruktur) oder durch neue Arbeitsmittel, welche neue Darstellungstechniken ermöglicht haben (z.B. Analoge -, Digital-Modelle, Baukasten).

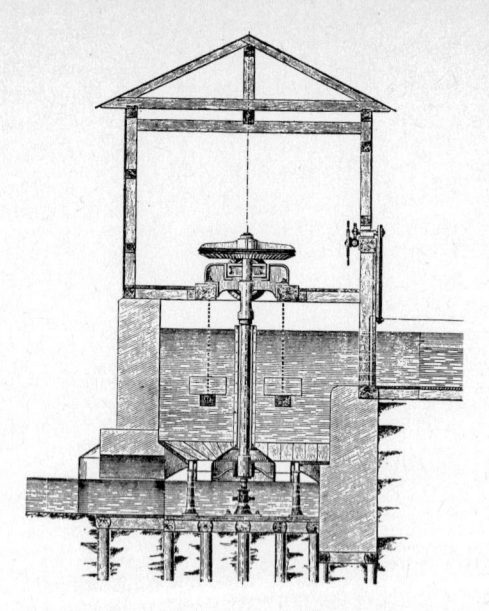

Abb.6.5. Die zeichnerische Ausführung galt als wichtigste Anforderung
an die Zeichnungen im 19. Jahrhundert (Escher Wyss Aktiengesellschaft Zürich)

Das charakteristische Merkmal des heutigen Zustandes ist die bestehende Anwendung der Zeichnungen mit den bekannten Vorteilen und Nachteilen. Die zukünftige Entwicklung der Darstellung kann in zwei Richtungen gesehen werden:
- In einer Verbesserung des heutigen Systems, und zwar einerseits durch Vereinfachung der Darstellungsweise und anderseits durch intensivere Ausnutzung der technischen Möglichkeiten.
- Suche nach neuen Wegen - Ersetzen der Zeichnungen dort, wo vorteilhaftere Systeme gefunden sind. Da liegt eine ständige Aufgabe des Konstrukteurs: die kritische Überprüfung der benutzten Darstellungen.

6.11 Zusammenfassung

Die Funktion der Darstellung beim Konstruieren beschränkt sich nicht auf Beschreiben - Kommunikation, sondern umfaßt auch Gedankenhilfe zur Vorstellung, zum Wirken, zur Überprüfung der Funktions- und Festigkeitshypothesen, zum Erteilen von Anweisungen, zum Fixieren usw. Daneben gibt es noch eine Reihe von weiteren Anforderungen an die Darstellung. Die Wahl der Darstellungsarten und -technik ist von gewissen Faktoren abhängig. Neben dem erwähnten Darstellungszweck sind dies: das Darstellungsobjekt, der Darstellungs-Code, der Adressat und Hersteller der Darstellung. Alle

diese Kategorien und ihre Zusammenhänge werden diskutiert.
Grundlegende Aussagen enthält die Beilage 1.

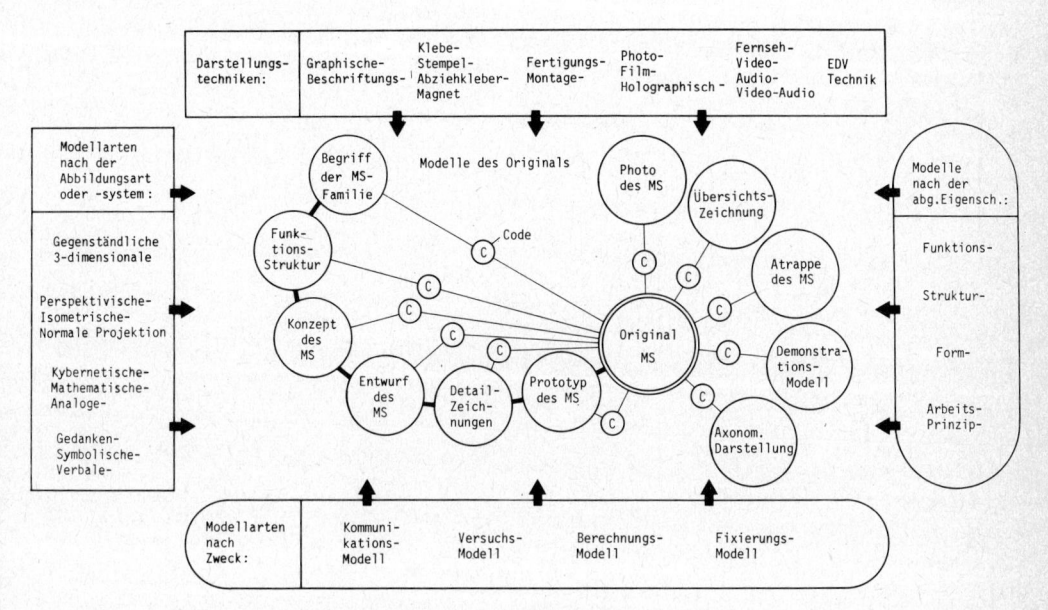

Abb.6.6. Die Struktur und Beziehungen im Darstellungsgebiet

7. Arbeitsmittel

Als Arbeitsmittel im Konstruktionsbereich können alle Gegenstände, Geräte und Maschinen betrachtet werden, die dem Konstrukteur bei der Realisierung seiner Arbeit behilflich sind oder ihm in irgend einer Weise dienen (ein Sitzmöbel z.B. dient keiner Transformation, bildet aber einen wichtigen Bestandteil der Ausstattung eines Arbeitsplatzes im Konstruktionsbüro). Deshalb spricht man hier auch von Konstruktionshilfen.

In der Denkweise, die uns die Konstruktionsmethodik nahelegt, sind die einzelnen Arbeitsmittel als Träger gewisser Teilfunktionen im Konstruktionsprozeß anzusehen. Aus ihnen werden wir in den kommenden Abschnitten die Kategorien der Arbeitsmittel ableiten können.

Die Bedeutung der Arbeitsmittel beim Konstruieren läßt sich nicht mit derjenigen von Arbeitsmitteln z.B. im Fertigungsprozeß vergleichen, welche meist Arbeits-, Antriebs- oder Steuerfunktionen übernommen haben. Anderseits ist die Bedeutung der Arbeitsmittel im Konstruktionsprozeß nicht zu unterschätzen. Man rechnet mit einer möglichen Erhöhung der herkömmlichen Produktivität um 10 bis 20 % bei richtigem Einsatz der zur Verfügung stehenden Arbeitsmittel im Konstruktionsbereich. Auch die Analyse der Einflüsse der einzelnen Operatoren bestätigen die Bedeutung der Arbeitsmittel (Abb.2.8). Sie beeinflussen besonders:
- die Geschwindigkeit und Genauigkeit der Ausführung gewisser Arbeiten wie z.B. Berechnen oder Zeichnen
- die Möglichkeit, den Anteil der Routinearbeiten des Konstrukteurs herabzusetzen,
- die Arbeitsbedingungen
- Gesundheit und Leistungsfähigkeit des Konstrukteurs (z.B. das früher übliche Stehen beim Zeichnen).

Als Folge der unterschiedlichen Problematik weicht die Zielsetzung dieser Kapitel von dem bisher diskutierten Stoff ab. Es geht nicht um das Verständnis der Arbeitsweise usw. von einzelnen Maschinen oder Geräten, sondern darum, bei diesem für den Konstrukteur nur als quasi "black box" zu betrachtenden System die mögliche Anwendung zu erkennen. Es wäre daneben noch interessant, den heutigen Stand der Technik aufzuzeigen; die rasche Entwicklung steht dem aber entgegen.

7.1 Die Klassen der Arbeitsmittel

Wir haben die einzelnen Tätigkeiten des Konstruktionsprozesses von verschiedenen Gesichtspunkten diskutiert (vgl. z.B. Abb.2.4). Jetzt geht es zu beurteilen, bei welchen Tätigkeiten des Konstrukteurs diverse technische Mittel eingesetzt werden können.

Die Einsatzgebiete technischer Mittel mit relativ klaren Grenzen können wie folgt umrissen werden:

(1) Mittel für den Umgang mit Informationen, d.h. zu deren Aufbewahrung (Speicherung), Klassifizierung, übersichtlichen Anordnung (Übersichten schaffen), Abrufung
(2) Mittel für Modell- und Darstellungsarbeiten, d.h. für alle möglichen Darstellungen der Maschinensysteme und ihrer Eigenschaften durch graphische oder andere Techniken;
(3) Mittel für Berechnungsarbeiten
(4) Mittel für konventionelle Büroarbeiten, d.h. Schreiben, Kommunizieren, Diktieren, Aufbewahren, übersichtliche Anordnung;
(5) Mittel für das Reproduzieren, d.h. Vervielfältigen oder Kopieren und für das Vergrößern oder Verkleinern von Zeichnungen;
(6) Mittel für den Umgang mit Zeichnungen
(7) Mittel für Experimente, technische Überprüfungen u.ä., d.h. Meßgeräte, Versuchsstandeinrichtungen, Simulationsapparaturen.

7.2 Allgemeine Anforderungen an die Arbeitsmittel

Wie das Einflußfeld der Arbeitsmittel zeigt, wird nicht nur die beste Funktionalität mit hohen Parametern für die Auswahl des Arbeitsmittels maßgebend sein; es gibt noch andere Aspekte, die eine Reihe von weiteren Anforderungen hervorrufen. Fassen wir alle Anforderungsklassen wie folgt zusammen:

(1) Die Funktion, Betriebssicherheit, Lebensdauer, einfache Installation und Wartung - als die wichtigsten technischen Anforderungen
(2) Die weiteren Ansprüche betreffen besonders die Größe des Arbeitsmittels (inkl. Platzbedarf bei der Anwendung - z.B. beim Reißbrett) und die Möglichkeit der Koppelung mit anderen Einrichtungen
(3) Ästhetische Anforderungen an die Arbeitsmittel
(4) Ergonomische Anforderungen, mit Schwerpunkt im psychischen Gebiete; daneben zielen sie auch darauf hin, die Anstrengung bei der Arbeit zu verringern oder zu vermeiden. Es geht besonders um:
    - Anpassungsmöglichkeit an die Größe des Menschen

- Möglichkeit des Sitzens bei der Arbeit
- Richtige Position beim Arbeiten
- Einfache, arbeitsphysiologisch günstige Gestaltung der Bedienung ohne Kraftanstrengung und Ermüdung
- Sicherheit der Einrichtung (z.B. die Gefahr der Gegengewichte bei der Zeichenmaschine)
- Vermeidung von Monotonie, Lärm, Geruch u.ä.

(5) Einfache Veränderungen gewisser Maße sowie Transportmöglichkeit, entsprechend den Anforderungen, die an den Arbeitsplatz gestellt werden. Die Möglichkeit, die Mittel sowie die Anordnung des Arbeitsplatzes schnell den neuen Bedingungen anzupassen
(6) Vernünftiges Maß der Automatisierung zur Beseitigung der Routine-Arbeiten
(7) Wirtschaftlichkeit, Rentabilität

7.3 Kriterien für die Wahl und den Einsatz von Arbeitsmitteln

Trotz großer Monotonie der Ausstattung der einzelnen Arbeitsplätze in der Konstruktion (Zeichentisch, Schreibtisch, Ablagetisch), gibt es doch gewisse Unterschiede. Nachstehend einige Kriterien für eine dem Zweck entsprechende Ausstattung eines Arbeitsplatzes. In erster Linie sind es die Aufgaben der Konstrukteure, d.h. die Anforderungen an das zu konstruierende Maschinensystem, die den wesentlichen Einfluß ausüben, darunter besonders:
- Originalität des Maschinensystems: für die Bestätigung der Funktion sind Modellversuche notwendig
- Stückzahl: z.B. Prüfen des Prototyps eines Maschinensystems bei Serienproduktion
- Besondere Eigenschaften für gewisse Fachgebiete: z.B. das Konstruieren im Maßstab 1:1 beim Schiff- oder Flugzeugbau verlangt einen speziellen Raum, oder die Betriebssicherheit von Transportmitteln verlangt besondere Berechnungen und Versuche auf Dauerfestigkeit.

Der Stand des Wissens und der Technik im jeweiligen Fachgebiet, die Konkurrenzlage und die Tradition sind weitere Kriterien, welche zu beachten sind. Es muß auch dem Stand der Operatoren des Konstruktionsprozesses Rechnung getragen werden. Die Arbeitsmittel können z.B. durch die Arbeitsweise (z.B. Teamarbeit, methodisches Konstruieren) oder die Darstellungstechnik stark beeinflußt werden.

Ein anderer Gesichtspunkt ist der Umfang der Konstruktionsarbeiten und eine dadurch verursachte Spezialisation. Nicht jeder Konstrukteur kann z.B. kostspielige Rechenmaschinen besitzen, insofern er nicht als Berechnungsingenieur tätig ist und eine Rechenmaschine ausgenutzt ist.

Ein weiterer Gesichtspunkt ist die Organisation der Konstruktion und Anordnung der Arbeitsplätze. Eine spezielle Einrichtung kann z.B. besser ausgelastet werden, wenn sie von mehreren Personen benutzt wird. Die Organisation schafft entsprechende Bedingungen, z.B. indem sie die Anordnung so vornimmt, dass das Arbeitsmittel in vernünftiger Reichweite der einzelnen Benutzer liegt.

Wie auch in anderen Bereichen, entscheidet neben den erwähnten technischen Kriterien die Effektivität und Rentabilität über den Einsatz von Arbeitsmitteln.

7.4 Assortiment von Arbeitsmitteln

Versuchen wir nun, das recht reiche Angebot von Arbeitsmitteln gruppenmäßig zu erfassen, um eine Übersicht über die Möglichkeiten zu schaffen. Die grundsätzliche Gliederung ist durch die 7 Klassen gegeben (vgl. Abschnitt 7.1).

7.4.1 Mittel für die Informationsarbeiten

Auf diesem Gebiet dominiert die Stellung des Rechners (rechnergestützter Informationsdienst). Daneben können aber auch kleinere Hilfsmittel für die tägliche Arbeit auf die Dauer einen wichtigen Einfluß auf die Produktivität ausüben. Es geht um einfache Mittel für

- die Aufbewahrung von selbständigen Informationsträgern: z.B. Bücherschränke diverser Art, Diskothek, Mikrofilme, Magnetbänder;
- die Aufbewahrung von kleineren Informationsträgern und Zusammenfassung zu Ordnungssystemen: z.B. Ordner diverser Art, Schnellbinder, Mappen usw.
- Ordnungssysteme, Kataloge (s.Kap.4): z.B. DK-System Katalog, Schlagwort-System, Thesaurus
- Karteien mit Grundangaben über Systemelemente: z.B. gewöhnliche Karten oder Schnellsichtkarten

7.4.2 Mittel für die Darstellungsarbeiten - Modelltechnik

Das vergleichsweise reiche Assortiment auf diesem Gebiet läßt sich in folgende Teilgebiete gliedern:
(1) Arbeitsmittel für graphische Darstellungstechniken
   Das ist die wichtigste Gruppe in bezug auf Anzahl sowie auf Angebotsgröße in den einzelnen Mitteln. Als Ordnungsmittel oder Checkliste darf die Übersicht im Anhang 8 dienen.

(2) Mittel für andere Darstellungsarten, besonders Formmodelle
Wie in dem Kapitel über Darstellungstechnik gezeigt worden ist, existieren neben der heute meist verbreitetsten graphischen Darstellung noch weitere Techniken:
- Relativ bekannt für Industrieplanung ist das Modulex-System für 3-dimensionale Raum- und Büroplanung. Die Einrichtungssymbole für Pulte, Schränke, Stühle, sowie Wände, Türen und Fenster werden geliefert.
- Für einen begrenzten Gebrauch existieren Modelle von Einrichtungen, wie Chemie-Anlagen oder elektrisch-hydraulische Systeme. (Der Werkstoff der Elemente kann sehr verschieden sein: Karton, Metall, Holz, Kunststoffe; die entsprechenden Verbindungen: Kleben, Nageln, magnetisch.)
- Mittel für die Phototechnik
- Mittel für die Herstellung von anderen Modellarten: z.B. Mittel zur Bearbeitung von Plexiglas, Gummi, Holz, Gips u.ä.

(3) Mittel für die Modelltechnik, besonders für Funktionsmodelle
Zur Klärung und Überprüfung der Funktion eines vorausgedachten Maschinensystems, welches als Prinzipskizze oder bereits in einem konkreteren Stadium vorliegt, können auf vorteilhafte Weise verschiedene Bausätze von mechanischen, pneumatischen, hydraulischen oder elektronischen Elementen dienen, die als Funktionsträger von Teilfunktionen der Maschinensysteme eingesetzt werden. Ob es sich dabei um Schulungs- oder Laborgeräte handelt oder nur um ein Spielzeug, die Einsatzmöglichkeit bleibt dieselbe. Je nach Arbeitsweise geht es um verschiedene Bausätze:
- Für das mechanische Arbeitsprinzip: Sätze von Platten, Wellen, Rädern, Zahnrädern, Lagern usw. (z.B. FAC-Technik, PHYWE-Getriebesystem)
- Für das pneumatische oder hydraulische Arbeitsprinzip: Satz von Zylindern: Vorschubeinheiten, Wegeventile, Sperrventile, Sensoren, Signalverstärker, Verbindungsstücke usw. (z.B. von Bosch oder Tschudi & Heid)
- Für die elektrische und elektronische Arbeitsweise:
  Satz von Schaltern, Transformatoren, Widerständen, Integratorschaltungen, Schrittmotoren usw., besonders
  = für Steuerungs- und Regelungsfunktionen (z.B. von Philips, Kosmos u.a.)
  = für optische, optisch-mechanische und andere Wirkungsprinzipien.

Daneben müssen die speziellen Teile des Modells hergestellt werden; dafür kommen in Betracht:
- Fertigungsmittel zur Verarbeitung von Metallen, Holz, Kunststoffen
- Für Modellversuche wird ein entsprechender Raum benötigt: Laboratorium mit Anschluß von Strom, Gas, Druckluft, Drucköl usw. und mit grundlegender Ausstattung

- Meßgeräte für gesuchte Parameter sowie benutzte Medien (Druck, Volumen usw.)
- Ein bedeutendes Hilfsmittel in diesem Gebiet ist der Rechner; für Modellabbildung gewisser Prozesse eignet sich z.B. ein Analogrechner ausgezeichnet.

7.4.3 Mittel für die Berechnungsarbeiten

Die Berechnungsarbeiten gehören zu den anspruchsvollen Tätigkeiten im Konstruktionsbereich. Mit den geeigneten Mitteln kann die Genauigkeit erhöht, die Durchführungsdauer gekürzt und die Routinearbeit beseitigt werden.
Eine wichtige Voraussetzung zur Erreichung dieser Ziele ist die richtige Wahl der Mittel. Es ist eine bekannte Tatsache im Maschinenbau, dass viele Berechnungen (z.B. Festigkeitsberechnungen) keine zu hohe Genauigkeit verlangen, denn schon die Wahl verschiedener Koeffizienten beeinflußt das Ergebnis beträchtlich. Somit ist es nicht zweckmäßig, die Berechnungen auf "x" Dezimalstellen durchzuführen, wie es z.B. für die geometrische Berechnung von Schneckenrädern nötig ist. Die notwendige Genauigkeit der Berechnung und die Anzahl der Berechnungen sind die wichtigsten technischen Kriterien für die Wahl der Hilfsmittel.
Die Mittel beziehen sich auf numerische oder graphische Berechnungsmethoden. Einige wichtige Gruppen von Hilfsmitteln sind im Anhang 8 aufgezählt, um die Möglichkeiten zu zeigen. Es empfiehlt sich, auch den Hilfsmitteln für überschlägige Berechnungen (Tabellen, Nomogramme) die entsprechende Aufmerksamkeit zu widmen.

7.4.4 Konventionelle Büroausstattung

Die konventionellen Büroarbeiten sind mit Informationsverarbeitung verbunden. Einige Mittel dieser Gruppe wurden im Abschnitt 7.4.1 aufgeführt. Die größte Gruppe bilden die Mittel für die Textverarbeitung. Als eine separate Gruppe dürfen noch Sitzmöbel und Kommunikationsgeräte erwähnt werden. Die Reproduktion wird wegen ihres großen Ausmaßes und ihrer zunehmenden Bedeutung im Konstruktionsbereich als separate Klasse behandelt.

(1) Textverarbeitung
Dieser nicht sehr bedeutende Arbeitsbereich ist seiner administrativen Natur wegen dem Konstrukteur eher unsympathisch. Geeignete Mittel ersparen Zeit und Arbeitsaufwand und wirken zudem als Anreiz auch für diese Tätigkeit.
Neben den Schreibmaschinen gehören in diese Kategorie Diktierapparate und Mittel zum Drucken, Vordrucken, Stempeln.

(2) Sitzmöbel
diverser Art, auch für Zeichner, leicht verstellbare Fußstützen.

(3) Bürotische und Pulte, Ablagetische

nicht nur konventioneller Art (mit Schubladen), sondern evtl. mit eingebautem Karteisystem, große Flächen für Zeichnungsablage werden benötigt.

(4) Büroschränke und -boxen diverser Art
(5) Kommunikationsmittel:

z.B. Signalisationsgeräte, Telephon, Fernschreiber, Fernsehen - industrieller Fernseher, z.B. für Versuche, Weiterbildung.

(6) Transportmittel für Drucksachen, Zeichnungen:

z.B. pneumatische Transportmittel, spezielle Aufzüge, Hängebaum

7.4.5 Mittel der Reproduktionstechnik

Es werden heute zahlreiche Mittel nicht nur für die Kopie (Maßstab 1:1), sondern auch für die Wiedergabe in veränderten Maßstäben angeboten:
- Kopierapparate verschiedener Art bis A5
- Vervielfältigungsapparate (meist nur A4 - Ormig, Zyklostil, Offset)
- Trockenlichtpausautomaten (Diazoschichtpapier), Halbtrockenverfahren (bis Format A0, aber nur durchsichtige Originale)
- Phototechnik (s.7.5.1) für Papierphotos und Dias.

7.4.6 Mittel für die Arbeit mit Zeichnungen

Es geht um Mittel, welche folgende Arbeiten ermöglichen oder erleichtern:
- das Abschneiden der Zeichnungen (Schere, Messer, Abschneidmaschine)
- die Randverstärkung der Zeichnungen (Möglichkeit der Ordnung durch Farbe des Klebbandes)
- den Transport der Zeichnungen (Zeichnungsroller, Zeichnungsmappe)
- die Archivierung der Zeichnungen (Schränke und Schubladen, Aufhängevorrichtungen)
- Ordnen der Zeichnungen (Zeichnungsregistratur)

7.4.7 Mittel für das Prüfen der Maschinensysteme und für Experimente

Die Laborausstattung wird nicht immer als Arbeitsmittel des Konstrukteurs angesehen. Aber es kommt immer wieder vor, daß sich für den Konstruktionsingenieur Hypothesen erst beim Prototyp oder im Betrieb bestätigen.
Die Einrichtungen sind ihrer Spezialität und ihrer Ausmaße wegen nicht ausführlich katalogisiert.

7.5 Arbeitsmittelsysteme

Zur Unterstützung einiger Techniken sind komplette Systeme von Geräten entwickelt worden. Orientieren wir uns über einige dieser Gebiete.

7.5.1 Filmtechnik

Die Filmtechnik mit blitzschnellen Aufnahmen ohne Rücksicht auf die Größe des Objektes und ebenso schnell hergestellte Kopien in verschiedenstem Maßstab, mit Abdeck- und Kombinierungsmöglichkeiten der Unterlagen (Raumersparnisse) bietet genügend Vorteile für einen Rationalisator. Man darf aber nicht vergessen, die technischen Möglichkeiten mit den Kosten zu vergleichen und für konkrete Bedingungen zu optimieren.

Es gibt ein reiches Angebot an Geräten, wobei die Unterschiede nicht wesentlich sind. Zwei Systeme sollen jedoch in bezug auf ihre Apparatur und ihre Vor- und Nachteile untersucht werden. Charakteristisch dabei ist die Größe des Negativs, woraus sich dann die weiteren Merkmale ergeben.

- Mikrofilm

  Prinzip: Die Zeichnungen (Dokumente) werden auf Film (16,35,70 bis 105 mm) aufgenommen. Im Durchlaufverfahren wird der Film entwickelt, fixiert, gewässert und getrocknet. Danach können Duplikate (meist auf Diazofilm) angefertigt werden. Der größte Vorteil dieser Technik liegt in der Möglichkeit, diese Negative in spezielle Lochkarten, welche alle nötigen Angaben enthalten, einzutippen. Ein weiterer Vorteil ist die Raumersparnis beim Archivieren. Die Rückvergrößerung auf verschiedenste Formate kann dann durch diverse Verfahren erfolgen. Das Lesen der Originale ist leider nur mit speziellen Leseapparaten möglich. Ein weiterer Nachteil ist die Unschärfe der Linien bei der Vergrößerung z.B. auf A0.
  Um eine gute Qualität zu erhalten sind spezielle Regeln beim Zeichnen (Stärke der Linien) und Beschriften zu beachten. Das Mikrofilmsystem wird entweder aus Sicherheitsgründen benützt, was den Konstrukteur weiter nicht berührt, oder für den aktiven Gebrauch, besonders unter Anwendung der Sortierungsmöglichkeiten der Unterlagen (z.B. Funktions- und Fertigungsähnlichkeits-Klassen).

- Systeme mit A4-Original

  Für die unmittelbare Konstruktionsarbeit eignet sich dieses System besser. Das Prinzip ist ähnlich, nur ist eine andere Archivkamera entwickelt worden, mit der Möglichkeit, auch das Format A0 zu photographieren.
  Auf dem A4 Negativ ist auch beim Original A0 jeder Strich und jede Zahl von blossem Auge zu erkennen. Rückvergrößerung bis A0 oder Ausschnittvergrößerungen (Unterlagen für Teilzeichnungen) sind möglich. Auf einfache Weise können Retouchen am Duplikat für die Bildung von Variationen vorgenommen werden.

Gesamtbewertung und Anforderungen an ein neues System

Die Nachteile dieser beiden Techniken liegen in dem zwangsläufigen Gebrauch von speziellen Einrichtungen einer abgetrennten Stelle. Das heißt, der Konstrukteur muß die Zeichnung vom Brett nehmen, wenn er eine Kopie oder einen bestimmten Ausschnitt benötigt.

Für Entwurfsarbeiten aber wäre es zweckmäßiger, gewisse Stadien der Arbeit auf ein Bild zu fixieren, damit nicht alles neu gezeichnet werden muß, wenn ein Teil wegradiert wird. Oder man brauchte gewisse Teile überhaupt nicht zu zeichnen, wenn schnell eine Abbildung des schon entwickelten Teiles oder Teilsystems im gewünschten Maßstab geliefert würde. Die Gesamtabbildung wird dann ebenfalls photographisch gefertigt.

7.5.2 Kinofilm-Technik

Die Mittel hierzu, bestehend aus Filmkamera (Entwicklungsapparatur), Projektor (Durchsichtapparat), Klebgerät, Projektionswand, haben in der Konstruktion noch keine breite Anwendung gefunden. Sie könnte dem Versuch, der Montage, den Prototypprüfungen und ähnlichem dienen, sowohl für die genaue Analyse (Zeitlupenaufnahmen) als auch für Ausbildungszwecke. Es ist aber zu erwarten, daß die Videoband-Technik, dank ihrer Vorteile, die Kinofilm-Technik ersetzen wird.

7.5.3 Video-Technik

Die breite Anwendung dieser Technik ist bedingt durch die nötige Vereinheitlichung der Abmessungen und eine Senkung der Preise. Es ist daher zu erwarten, daß sie in der Konstruktion größere Ausbreitung finden wird. Die Vorteile: Verbindung von Bild und Ton, die unmittelbare Reproduktionsmöglichkeit (Kontrolle der Aufnahmequalität), einfache Manipulation bei der Aufnahme und der Reproduktion, Wiederverwendung der Bänder. Nachteile: schlechtere Bildqualität, kleinere Reproduktionsgröße.

7.5.4 Rechnergestütztes Konstruieren (Computer-Aided Design-CAD) [114]bis[122]

Wir haben den Konstruktionsprozeß als informationsverarbeitenden Prozeß erkannt. Aus diesem Grunde bringt der Rechner umfangreiche Möglichkeiten für das Konstruieren. Die Disziplin des "rechnergestützten Konstruierens", welche sich schnell entwickelt hat in den USA, stellt sich die Aufgabe, einen möglichst breiten Einsatz der elektronischen Datenverarbeitung (EDV) im Konstruktionsgebiet vorzubereiten und durchzuführen.

Heute ist für zahlreiche Gebiete des Konstruierens die Anwendung des Rechners bekannt und technisch verwirklicht. Es bleibt für den Einsatz des Rechners noch die wichtigste Frage zu lösen – die Kosten.

Eine für die Verwirklichung eines kompletten rechnergestützten Konstruktionsprozesses (integrierte Datenverarbeitung) grundsätzliche Frage ist die Existenz eines kompletten Algorithmus des Konstruktionsablaufes, welcher alle konstruktiven Regeln und mathematisch-physikalischen Zusammenhänge beinhaltet. Wir lassen dieses Problem beiseite, da wir uns im Rahmen der Konstruktionsmethodik damit beschäftigt haben und versuchen nun, eine grundlegende Übersicht zu geben.

Arten der Datenverarbeitungsanlagen (Hardware), welche in der Konstruktion benutzt werden
- nicht programmierbarer Tischrechner
- programmierbarer Tischrechner (besonders günstig)
- kleine EDV-Anlage
- mittlere EDV-Anlage
- Großrechneranlage

Wichtige Zubehörteile (Output), welche die Verwendung im Konstruktionsbereich bedeutend erweitert haben, sind
- Bildschirm und Plotter (Graphischer Output) und
- Systeme mit Dialogverkehr.

Die elektronische Datenverarbeitung bietet eine Reihe von Vorteilen: Große Geschwindigkeit, Genauigkeit, Reproduzierbarkeit des Vorgehens, große Speichermöglichkeit. Aufgrund dieser Vorteile lassen sich Arbeiten durchführen, die sonst nicht möglich wären, so z.B. das Optimieren durch Iteration oder Finite Elemente-Verfahren. Daneben reduziert sich der Anteil an Routinearbeit in der Konstruktion.

Die Datenverarbeitung kommt besonders in folgenden Arbeitsgebieten zur Anwendung, in denen bereits mehrere Programme zur Verfügung stehen:
- Berechnungen [1] : Je nach Komplexität und Genauigkeit der Rechnungen sowie nach der Häufigkeit der Aufgabe können die einzelnen Rechnerarten eingesetzt werden. Indem man einfache Berechnungen mit dem Tischrechner und Optimierungsaufgaben mit dem Großrechner löst, nützt man nicht nur die technischen Möglichketen aus, sondern trägt auch der wirtschaftlichen Seite Rechnung.
- Information speichern: EDV kann auch als Träger von Informationen dienen, welche unter verschiedenen Gesichtspunkten abgerufen werden können. Als Beispiel möge das Archiv der Zeichnungen mittels Lochkarten im Mikrofilm dienen, welches kombiniert mit dem Bildschirm die Projektion der Zeichnung liefert. Ähnlich könnten auch Bücher, Zeitschriften, Aufsätze verarbeitet werden.
- Lösungssuche und Entscheidungen: Als eine Art von Informationsspeicher kann der Rechner auch bei der Lösungssuche oder bei Bewertungen dienen. Die Gesetzmäßigkeiten, welche wir bei der Konstruktionsmethodik diskutiert haben, werden für diese Aufgabe ausgenützt. So kann z.B. der Rechner die Frage nach Funktionsträgern beantworten und folglich den morphologischen Kasten aus einer Funktionsstruktur

aufstellen. Ähnlich kann er den Katalog von Bewertungskriterien vorlegen und die Bewertung ausrechnen. Schließlich kann er auch für andere Entwurfsarbeiten eingesetzt werden.
- Die Gestaltung eines Produktes kann mit Hilfe des Rechners am besten im Dialog geschehen. Durchgeführte Arbeiten im Automobil- oder Flugzeugbau bringen befriedigende Resultate.
- Ausarbeitung von Angeboten: Auch im Auftragswesen mit Varianten-Konstruktionen kann ein entsprechend programmierter Rechner gewisse Arbeiten übernehmen und dadurch dieses Arbeitsgebiet rationalisieren.
- Zeichnungsherstellung: Die Ausstattung eines Rechners mit Plotter erlaubt die Herstellung von Detailzeichnungen oder anderen Arten der Dokumentation.
- Direkte Anweisungen für Werkzeugmaschinen: Für numerisch gesteuerte Werkzeugmaschinen könnte man evtl. ohne Fertigung von Zeichnungen Anweisungen in der Sprache der Maschine erteilen.

7.6 Zusammenfassung

Die Bedeutung der technischen Mittel im Konstruktionsprozeß steigt zwar wie in andern Gebieten, aber der Konstrukteur kann nur begrenzt durch eine Maschine ersetzt werden. Es ist heute weder technisch möglich, den Konstruktionsprozeß der "Maschine" total zu überlassen, noch ihn wirtschaftlicher zu gestalten als durch den Konstrukteur. Anderseits sind technische Mittel in Teilprozessen sehr erfolgreich.
Die kurze Übersicht über die möglichen Arbeitsmittel mit grundlegender Bewertung beginnt mit der Aufstellung der Anforderungen und den Auswahlkriterien. Die Arbeitsmittel werden unter zwei Gesichtspunkten behandelt: als einzelne Mittel für elementare Konstruktionsarbeiten sowie als Systeme für kompliziertere Arbeiten.
Es werden folgende Klassen von Arbeitsmitteln diskutiert:
- Arbeitsmittel für Informationsverarbeitung,
- Arbeitsmittel für Darstellungsarbeiten und Modelltechnik,
- Arbeitsmittel für Berechnungsarbeiten,
- konventionelle Büroausstattung
- Mittel für Reproduktionstechnik
- Mittel für Prüfung der Maschinensysteme.

Eine kurze Erörterung der Systeme beschränkt sich auf diejenigen, welche für das Konstruieren wichtig sind:
- Filmtechnik, Kinofilm-Technik, Video-Technik
- Rechnergestütztes Konstruieren.

8. Leitung des Konstruierens

Mit den steigenden Anforderungen an das Konstruieren und der fortschreitenden Rationalisierung im Konstruktionsgebiet unter Einsatz von Teamarbeit, neuen Methoden zur Förderung der schöpferischen Gedanken und neuen Arbeitsmitteln wird das Management des Konstruierens zunehmend wichtiger. Abb.2.8 zeigt deutlich den großen Einfluß der Leitung als Operator. Aus der Sicht eines Praktikers tritt die Bedeutung der Leitung besonders hervor, wenn man die Auswirkung des Konstruktionsbereiches auf die andern Unternehmerbereiche berücksichtigt.

Es ist nicht möglich, im Rahmen dieser Arbeit auf alle Führungsfragen einzugehen, besonders weil die Vorkenntnisse und Interessen bei den meisten Konstrukteuren kaum vorhanden sind. Es wird jedoch versucht, nicht nur den Umriß der Problematik, sondern ebenfalls einige Lösungswege aufzuzeigen.

8.1 Allgemeine Aufgaben der Leitung

Als Leitung wird ein menschliches Handeln bezeichnet, das dadurch gekennzeichnet ist, daß Entscheidungen über die Aufgaben der unterstellten Menschen getroffen, diese Entscheidungen durchgesetzt und die Verantwortung dafür übernommen wird. Die koordinierte Arbeit soll die gestellten Aufgaben erfüllen. Wie das allgemeine Modell des Konstruktionsprozesses (Abb.2.9) zeigt, steuert und regelt die Leitung den eigentlichen Prozeß des Konstruierens des Produktes sowie die Nebenprozesse (Zeichnungsänderungen, Normung, Beratung usw.). Alle diese Tätigkeiten müssen durch sie auch koordiniert werden, damit das gemeinsame Ziel erreicht wird.

Für jeden Konstruktionsleiter gilt die Zielsetzung, das optimale Maschinensystem in kürzester Zeit oder zum verlangten Termin mit minimalem Aufwand zu erreichen. Für diese Aufgabe stellt ihm das Unternehmen gewisse Mittel zur Verfügung (Mitarbeiter, Arbeitsmittel, Räume und Einrichtung, finanzielle Mittel). Er besitzt gewisse Kompetenzen, als Gegengewicht zur Verantwortung. Neben der Erreichung der oben genannten Zielsetzung charakterisieren noch andere (indirekte) Parameter die Führung, wie z.B. das Verhalten zu den Mitarbeitern.

Die Leitung des Konstruierens hat Probleme besonderer Art zu lösen. Es wird eine schöpferische Arbeit geleitet. Die Resultate hängen nicht nur von den Fachkenntnissen der Konstrukteure, sondern auch von ihrer Initiative und Begeisterung ab. Die Förderung und Entfaltung einer solchen Einstellung bei den einzelnen Mitarbeitern gehört neben der Gestaltung des Qualifikationsprofils zu den wichtigsten Aufgaben des Leiters im Konstruktionsbereich auf jeder hierarchischen Stufe.

8.2 Leitungslehre

8.2.1 Leitungsinstrumente

Der praktische Vollzug der Leitungsaufgaben erfolgt durch Einsatz der drei Leitungsinstrumente: Organisation, Planung und Kontrolle.
(1) Organisation bedeutet die Schaffung von Menschen- und Prozeßsystemen im Konstruktionsbereich, welche gewisse Funktionen realisieren. Deshalb spricht man von Aufbauorganisation und räumlicher und zeitlicher Ablauforganisation. Jede Organisation soll drei Hauptfunktionen erfüllen:
- Leitungsfunktion - zur Erfüllung der eigentlichen Leitungsaufgaben
- Kommunikationsfunktion - zur Beschaffung und Ausgabe der Informationen
- Kontrollfunktion - zur Kontrolle über die Ausführung der Anordnungen (feedback)

(2) Planung ist ein geistiger Prozeß von Überlegungen und Entscheidungen im Hinblick auf die Festlegung und Verwirklichung der Zielsetzungen.
(3) Kontrolle - wacht über die Erfüllung der Aufgaben.

8.2.2 Management-Techniken

Die heutige Management-Wissenschaft bringt neue objektive Kenntnisse in die Leitungspraxis und soll die früher nur auf Intuition und Begabung gestützte Führung ersetzen oder objektivieren. Als Resultat sind verschiedene Typen von Managementtechniken (Führungsstile) entstanden. Der Katalog der Möglichkeiten ist vielfältig, allerdings bestehen die Unterschiede oft nur in Nuancen. Das wesentliche Merkmal jeder Managementtechnik ist die Delegation der Verantwortung. Nennen wir einige dieser Techniken, welche auch für die Konstruktionsabteilung von Bedeutung sein können:
(1) Führung durch Zielvorgabe (Management by objectives)
  Die Führung erfolgt mit Hilfe der Zielangaben. Das Gesamtziel wird in Teilziele unterteilt. Dieses Modell wird oft im Konstruktionsbereich gebraucht. Planung und Kontrolle gehören bei diesem System zu den wichtigsten Instrumenten der Führung.

(2) Führung durch Ausnahmeregelung (Management by exception)

Das Prinzip dieser Methode besteht in der Aufteilung der Arbeit in Routine-Verlauf und Ausnahme. Die volle Regelung der Routine-Fälle liegt in den Händen der untergeordneten Organe; der Vorgesetzte kümmert sich nur um die außerordentlichen Fälle. Diese Form bedarf guter Arbeitsteilung, einer gewissen Delegation von Verantwortung und Weisungsbefugnis und des entsprechenden Kontrollsystems.

(3) Führung durch Delegation von Verantwortung

Dem Teilsystem (Gruppe, Mitarbeiter) wird seine Aufgabe nicht von Fall zu Fall zugeteilt, sondern man übergibt ihm einen umgrenzten Aufgabenbereich, innerhalb dessen es selbständig arbeitet und entscheidet. Aus einem Untergebenen ist ein Mitarbeiter geworden. Der Erfolg der Gesamtheit ist auch der Erfolg des Mitarbeiters. Initiative auf allen Stufen soll die Antriebskraft sein. Für das richtige Funktionieren dieses Modells sind unbedingt erforderlich: genaue Zuteilung von Aufgaben, Verantwortung, Kompetenzen, Rechten in jeder Position. Dies geschieht mit Hilfe von allgemeinen Führungsanweisungen im Sinne von verbindlichen Führungsrichtlinien, und mit Stellenbeschreibungen. Ein gut funktionierendes Kontrollsystem soll zuverläßig und schnell Störungen (im System) signalisieren.

Ein Vergleich der beschriebenen Techniken mit der Regelung von technischen Prozessen ist interessant. Im wesentlichen entspricht Modell
(1) der Zentralsteuerung aller Werte;
(2) der zentralen Steuerung einiger wichtiger Werte; Teilsysteme haben ihre eigene Selbstregelung;
(3) einem System, das aus selbstregelnden Teilsystemen besteht, wobei der Soll-Wert von einer Zentralstelle aus eingestellt und der Verlauf kontrolliert wird.

8.2.3 Prinzipien der Leitung

Wie wir in der Konstruktionsmethodik gezeigt haben, lohnt es sich, bei jeder Arbeit gewisse Regeln oder Prinzipien einzuhalten (zu beachten). Das gilt auch für die Führungstätigkeit, wobei hier gewisse Parallelen zu den Prinzipien der Konstruktionsarbeit zu finden sind. Bewährte Führungsprinzipien sind z.B.:
- Nur eine leitende und anweisungsberechtigte Person für jeden Mitarbeiter (Einzelleitungsprinzip),
- Vernünftiger Grad von Arbeitsteilung im System (Spezialisierungsprinzip),
- Planung aller Abläufe (Planmäßigkeitsprinzip)
- Systematische Kontrolle aller Aufgaben und Leitungsfähigkeit der Mitarbeiter (Kontrollprinzip),

- Günstiges Arbeitsklima schaffen,
- Vernünftiger Grad der Delegation von Verantwortung,
- Objektivität bei den Entscheidungen – kritische Einstellung zur Information (Prinzip der Wissenschaftlichkeit in der Arbeit).

8.3 Teilfunktionen der Leitung

Die Zielsetzung der Leitung, wie in 8.2 definiert, ist sehr allgemein. Um nähere Hinweise für die Gesamttätigkeit geben zu können, werden wir nun nach kleineren Strukturelementen suchen. Die Gesamttätigkeit der Leitung läßt sich, ähnlich wie andere komplexe Prozesse, in eine Reihe von Teilfunktionen zerlegen; eine solche Spezifikation kann den Inhalt der Leitung näher charakterisieren. Weiter ist es möglich, diese Teilfunktionen in einzelne Tätigkeiten aufzulösen (s.Abb.8.1).

Teilfunktionen der Leitung	Zugehörige Führungstätigkeiten
- Aufgaben festlegen und durchsetzen (was, wie, wann, wer?)	- Festlegung der Aufgaben – für das Ganze und die Teilaufgaben - Planen (Terminpläne, Prioritäten, Termine) - Anweisungen erteilen - Arbeitsmethoden festlegen, beraten - Arbeit koordinieren
- Operieren mit den Mitteln (womit, wo?)	- Spezialisieren - Organisieren - Information beschaffen - Kommunikation herstellen - Mitarbeiter anstellen und entlassen - Mitarbeiter belohnen und befördern - Arbeitsmittel auswählen, beschaffen, zuteilen - Finanzmittel beschaffen und zuteilen
- Kontrollieren	- Kontrollieren der Aufgabenerfüllung - Kontrollieren der Mitarbeiter und Mittel
- Anregen, aufmuntern	- Überzeugen - Motivieren - Inspirieren
- Ausbilden und weiterbilden	- Ausbilden und Einarbeiten von Mitarbeitern - Verbesserung der Arbeit jedes einzelnen anstreben

Abb.8.1. Die Zusammenstellung von Teilfunktion und der zugehörigen Tätigkeiten der Leitung

In den nächsten Abschnitten werden wichtige Einzelheiten einiger Führungstätigkeiten besprochen.

8.3.1 Aufgaben festlegen und zuteilen

Um die Bedeutung richtiger und klarer Zielsetzungen zu unterstreichen, lassen wir Seneca sprechen: "Wer den Hafen nicht kennt, in den er einlaufen will, dem ist kein Wind der rechte."
Ein Schwerpunkt für die Leitung des Konstruktionsbüros liegt auf diesem Gebiet; sie muß sich beim Planen der Produkte sehr aktiv beteiligen, um die technischen und kommerziellen Aspekte im Gleichgewicht zu halten. Dabei darf nicht vergessen werden, daß den einzelnen Entscheidungen über Entwicklung oder Rekonstruktion der Maschinensysteme eine gewisse Konzeption zugrundeliegen soll, welche als technische Strategie des Unternehmens bezeichnet werden kann. Nähere Angaben hierüber sind im Zusammenhang mit der Entwicklung der Maschinensysteme zu finden [37]. Ein wichtiger Faktor ist das Spannungsfeld der Aufgabe - sie soll stets im Rahmen der technischen und wirtschaftlichen Potenz des Unternehmens liegen.
Dieser Grundsatz gilt ebenfalls für die Zuteilung der Teilaufgaben an die Gruppen oder Einzelkonstrukteure, namentlich:
- dem Wissen und Können angepaßte Aufgabe mit leichter Progression,
- klare und vollständige Aufgaben mit wenigen Änderungen im Laufe der Arbeit,
- nicht zu umfangreiche oder unübersehbare Aufgaben zuteilen.

8.3.2 Planen

Der Plan ist ein wichtiges Instrument der Leitung für die Bewältigung der mit dem Faktor Zeit verbundenen Probleme. Die Aufgaben des Planes sind:
- Termine der Aufgaben sicherstellen
- Mögliche Konstruktionsdauer angeben
- Sicherung aller nötigen Mittel im Zusammenhang mit Terminen
- Ausnutzung und Auslastung aller bestehenden Mittel, Fonds
- Als Unterlage für regelmäßige Kontrolle und Statistik dienen
- Unterlage für evtl. Prämien oder andere "Stimulierungen" bilden
- Wirtschaftlichkeit der Konstruktionsarbeit planen.

Der Plan des Konstruktionsbüros ist ein Bestandteil des integrierten Planes des Unternehmens. Er muß also die Koordinierung der Termine mit allen andern Abteilungen gewährleisten, insbesondere mit dem Verkauf (Angebote, Vertragstermine), mit der Beschaffung (Werkstoffe, Arbeiten in Auftrag), mit Arbeitsvorbereitung und Fertigung, mit Prüfungsstellen, Labor u.ä..
In der Konstruktion sind zwei Gesichtspunkte für die Planarten wichtig. Der Gegenstand des Planes und die Planungsperiode. Dementsprechend entstehen:

- Pläne für eine Abteilung, Gruppe oder Konstrukteur
- kurzfristige oder langfristige Pläne.

Das Planen im Konstruktionsbüro hat spezifische Probleme und Formen. Wir werden kurz einige dieser Punkte behandeln.

(1) Unterlagen für die Planung eines Systems
- Angaben (Daten) über Aufgaben des Systems, besonders genaue Spezifikation, Arbeitsvolumen, Termine, Lieferung, Menge, Zeitaufwand nach Phasen (s.8.3.2.2), Konstruktionszeit und Verteilung des Zeitaufwandes (s.8.3.2.2).
- Statistische Werte über durchgeführte Arbeiten, ausgewertet in Kennzahlen, Bezugsgrößen
- Mittel des Systems z.B. Kapazität der einzelnen Gruppen nach den gewählten Kriterien, Verzeichnis der Konstrukteure, Übersicht der Hilfsmittel, soweit diese in begrenzter Weise zur Verfügung stehen (Engpässe), Stellenbeschreibung
- Verbindungen zu andern Abteilungen z.B. Lieferungstermine für gewisse Arbeiten im Auftrag, Ausführungsmöglichkeiten von speziellen Arbeiten, Termine für Informationsreferenzen, Beratungen und ähnliches.

(2) Planungsarbeiten in der Konstruktion

Im Rahmen des Planens sind einige Tätigkeiten typisch, wie z.B.

(a) Bestimmen des Zeitaufwandes. Der Zeitaufwand für eine Konstruktionsaufgabe ist mit Rücksicht auf die Problematik der Konstruktionsarbeit nicht leicht zu ermitteln. Das Bestimmen ist möglich aufgrund eines Vergleichs mit ähnlichen schon durchgeführten Aufgaben. Eine Voraussetzung dazu ist eine gute Statistik, aus welcher die Richtwerte gewonnen werden können. Die Festlegung der Planzeitwerte erfolgt dann aufgrund der Richtzeitwerte.

Entscheidend für die Zuverläßigkeit und Genauigkeit der Richtwerte sind Bezugsgrößen. In der Praxis treten folgende Kategorien von Bezugsgrößen in Erscheinung:
- Eigenschaften des zu konstruierenden Maschinensystems, wie z.B. Leistung, Größe, Gewicht oder Herstellungskosten. So entstehen Richtwerte in der Form wie z.B. 850 Std/kW, 50 Std/kg, 230 Std/m^3, 3% der Herstellungskosten
- Parameter von Kommunikationsmitteln, z.B. Anzahl der Zeichnungen, Anzahl der z.B. in A4 (A1, A2) berechneten Zeichnungsflächen. So ergeben sich Richtwerte wie etwa 5,2 Std/DIN A4, 12,3 Std/ME.

Die Planzeitwerte entstehen aus den Richtzeitwerten durch entsprechende Modifikation. Die wesentlichen Eigenschaften des zu konstruierenden Maschinensystems sind zu vergleichen mit denjenigen des Maschinensystems, dessen Daten zur Verfügung stehen. Es können dann in bezug auf Kompliziertheit, Leistung, Genauigkeit oder Originalität Unterschiede entstehen. Der Einfluß einer solchen Abweichung läßt sich z.B. durch einen Koeffizienten ausdrücken, wie dies bei dem Koeffizienten der Originalität (Abb. 8.2) der Fall ist.

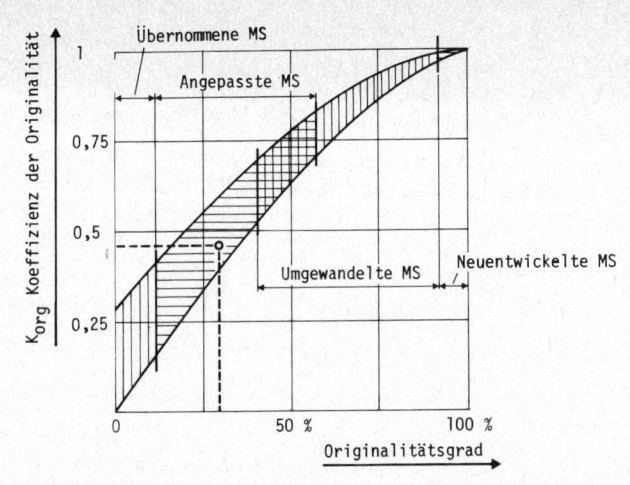

Abb.8.2. Koeffizient der Originalität

Andere Koeffizienten sollen behilflich sein, die Gesamtplanzeit erfahrungsgemäß auf die Teilzeiten der einzelnen Etappen zu verteilen (vgl. Abb.2.12).

(b) Ermitteln der Konstruktionszeit. Die Konstruktionszeit (vgl. Absatz 2.12) als Durchlaufzeit der Aufgabe durch den Konstruktionsprozeß beinhaltet nicht nur die Arbeitsperioden, sondern auch die Pausen, wenn die Arbeit unterbrochen ist. Die Art und Weise des Lösungsvorganges hängt von der maximal möglichen Anzahl von Mitarbeitern ab, welche parallel effektiv eingesetzt werden können. Besonders die ersten Phasen wirken sich sehr zeitraubend aus, wie Abb.2.17 und 2.18 zeigen. Das alles muß respektiert werden, wenn die Erfahrungswerte in die benötigte Konstruktionszeit umgewandelt werden.

Die nachfolgende Verteilung des Zeitaufwandes im Arbeitsablauf bietet erst die nötige Unterlage für das Bilanzieren der Kapazität und Zeitanforderung. Die Verteilung wird aufgrund ähnlicher Fälle mit vernünftiger Progression ermittelt.

(c) Ermitteln der Kapazität eines Konstruktionssystems. Die Kapazität der Konstruktionsabteilung oder -gruppe ist die quantitative Leistungsfähigkeit des Systems; sie wird meistens in Plan-Stunden ausgedrückt; Kapazität ist gleich der Summe des effektiven Zeitfonds der Mitarbeiter. Dabei rechnet man mit einem effektiven Zeitfonds von ca. 1800 Stunden im Jahr. Bekanntlich wird diese Zeit nicht voll für die eigentliche Facharbeit am Projekt genutzt. Der wirkliche Anteil kann laut Statistik ähnlich demjenigen in Abb.2.7 festgelegt werden.

Die Kapazität muß auch in den gewählten Berufsgruppen geführt werden.

(d) Bilanzieren. Beim Bilanzieren werden die Mittel (Möglichkeiten - Kapazität) mit den Anforderungen der Aufgaben verglichen, und zwar in so kleinen zeitlichen Abständen, wie es die zur Verfügung stehenden Angaben und die Wirtschaftlichkeit erlauben.

Eine mögliche Form der Durchführung der Bilanz zeigt Abb.8.3.

(3) Plantechnik und Planmittel

Der Zeitaufwand für das Planen kann durch richtige Plantechnik und -mittel beträchtlich reduziert werden. Es existieren zwei grundlegende graphische Techniken: Balkendiagramm und Netzplantechnik.

8.3.3 Anweisungen erteilen

Die Art und Weise, wie Anweisungen (Befehle) erteilt werden, hängt von der Person des Leiters ab und wirkt sich auf das Arbeitsklima aus. Die Anweisungen können in unterschiedlicher Form gegeben werden - durch direkten Befehl mit der Aufgabenstellung, durch indirekten Befehl - der Mitarbeiter wird gebeten, etwas zu tun - oder durch Andeutung der Aufgabe - etwas sollte getan werden.

Es ist für das Arbeitsklima vorteilhaft, wenn nur wenige Instruktionen gegeben werden müssen. Das ist bei ständigen Aufgaben der Fall, wenn die Delegation der Verantwortung verwirklicht ist und bei längerer Zusammenarbeit.

Die Erteilung von Anweisungen erfordert genaue Kenntnisse der Aufgabe und der auszuführenden Arbeit. Dabei hat es sich als vorteilhaft erwiesen, folgende Grundsätze zu respektieren:

- Eindeutige Aufgabenstellung mit allen nötigen Unterlagen
- Genaue Zielsetzung der Arbeit - Art und genaue Form der auszuarbeitenden Dokumentation als Output
- Arbeitsmethoden, Arbeitsablauf festlegen oder diskutieren
- Die Zeitvorgabe (Konstruktionszeit) grob festsetzen, Terminangabe
- Die wichtigsten Daten und Hinweise (auf jeden Fall Aufgabenstellung) schriftlich übergeben
- Verständnis der Anweisung überprüfen.

8.3.4 Arbeitsmethoden festlegen

Jede komplexe Aufgabenstellung (was?) soll von Hinweisen über Arbeitsmethoden (wie?) begleitet werden. Je nach Art der Aufgabe sollte der Arbeitsvorgang zur Erreichung der Zielsetzung vereinbart werden. Für die langfristigen Aufgaben müssen im Einklang mit dem vereinbarten Vorgehen die Kontrollpunkte eingesetzt werden, an welchen die Aufgabe hinsichtlich verschiedener gewählter Kriterien überprüft werden soll. Diese Punkte werden im Ablaufplan verankert.

Der ganzen Methoden-Problematik ist ein großer Teil des Buches gewidmet worden. Deshalb ist es nicht nötig, hier weitere Einzelheiten anzuführen.

Die Diskussion über Arbeitsmethodik bildet daneben einen wichtigen Beitrag für die Weiterbildung des Konstrukteurs.

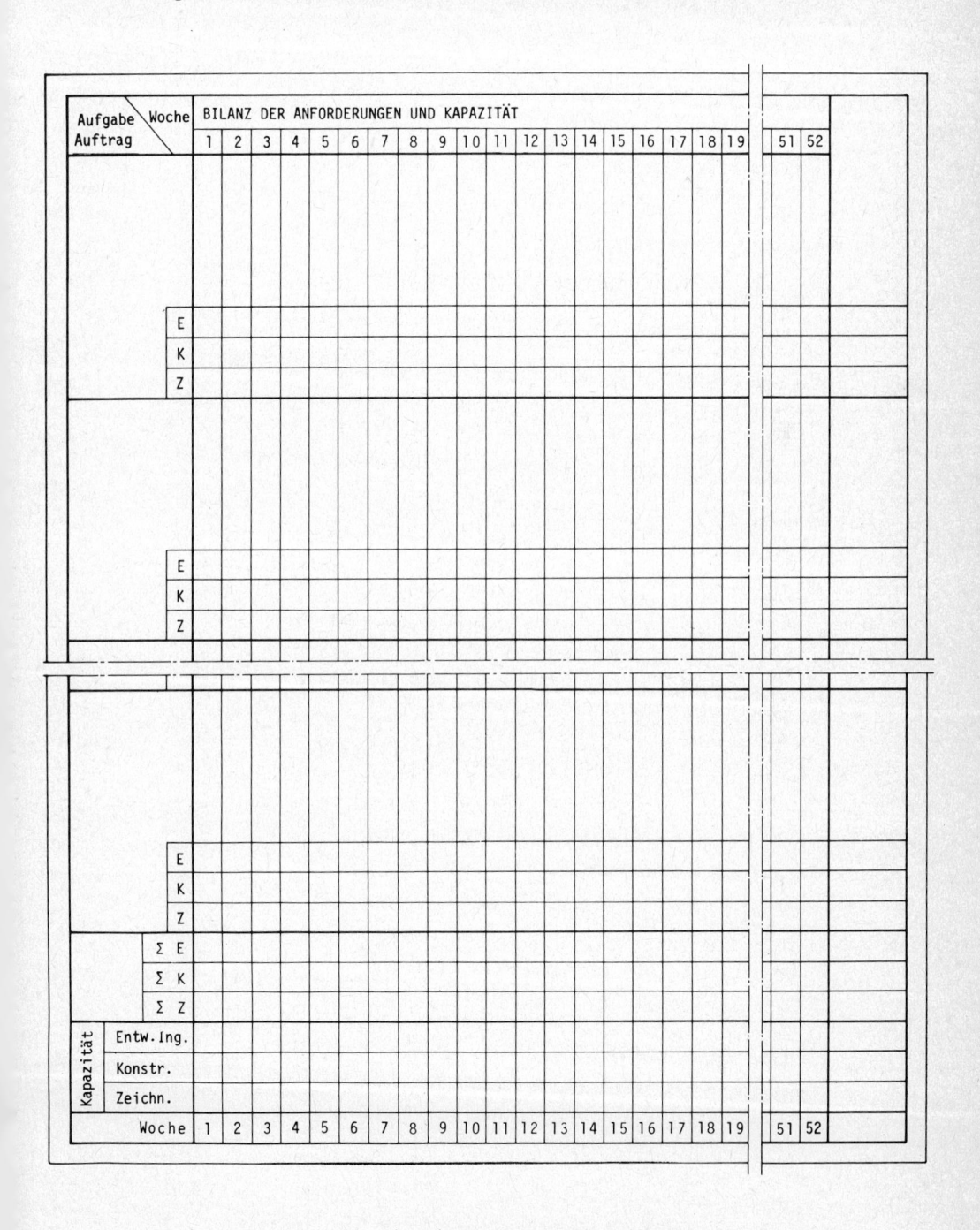

Abb.8.3. Formular für die Bilanz der Anforderungen (Aufträge) und die Kapazität einer Konstruktionsgruppe

8.3.5 Arbeit koordinieren

Die meisten Arbeitsverläufe sollen durch Organisation (Struktur) und Plan gesteuert werden. Es ergeben sich Abweichungen (Störungen) und Sonderfälle, welche durch die operative Führung des Leiters gelöst werden müssen. Der Anteil dieser Tätigkeit in der Arbeit jedes Leiters ist charakteristisch für die Qualität des Managements. (Sollte lediglich einen kleinen Zeitanteil in Anspruch nehmen.)

8.3.6 Spezialisieren

Spezialisieren ist eine Tätigkeit, die mit dem Organisieren eng verbunden ist. Im Abschnitt 3.6.1 haben wir das Wesen und die Systematik kurz besprochen.

8.3.7 Organisieren

Unter Organisation versteht man den Strukturaufbau einer Konstruktionsabteilung und die Festlegung typischer Arbeitsabläufe. Als Ausgang dieser Tätigkeit erwartet man besonders:
- Ablaufschemata (oder Beschreibung) der Arbeits-, Leitungs- und Informierungsprozesse. Daraus können alle Funktionen und Beziehungen erkannt werden.
- Organisationsschemata (Baustruktur) mit genauer Beschreibung (Elemente und Beziehungen)
- Räumliche Verteilungspläne mit Situierung aller Stellen und Sachmittel.

Diese Unterlagen werden in sehr unterschiedlicher Form benutzt und auch verschieden benannt. Ein solches Ablaufschema könnte die Form eines Flußdiagramms, eines Netzplanes oder einer Matrix annehmen. Dabei kann die Matrix noch weitere Informationen über die ausführenden Organe liefern.

Die Elemente jeder Organisationsstruktur bilden die Stellen, welche, je nach der durchgeführten Spezialisierung, eine oder mehrere Funktionen ausüben.

Die Stellen werden nach verschiedenen Gesichtspunkten zu Teilsystemen, seien es Gruppen oder Abteilungen, zusammengefügt. Die Steuerung dieser Teilsysteme durch Anweisungen kann unterschiedlich sein. Man kennt Einlinien-, Mehrlinien- oder Stablinien-Systeme.

Für die einzelnen Fälle ist die Beteiligung der Teilsysteme an dieser Aufgabe resp. deren Arbeitsablauf charakteristisch. Man könnte einige grundlegende Modelle der Anordnung in einem Konstruktionsgebiet des Unternehmens aufbauen (Abb.8.4).

(1) Es werden meist feste Gruppen nach Fachgebieten, d.h. Familien von Maschinensystemen gebildet. In jeder Gruppe, welche z.B. entweder ein Endprodukt des

Fertigungsprogramms oder ein Teilsystem betreut, werden komplette Fertigungsunterlagen ausgearbeitet. Ein Auftrag wird entweder in einer Gruppe komplett oder parallel in mehreren Gruppen erledigt (Abb.8.4A).

(2) Es werden meist feste Gruppen nach Tätigkeitsbereichen gebildet wie Entwurfsingenieure, Detaillisten, Zeichner. Jeder Auftrag geht von einer Gruppe zur andern.

Bewerten der Typen (1) und (2): In den Gruppen wird das spezielle Wissen konzentriert, aber es entstehen zwei Probleme: Informationsfluß und Auslastung der Spezialisten (typische Erscheinungen beim Spezialisieren).

(3) Für den Auftrag (Projekt) wird eine spezielle (d.h. flexible) Gruppe unter einem Projektleiter formiert, wobei die Mitglieder organisatorisch entweder
  - in ihren ursprünglichen Gruppen bleiben und nur Aufträge von Projektleitern erfüllen (Abb.8.4B) oder
  - für die Zeit der Arbeit dem Projektleiter untergeordnet werden (Abb.8.4C).

Die Gruppe variiert in ihrer Zusammensetzung je nach der Arbeitsphase.

Vorteile sind: Kontinuität der Information; Auftrag bleibt unter Aufsicht des Projektleiters; gute Auslastung der Mitarbeiter (Abruf nach Bedarf).

(4) Projekt-Management. Das Wesen dieser Methode besteht darin, daß ein Projektleiter während der ganzen Entstehungsphase des Produktes verantwortlich bleibt. Charakteristische Züge der Methode: Zur Führung des Projektes wird ein Projektleiter ernannt, der je nach Größe und Phase des Projektes diese Funktion voll- oder teilamtlich ausübt. Er plant, koordiniert und überwacht den Ablauf in allen am Projekt beteiligten Abteilungen. Genaue Beschreibungen der Aufgaben sind noch im Anhang 3: Stellenbeschreibung des Projektleiters, zu finden. Für die Steuerung größerer Projekte kann eine Projektgruppe aus Mitarbeitern der beteiligten Abteilungen gebildet werden, welche allerdings nur als Kontaktleute wirken.

Vorteile sind: Informationskontinuität und gute Steuerungsmöglichkeit.

(5) Die Praxis zeigt verschiedenste Kombinationen dieser grundlegenden Möglichkeiten, welche von Fall zu Fall modifiziert werden können.

8.3.8 Informationen beschaffen und Kommunikation herstellen

Die Leitung braucht für ihre Entscheidungen und ihre verantwortungsvolle Tätigkeit viele Informationen. Nicht zufällig haben wir in dem Kapitel über Fachinformationen das Management-Informationssystem erwähnt. Neben den Fachinformationen braucht der Leiter viele Informationen über die Aufgabe und über das Konstruktionssystem. Eine gute Führung ist dementsprechend abhängig von der Beschaffung vieler Informationen. Dabei genügt es nicht, diese zu gewinnen; um angewendet zu werden, müssen

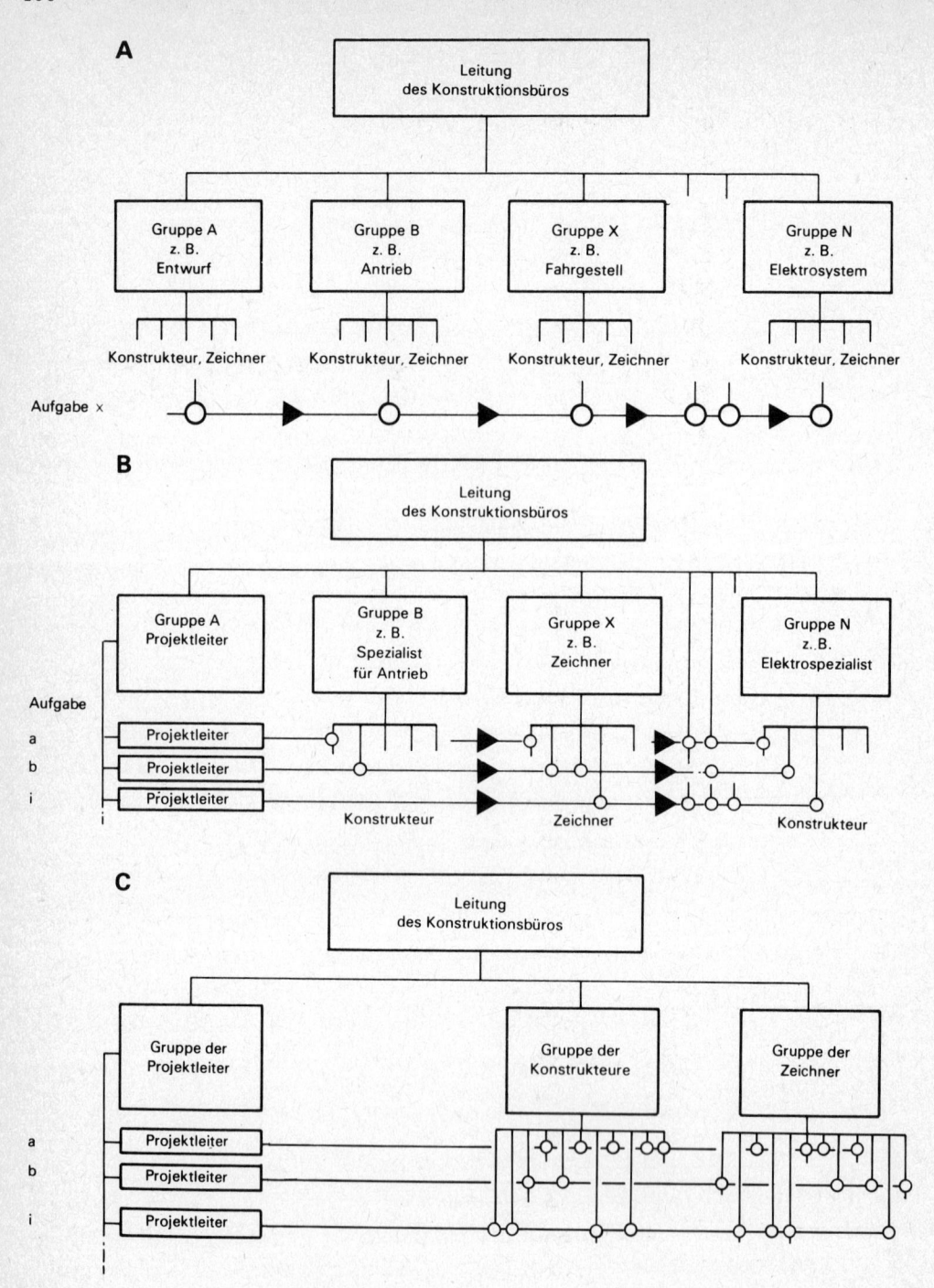

Abb.8.4. Grundlegende Modelle der Struktur eines Konstruktionsbüros

sie in einer entsprechenden Form verfügbar sein, wie in Kapitel 4 ausführlich gezeigt wurde.

Eine konkrete Lösung des Formulars "Tätigkeitsbericht des Konstrukteurs" bringt Abb.8.5.

8.3.9 Mitarbeiter anstellen und entlassen

Das Personalwesen des Konstruktionsleiters unterscheidet sich nicht von demjenigen der andern Abteilungen, die Bewertung des Qualifikationsprofils eines Adepts ist

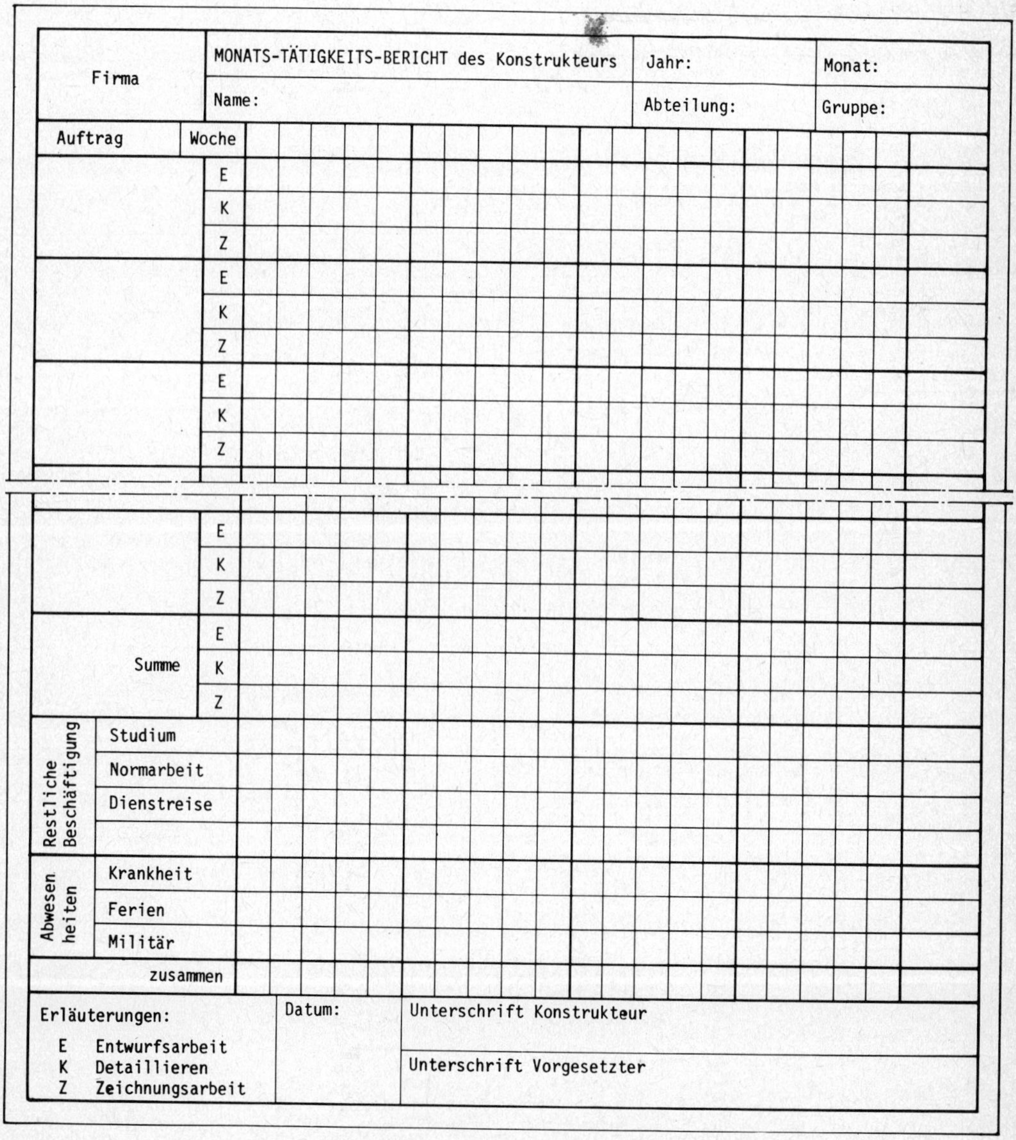

Abb.8.5. Tätigkeitsbericht des Konstrukteurs

hier jedoch sehr schwierig. Diese Problematik ist in Abschnitt 3.5.2 angedeutet. Der Informationsgehalt der persönlichen Unterlagen ist oft zu gering, weil die Beurteilung sich auf relativ neutrale Aussagen beschränkt. Der erfahrene Leiter widmet diesen Aufgaben mit Rücksicht auf ihre große Bedeutung viel Zeit und stützt sich besonders auf die Eindrücke aus dem Anstellungsgespräch und eventuelle Prüfungen.

8.3.10 Entlöhnung der Konstrukteure

Der Leiter soll die Entlöhnung der Mitarbeiter im Sinne eines Führungsmittels betrachten. Man muß ein Lohnsystem als Motivationsmittel gestalten. Wie schwer immer die Bestimmung des beweglichen Gehaltsanteils sein mag, es soll ein Leistungslohnsystem eingeführt werden; sonst wird die Funktion des Gehaltes für eine gerechte Entlöhnung verlorengehen.
Das Salär sollte drei Aspekte berücksichtigen:
- die Leistung des Einzelnen (Qualität und Quantität, Terminerfüllung)
- die Leistung der Abteilung im Unternehmen
- die Beschäftigungsdauer (Treue zum Unternehmen als Stabilisationsfaktor).

Praktisch läßt sich die Leistung eines jeden Konstrukteurs durch Prämien bewerten. So können z.B.:
- Qualitätsprämien (z.B. Erzielung eines hochwertigen Maschinensystems)
- Ersparnisprämie (z.B. Ersparnis an Herstellungskosten)
- Terminprämie für die Einhaltung von Terminen oder
- Kombinierte Prämien (Mehrfaktorensystem)

ausbezahlt werden. Die Leistung des ganzen Unternehmens kann sich in der Erfolgsbeteiligung widerspiegeln.
Die Beschäftigungsdauer schließlich könnte einen Aspekt bei der Grundgehaltsbestimmung bilden.

8.3.11 Kontrollieren, Überwachen

Grundsatz: Wer leitet, der kontrolliert.
Für eine erfolgreiche Leitung müssen die Zustände verschiedener Prozesse und Objekte erkannt werden; sodann kann die Erfüllung der Pläne und Anweisungen ermittelt werden. Dies stellt dann den Ausgangspunkt für weiteres Handeln dar. Die Kontrolle, technisch gesehen, ist das "feed-back" des Regulierungssystems der Leitung.
Die Phasen der Kontrolltätigkeit sind:
- Ermittlung der Fakten
- Kritische Bewertung der Tatsachen und Ermittlung der Ursachen von Mängeln
- Vorschläge für die Beseitigung der Mängel.

Die Kontrollinstrumente und Situationen sind: Übersicht führen (Statistik), das Gespräch, Besprechungen, aber auch Versuche und Besichtigungen. Die meisten dieser Tätigkeiten sind als elementare Operationen behandelt worden.

8.3.12 Motivieren

Die Einstellung (Attitude) des Konstrukteurs zu seiner Arbeit wirkt sich wesentlich auf Erfolg oder Mißerfolg des Konstruierens aus. Die Zufriedenheit des einzelnen Mitarbeiters (Konstrukteurs) zu erreichen, stellt eine schwierige Aufgabe der Leitung dar. Zeigen wir zuerst, gestützt auf zwei Studien, die Faktoren, von welchen die Zufriedenheit abhängt (Abb.8.6).

Abgesehen von Unterschieden in den Einflußgrößen selbst, sowie in den Koeffizienten, welche gewiß auch den unterschiedlichen Problemstellungen, Methoden und Darstellungen zuzuschreiben sind, wird hier jedem Leiter ein interessanter Fragenkatalog angeboten. Um nicht nur bei dieser Feststellung zu bleiben, werden in Abb.8.7 mögliche Mittel als Instrumentarium des Leiters angegeben. Die Anwendung läßt keine Stereotypen zu, weder in bezug auf einzelne Menschen noch bezüglich der Zeit (Motivationswandel).

8.3.13 Weiterbildung der Mitarbeiter

Diese wichtige Funktion der Leitung wird oft unter der Last der täglichen Aufgaben vergessen oder vernachläßigt.

Es geht bei der Weiterbildung nicht nur um die Qualifikation des Konstrukteurs, sondern um alle die Eigenschaften, die in Abschnitt 3.4 gezeigt worden sind. Es wäre falsch zu glauben, diese Weiterentwicklung der Mitarbeiter sei mittels Fachkursen, also mit der Investition von einigen Arbeitsstunden erledigt. Das ist nur ein Teil der möglichen Mittel, die zur Verfügung stehen. Die Weiterbildung läßt sich noch in folgenden Formen verwirklichen:
- Gespräch am Brett mit Vorgesetzten und Stabsleuten
- Ausbildungsorientierte Besprechungen
- Diskussion mit Kollegen
- Arbeitsklima mit Termindisziplin
- Besichtigung anderer Betriebe, Messen oder Tagungen.

Zu den wichtigsten Mitteln sollten die individuellen Gespräche am Brett gehören, welche sehr konkrete Korrekturen der Arbeitsweise zur Folge haben können und dadurch sehr hohe Auswirkungen haben bei den einzelnen Konstrukteuren.

8.4 Zusammenfassung

Die neuen Anforderungen an die Konstruktion, die neuen Arbeitsformen und -methoden erheben immer höhere Ansprüche an die Leitung des Konstruierens.

Studie bei der Firma SKODA, Pilsen - Jukl [47]		Studie in England -Turner [96]	
Faktoren der Zufriedenheit im Betrieb		Faktoren der Zufriedenheit	
Aufstiegsmöglichkeit	0,75	Leistung	41
Art der Arbeit	0,56	Art der Arbeit	20
Möglichkeit der Weiterbildung	0,55	Anerkennung	16
Führung der Arbeit	0,52	Aufstiegsmöglichkeit	12
Finanzielle Belohnung	0,46	Verantwortung	11
Prestige, Anerkennung	0,41	Faktoren der Unzufriedenheit	
Beziehungen im Arbeitskolektiv	0,39		
Physikalische Arbeitsbedingungen	0,23	Unternehmungspolitik	35
Korrelationskoeffizient mit der Gesamtzufriedenheit		Beziehungen unter Mitarbeitern	20
		Gehalt, Sicherheit	16
		Arbeitsbedingungen	10
		% der befragten Personen	

Abb.8.6. Faktoren der Zufriedenheit (Unzufriedenheit) im Konstruktionsgebiet

Verhaltensweise	Antriebe Bewegungsgründe	Anregungen Stimuli	Maßnahmen der Leitung
Leistungsfähige Facharbeit	Selbsterhaltung Sicherheit Sozialprestige Identifizierung Tätigkeitsdrang Selbstachtung Selbstverwirklichung Freude, Begeisterung an der Arbeit	Gehalt	Gehalt nach Leistung und Treue Vertragsbedingungen
		Status	Mitbestimmungsrecht
		Leisten lassen Verantwortung	Angemessene Aufgaben Delegation von Verantwortung
		Teamarbeit Wettbewerb	In Gruppe arbeiten lassen Adäquate Aufgaben
		Art der Arbeit Arbeitsbedingungen	Gute Räume und Ausstattung Gerechtigkeit in Behandlung Klare Abgrenzung der Pflichten
		Art der Führung	Loben, Anerkennen, Aufmuntern Informieren
		Weiterbildungsmöglichkeit	Diskussionszeit mit Vorgesetzten Besuch von Kursen, Messen u.ä. Zeit für Fachliteratur Besichtigung von Betrieben

Abb.8.7. Die Motivierungsmaßnahmen der Leitung, um das gewünschte Verhalten der Konstrukteurs zu erzielen.

Weil es sich hier ebenfalls um einen Prozeß handelt - in diesem Fall Steuerungs- und Regelungs-Prozeß - werden zuerst die Teilfunktionen der Leitung ermittelt, um nachher grundlegende Hinweise für einzelne Tätigkeiten besprechen zu können. Es handelt sich besonders um: Aufgaben festlegen, Planen, Anweisungen erteilen, Arbeitsmittel festlegen, Organisieren, Entlöhnen, Motivieren. Dabei werden einige Erkenntnisse der Management- und Planungs-Techniken vermittelt.

9. Arbeitsbedingungen im Konstruktionsbüro

Der letzte zu behandelnde Operator des Konstruktionsprozesses sind die Arbeitsbedingungen. Damit soll ein Bereich abgesteckt werden, der erstens die Einflüsse sämtlicher Arbeitsbedingungen auf das Konstruieren direkt und auf den Arbeitsplatz und zweitens wichtige Einflüsse der Umwelt, welche für die Konstruktionstätigkeit relevant sind, umfaßt. Man spricht oft über Arbeitsmilieu oder Arbeitsklima mit nicht genau definiertem Inhalt. Beide Begriffe decken jedoch nur einen Teil der im Rahmen der Arbeitsbedingungen behandelten Problematik. Obwohl Abb.2.8 deutlich zeigt, daß sich die Arbeitsbedingungen mehr indirekt auswirken, sind sie für das Erzielen von Spitzenleistungen von großer Bedeutung. Daneben ist ihr Zusammenspiel mit andern Operatoren wichtig (besonders mit der Arbeitsmethodik und Arbeitsleitung).

9.1 Arbeitsplatz des Konstrukteurs

Die Anforderungen an einen beliebigen Arbeitsplatz können allgemein in einige Klassen aufgeteilt werden:
- Funktionalität
- Arbeitsphysiologische Gestaltung
- Variabilität der Ausstattung
- Variabilität des Arbeitsplatzes
- Psychologisch günstige Atmosphäre
- Zweckmäßige Mechanisierung oder Automatisierung.

Es ist zweckmäßig daran zu erinnern, daß die Arbeitsmittel (Kapitel 7) nur einen Teil des Arbeitsplatzes (System, das auch den Raum seiner Umgebung und die Mitarbeiter einschließt) bilden. An der Verwirklichung der genannten Anforderungen beteiligen sich neben den Eigenschaften der Ausstattung (Arbeitsmittel) folgende Faktoren, welche als Parameter des Arbeitsplatzes angesehen werden können:
- Lage des Konstruktionsbüros im Unternehmen
- Größe des Büros

- Ausstattung und Anordnung der Einrichtung
- Beleuchtung
- Klimatische Verhältnisse
- Lärm
- Farben
- Beziehungen im Arbeitskollektiv.

Mit Ausnahme des letzten Faktors kann man alle weiteren unter dem Oberbegriff "Physikalische Arbeitsbedingungen" einordnen. Alle stellen wichtige Bewertungskriterien dar.

Bevor wir die einzelnen Parameter des Arbeitsplatzes erörtern, ist es notwendig, die Aufgaben des Arbeitsplatzes kurz zu beschreiben. Analog zum Konstruieren eines Maschinensystems ist es möglich, die Funktionsstruktur eines Konstruktionsplatzes aufzustellen, ausgehend von der Gesamtfunktion: "Den Konstrukteur mit den notwendigen Arbeitsmitteln und -bedingungen ausstatten".

Die Analyse der Konstruktionsarbeit, welche die nötigen Teilfunktionen liefert, sieht nun anders aus als im Bereich der Konstruktionsmethodik. Man bemüht sich, Tätigkeiten herauszufinden, die besondere Ansprüche an die Arbeitsbedingungen stellen [113]

Eine typische Funktionsstruktur beinhaltet folgende Funktionen:
- Zeichnen und Modellieren ermöglichen und erleichtern
- Schreibmöglichkeiten bieten und erleichtern
- Sitzen ermöglichen
- Auslegen großer Formate ermöglichen und erleichtern
- Ablegen und Bereithalten von Informationen, Unterlagen, Dokumenten ermöglichen
- Rechnen ermöglichen und erleichtern
- Kommunikation ermöglichen (am Arbeitsplatz und mit außenstehenden Personen)

Dies ist die allgemeine Struktur, welche dann für den persönlichen, Gruppen- oder Abteilungs-Arbeitsplatz unterschiedliche Formen und Gewichtung der einzelnen Funktionen annimmt.

9.2 Physikalische Arbeitsbedingungen

9.2.1 Lage des Konstruktionsbüros im Unternehmen

Die Lage des Konstruktionsbüros ist mitentscheidend über Beleuchtung und Geräuschpegel in den Büroräumen.

Ein wichtiger Gesichtspunkt für die Lage sind die Beziehungen zu den andern Abteilungen. Es sollte dazu keine Dienstreise erfordern, wenn etwas in der Fertigung oder

lungen. Es sollte keine Dienstreise nötig sein, wenn etwas in der Fertigung oder im Versuchsraum zu entscheiden ist. Auch mit anderen Abteilungen wie Arbeitsvorbereitung, Bibliothek, Einkauf herrscht ein ziemlich reger Kontakt, und oft ist die telephonische Verbindung nicht ausreichend.

Die organisatorische Zugehörigkeit wirkt oft als entscheidender Faktor für die Anweisung des Platzes im Gesamtraum. In bezug auf die Arbeit braucht dieser Faktor allerdings nicht entscheidend zu sein.

Die oft gegensätzlichen Ansprüche (z.B. nahe der Fertigung wegen des Kontakts, weit von der Fertigung wegen Lärm, Vibrationen, Staub, Wärme) müssen entweder optimalisiert, oder dann durch entsprechende Maßnahmen (z.B. Isolation) unangenehme Auswirkungen neutralisiert werden.

9.2.2 Größe des Büros

Die Größe des Raumes muß erlauben, die nötige Ausstattung aufzunehmen und eine freundliche Atmosphäre zu schaffen. Die durchschnittlichen Werte bewegen sich zwischen 10 bis 12 m^2 pro Konstrukteur.

Eine zentrale Frage in diesem Zusammenhang ist: Groß- oder Kleinraum?

Das Großraumbüro bietet folgende Vorteile: Platzersparnis, niedrigere Baukosten, niedrigere Ausstattungskosten, niedrigere Wartungskosten, Flexibilität (geringe Überbaukosten), große Änderungsmöglichkeiten - Anpassung an Anforderungen, Möglichkeit besserer Beleuchtung, bessere Übersicht der Führung.

Die Entwicklung versucht, die Nachteile besonders im psychologischen Bereich zu beseitigen, z.B. durch Trennwände bis zur Decke, einseitig offene und flexible Zellen, Trennung von Großraumarbeitszone und Nebenzonen (Konferenz-, Relaxationsräume). Inwieweit es dieser Entwicklung gelingen wird, die bestehende negative Einstellung zum Großraumbüro zu überwinden, wird die Zeit zeigen.

9.2.3 Ausstattung und Anordnung der Arbeitsmittel

Die einzelnen Arbeitsmittel sind die Bauelemente des Arbeitsplatzes, welche ihren Funktionen entsprechend bestimmt werden. Nicht unbedeutend ist ihre Anordnung im Raum, besonders hinsichtlich Effektivität und psychologischer Auswirkungen.

Die Anordnung der arbeitsplatz-gestaltenden Arbeitsmittel (z.B. Zeichentisch, Schreibtisch, Vorlagefläche) kann folgende Formen annehmen: N, H, L, Y, W und X laut Abb.9.1. Sie bringt unterschiedliche Flächenansprüche mit sich: für y' sind sie minimal, für die H-Form 3 m^2, bei der U-Form 6 m^2 mit Anwendung von modernen Einrichtungen (Zeichentisch gegengewichtslos, Laufwagen-Zeichenmaschine).

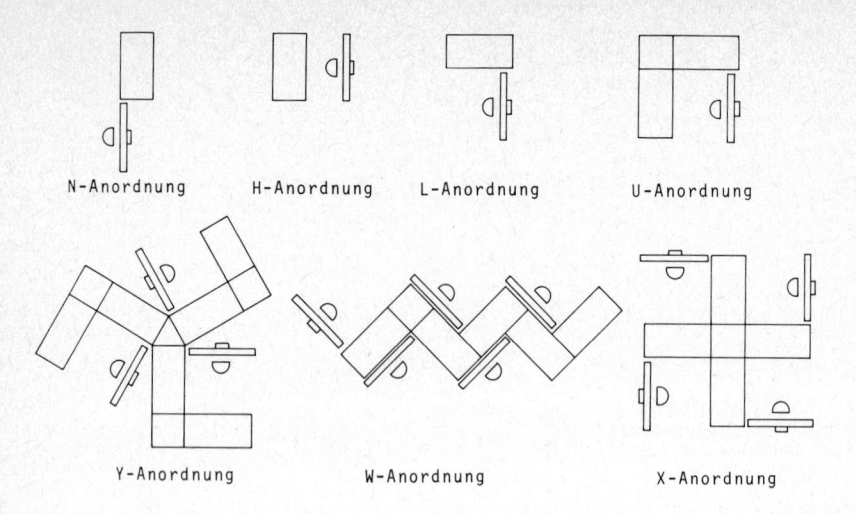

N-Anordnung   H-Anordnung   L-Anordnung   U-Anordnung

Y-Anordnung   W-Anordnung   X-Anordnung

Abb.9.1. Arbeitsplatz des Konstrukteurs: Grundlegende Anordnungsmöglichkeiten

Bei der Wahl der Anordnung ist besonders mit dem Informationsfluß zu rechnen und demzufolge auch die Lage der Informationsträger (vgl. Abschnitt 4.4) zu berücksichtigen.

9.2.4 Beleuchtung

Die Beleuchtung kann man von mehreren Gesichtspunkten aus beurteilen: leistungsmäßig, gesundheitlich, psychologisch, wirtschaftlich, klimatisch. Die Anforderungen können allgemein zwischen 800-1500 Lux im Konstruktionsbüro liegen, je nach Tätigkeit und Disposition der einzelnen Mitarbeiter. Natürliches Licht (besser vom Norden oder Westen) hat nicht nur gesundheitliche, psychologische und wirtschaftliche Vorteile, sondern auch allgemein hygienische, denn die Sonne zerstört Bakterien.

Die Beleuchtung kann zentral oder für jeden Arbeitsplatz gesondert durchgeführt werden. Die Individualität der Anforderungen (z.B. Allergie auf das Neon-Licht) macht die individuelle Beleuchtung empfehlenswert. Sie schafft den Eindruck von Intimität, was sich für gewisse Leute sehr positiv auf die Konzentration auswirkt. Ähnliche Auswirkungen haben verschiedene Lichtquellen: warmes und kaltes Licht.

Bei der Projektierung der Bürobeleuchtung sollen Schattenbildung, Blendung oder zu grosse Kontrastbildung vermieden werden. Es existieren eine Reihe von Empfehlungen.

9.2.5 Klimatische Verhältnisse im Konstruktionsbüro

Das physikalische Klima entsteht durch Sauberkeit, Temperatur, Zirkulation und Feuchtigkeitsgrad der Luft. Die Bedeutung von genügend Sauerstoff für die Denktätigkeit ist erwiesen. In diesem Zusammenhang stellt sich die Frage des Rauchens im Büroraum. Richtige und regelmäßige Lüftung muß in allen Fällen gewährleistet sein. Die Lufttemperatur sollte sich (je nach Feuchtigkeit) zwischen 19 und 21°C bewegen, die Luftgeschwindigkeit zwischen ca.10 bis 15 cm/s und die relative Feuchtigkeit zwischen 40 und 60 % betragen.

Die Entscheidung zwischen klimatisiertem oder durch Fenster belüftetem Raum muß besonders die klimatischen Verhältnisse des jeweiligen Ortes respektieren. Die Frage bleibt ständig, ob die Vorteile eines klimatisierten Raumes sich nicht schwer bezahlt machen durch größere Empfindlichkeit der Mitarbeiter.

9.2.6 Lärm im Konstruktionsbüro

Wie schädlich sich Lärm auswirkt, ist heute allgemein bekannt. Es geht nicht nur um den direkten negativen Einfluß auf die Leistung des Arbeiters, sondern auch um die belästigenden (Ärger), oder sogar ungesunden Einwirkungen (Neurosen). Um die richtige "akustische Behaglichkeit" zu schaffen, müssen zwei Parameter berücksichtigt werden:
- Frequenz: hohe Töne sind wesentlich schädlicher als niedrige
- Lautstärke: allgemein für konzentrierte Geistesarbeit unter 40 dB (bezogen auf 2×10^{-5} N/m^2).

Die zulässige Frequenz und Lautstärke ist zudem abhängig von der Empfindlichkeit des einzelnen Menschen und der Art seiner Arbeit.

Die Reaktion auf Musik ist sehr individuell. Viele Menschen vertragen Musik nicht – sie stört ihre Konzentration; aus diesem Grunde sollte im Konstruktionsbüro (Großraumbüro) keine Musik gespielt werden. Anderseits kann das Gefühl des Verlorenseins aufkommen, wenn die untere Lärmgrenze erreicht wird.

9.2.7 Farben im Konstruktionsbüro

Die Farbumgebung im Konstruktionsbüro ist zwar eine kleinere Einflußgröße, jedoch nicht ganz unwichtig. Nach der Wirkung der Farben unterscheidet man kalte Farben (blau, grün, grau) und warme Farben (rot, gelb, ocker). Die Farbenabstufung spielt dabei eine wichtige Rolle, wie auch die Art der künstlichen Beleuchtung.

Es gilt, daß Braun und Grün beruhigen, während Blau auf die meisten eine kalte Wirkung ausübt; Rot soll das Denken stören. Die Zimmerdecke, die dunkler ist als die Wände, macht den Raum niedriger und schafft den Eindruck eines gegen die Umwelt abgeschlossenen Bezirks, was sich für die Konzentration positiv auswirken mag.

Allgemein empfiehlt man für einen Arbeitsraum, wie auch für das Konstruktionsbüro, wo Aufmerksamkeit und Ruhe erwünscht sind, kalte Farben. Eine evtl. Musterung der Wände sollte fein und regelmäßig gestaltet sein. Diverse Farbenkombinationen erlauben es, die räumliche Wahrnehmung wie auch den Eindruck von Wärme zu vermitteln.

9.3 „Psychologische Arbeitsbedingungen"

Das psychologische Arbeitsklima ist besonders von den Beziehungen zwischen Menschen im Arbeitskollektiv abhängig. Wie wir gezeigt haben, üben z.B. die Anordnung, Beleuchtung und auch Farben einen gewissen Einfluß aus. Dazu kommt noch das Statusphänomen. Eine der Kräfte bei der Motivierung ist die Selbstbestätigung, welche sich durch einen gewissen Stand in der Gesellschaft - Status - erreichen läßt. Als Statussymbole gelten: Eigenraum (Raumgröße), Möblierungsqualität, Schreibtischgröße, Stuhl, Teppich, Vorhänge sowie technische Anlagen.

Gewiß kann sich jeder Konstrukteur an den Moment erinnern, da er zum ersten Mal die Schwelle eines neuen Arbeitsplatzes überschritten hat. Was hat damals eine freundschaftliche Hand, ein Lächeln bedeutet, oder die Erklärung gewisser Probleme in der Einarbeitungszeit. Solches Arbeitsklima entscheidet wesentlich, ob man morgens gerne an die Arbeit geht oder nicht. Hätten wir die Möglichkeit, die Korrelation dieser Bedingungen zu Magengeschwüren, Herzinfarkten zu bestimmen, so würde sich bestimmt herausstellen, daß der Einfluß nicht unbedeutend ist.

Die Anforderungen an das Arbeitsklima lassen sich wie folgt ausdrücken [97] :

- Möglichkeit Fragen zu stellen, sogar naive Fragen, ohne das hemmende Gefühl, dadurch Wissenslücken zu zeigen, auch Fragen, die nicht in direkter Beziehung zur Aufgabe stehen;
- Informiert sein! nicht nur entscheiden, sondern auch begründen; kein Abschneiden gewisser Informationsquellen (Fachzeitschriften, Berichte);
- Möglichkeit, auch einmal einen Fehler machen zu dürfen ohne für immer sein Renomme zu verlieren oder degradiert zu werden;
- Nicht durch Routine-Arbeit ausgelastet sein: Richtige, progressive, selbständige Aufgaben neben der notwendigen Routinearbeit;
- Kein Streß durch Überlastung, Prestigeverlust.

Welche Maßnahmen sind da nötig, um das oben charakterisierte Arbeitsklima zu erreichen? Das wichtigste ist die positiv geprägte Einstellung eines jeden seinen Mitarbeitern gegenüber. Unterschätzung, Neid, Rivalität sind durch Sympathie und Hilfsbereitschaft zu ersetzen. Eine solche Einstellung bringt auch die richtigen Umgangsformen mit sich. Daß dazu auch viel Selbstbeherrschung und Großzügigkeit gehört, weiß jeder von uns. Besonders wichtig ist das Verhalten des Vorgesetzten (vgl. Abschnitt 8.2.3).

9.4 Einige weitere allgemeine Einflüsse auf den Konstruktionsprozeß

Das Konstruieren sowie das Unternehmen lebt nicht in einem leeren Raum, sondern ist mit allen Ein- und Ausgängen eng mit der breiten Umwelt verbunden. Auf diese Weise bekommt auch der Konstrukteur zu spüren, welche Lage in der Welt herrscht, insbesondere wirken sich aus:
- Die politische Situation: Die Anforderungen und Bedingungen sind im Frieden anders als in Kriegszeiten, in stabilen politischen Systemen anders als bei unstabiler Regierungseinstellung zur Industrie.
- Die wirtschaftliche Situation: Eine Periode der Konjunktur oder der Rezession bedeutet auch für den Konstruktionsprozeß spezifische Einflüsse, die respektiert werden müssen.
- Besondere geistige Bewegungen. Auch hier ruft eine gewisse Einstellung oder Tendenz besondere Ansprüche hervor. Nennen wir als Beispiel die "Weltverpestung durch Technik", welche bestimmt neue Aspekte beim Konstruieren bedingt.

9.5 Einige Einflüsse auf den Konstrukteur

Der Mensch verbringt 40 % seiner Zeit im Beruf. Die Einflüsse der persönlichen Sphäre auf die Ausübung des Berufes lassen sich schwer vermeiden; sie sind einfach da und sind oft die Ursache, weshalb die Leistung eines Mitarbeits "ohne jeden Grund" geändert hat. Zu den bedeutendsten Einflußfaktoren gehören:

9.5.1 Der Gesundheitszustand

Eine entdeckte oder noch nicht entdeckte, erst durch gewisse Schwierigkeiten bemerkbare Krankheit kann einen Menschen verändern; sogar seine Lebenseinstellung und seine Grundsätze können sich unter diesem Druck wandeln. Aber es handelt sich nicht nur um ausgesprochene Krankheiten. Der anspruchsvolle Konstrukteur-Beruf stellt so große Anforderungen, daß nur ein gesund lebender Mensch ihnen gerecht werden kann. Er muß seinen Lebensrythmus (Erholung, Nahrung, Schlaf) der geistigen Arbeit anpassen. Die selbständige Disziplin Psychohygiene sucht Wege zu zeigen, um Neurosen und Psychosen zu verhüten. Sie gibt Grundsätze für Relaxation, Rythmus der Arbeit, Nahrung, Schlafen und Bewegung (oder Konfliktlösung).

9.5.2 Das Familienleben

Harmonie oder Konflikte in der Familie haben ihren Niederschlag am Arbeitsplatz; hier finden wir die häufigsten Ursachen zur Unzufriedenheit, Zerstreutheit, Verlust an Kooperation.

9.5.3 Freizeitbeschäftigung

Die Ausübung einer befriedigenden Freizeitbeschäftigung kann einen sehr positiven Einfluß auf die Arbeit und Erholung haben. Ist das Gleichgewicht zwischen Arbeit und Freizeitbeschäftigung gestört, kann sich das negativ auf die Arbeit auswirken (Konzentrationsmangel, Zeitverlust).

9.6 Zusammenfassung

Der Einfluß der Arbeitsbedingungen auf die Ergebnisse des Konstruktionsprozesses wird in der Praxis oft bis zu dem Augenblick unterschätzt, wo entscheidende Grenzen überschritten werden. Das Erkennen dieser Einflüsse ist jedoch für die Leitung von großer Bedeutung, und zwar sollen alle diese Faktoren schon beim Projektieren der Konstruktionsräume als Forderungen betrachtet werden.
Es geht um:
- physikalische Bedingungen: Raum, Ausstattung, Licht, Lärm
- psychologische Bedingungen: besonders die Beziehungen zwischen Menschen
- organisatorische Bedingungen: die Beziehungen im ganzen Unternehmen.

Von außen kommen die Einwirkungen der politischen, wirtschaftlichen und geistigen Situation im Lande und in der Welt. Auch die private Sphäre stellt eine wichtige Einflußgröße für den Konstruktionsprozeß dar.
Siehe auch Aussagen 37 bis 39 in der Beilage 1.

Anhang

Anhang 1 Aussagensystem der „Theorie des Konstruktionsprozesses"

Die Aussagen bilden eine freie Kette wichtiger Überlegungsschritte, die oft einerseits als Thesen, anderseits als Schlußfolgerungen betrachtet werden können. Die starke Anlehnung an die Theorie der Maschinensysteme [37], formal in Axiomen zusammengefaßt (s.Anhang 2), und das technische Wissen (Fachinformationen) schaffen die wichtigsten Beziehungen dieses Wissensgebietes.

Aussage 1: (Definition) Der Konstruktionsprozeß (Konstruieren) ist ein Vorgang, bei dem die abstrakte Vorstellung über die Familie der technischen Systeme (durch die Gesamtfunktion bestimmt) und die weiteren Anforderungen in das Modell eines konkreten technischen Systems (TS), beschrieben durch eine Klasse von primären Eigenschaften, umgewandelt wird.

Aussage 2: (Bedingung der Aussage 1) Es existiert eine Klasse von primären Eigenschaften, die alle anderen Eigenschaften determinieren. (Sie sind die Ursachen aller Eigenschaften des Systems.) Kenntnis aus der Theorie der Maschinensysteme: Axiom 5.4.

Aussage 3: (Verwirklichungs-Bedingung) Es ist bekannt, wie die äusseren, sekundären Eigenschaften (z.B. Zuverläßigkeit, Lebensdauer, Transportfähigkeit oder Aussehen) von primären, elementaren Konstruktionseigenschaften abhängig sind (d.h. Fachinformationen usw. sind vorhanden).

Aussage 4: (Definition - Alternative Aussage 1) Konstruieren bedeutet das Ermitteln der elementaren Konstruktionseigenschaften des künftigen TS, welche die verlangten sekundären Eigenschaften (Anforderungen) bestimmen.

Wenn die Anforderungen gestellt sind, kann aufgrund der Annahme, daß die Möglichkeit minimal eines TS existiert, das die gestellten Anforderungen erfüllt, ein Konstruktionsprozeß aussichtsreich beginnen. Das Risiko eines Mißerfolges (nicht realisierbares TS) sinkt mit den Kenntnissen und Erfahrungen. Allerdings bleibt jede Konstruktion eines TS eine Hypothese bis zum Moment der Bewährung des realisierten TS im Betrieb. Von Fall zu Fall ist die Wahrscheinlichkeit der Gültigkeit der Hypothese sehr verschieden. Die Überprüfung der Realisierbarkeit beim Konstruieren ist ein ständiges Verifikationsprinzip. So muß in jeder Phase des Konstruierens die Überzeugung herrschen, daß:

Aussage 5: minimal eine Möglichkeit besteht, ein TS (Struktur) zu schaffen, das die gestellten Anforderungen erfüllt, d.h. die entsprechenden Eigenschaften trägt und vor allem die gewünschten Einwirkungen (Funktionen) im Betrieb ausübt.

Um von einer allgemeinen Theorie des KoP sprechen zu dürfen, muß folgende These als Grundlage gesetzt werden:

Aussage 6: Es existiert ein allgemeines Modell des KoP, welches für das Konstruieren aller Arten von TS gültig ist und das die wichtigsten Aussagen über den KoP symbolisch darstellt.

Dazu sind mindestens 2 Bedingungen zu erfüllen:

Aussage 7: Es besteht eine Ähnlichkeit in wesentlichen Merkmalen der zu konstruierenden TS (Theorie der MS liefert den Beweis).

Aussage 8: Die grundlegenden Gesetzmäßigkeiten beim Konstruieren bleiben die gleichen, auch wenn sich einige Merkmale der zu konstruierenden Objekte oder die Faktoren des KoP ändern. Es handelt sich beim Konstruieren um eine rationale Tätigkeit. Der Konstruktionsprozeß enthält keine irrationalen Phasen.

DIE UMWELT des Konstruktionsprozesses

Der Konstruktionsprozeß steht nicht isoliert in Raum und Zeit, sondern gehört zu folgenden Systemen als eines ihrer Elemente.

Aussage 9: Zugehörigkeit des Konstruktionsprozesses
- Der KoP bildet ein Element in dem Entstehungsprozeß des betreffenden TS. Die Folge davon ist die Abhängigkeit von andern Entstehungsphasen.
- Jeder KoP ist Mitglied der andern Konstruktionsprozesse desselben TS oder derselben Familie, sogar anderer TS. Folglich ist eine Übernahme der gelösten Probleme möglich.
- Der KoP knüpft an wissenschaftliche Erkenntnisprozesse an, von denen er die Ergebnisse für die Anwendung übernimmt. Es folgt daraus die Abhängigkeit von Erkenntnissen der Naturwissenschaft und Forschung.

DIE BEDEUTUNG des Konstruktionsprozesses

Aussage 10: Der KoP im Entstehungsprozeß des TS ist maßgebend für den Gesamtwert des TS.

DIE STRUKTUR des Konstruktionsprozesses

Aussage 11: Jeder KoP läßt sich in eine endliche Zahl von Teilprozessen (Phasen) verschiedener Komplexität bis in elementare Operationen (Schritte) zerlegen, welche die Struktur (Spezifikation der Elemente - Beziehungen) des KoP bestimmen. Die Bildung der Prozeßelemente kann von verschiedenen Gesichtspunkten geschehen. Die Konstruktionsmethodik (5) bemüht sich um einen rationalen Ablauf des Konstruierens.

Aussage 12: Alternative der Aussage 1: Der KoP ist ein System von Teilprozessen resp. Operationen.

DIE OPERATOREN des Konstruktionsprozesses

Aussage 13: (Definition) Die Faktoren, welche die notwendige Umwandlungsarbeit der Information (Lösung der Aufgabe) bewerkstelligen oder bedingen, und die die Qualität des Resultates sowie die Effizienz des KoP beeinflussen, heißen Operatoren des KoP.

Aussage 14: Die Umwandlungsarbeit (= nötige Operationen) im Konstruktionsprozeß wird vom Konstrukteur (vgl. Aussage 19) durchgeführt, welchem verschiedene Arbeitsmittel zur Verfügung stehen (System Konstrukteur - Arbeitsmittel) (vgl. Axiom 2.11 TMS) Konstrukteur und Arbeitsmittel sind Operatoren des KoP.

Aussage 15: Die Fachinformationen, Konstruktionsmethodik, Darstellungs-Modellierungstechnik, Leitung des KoP und die Arbeitsbedingungen im KoP sind weitere Faktoren, die das Ergebnis und die Effizienz der Konstruktionsarbeit beeinflussen.

Aussage 16: Die Operatoren des KoP bilden ein Teilsystem des KoP mit vielen Beziehungen zwischeneinander. Folge: Der Eingriff in einen Operator verlangt die Überprüfung der Relationen zu den anderen Faktoren.

BEWERTEN des Konstruktionsprozesses

Aussage 17: Der KoP läßt sich charakterisieren, vergleichen oder bewerten mit Hilfe eines Systems von Kriterien (Prozeßkennzeichen), welche unterschiedliche Anhaltspunkte haben können: nach Qualität des Output (Leistungskriterien), nach Qualität der Operatoren (indirekte - analytische Kennzeichen) und globale, synthetische Kennzeichen (Produktivität, Effektivität).

SYSTEMATIK des Konstruktionsprozesses

Aussage 18: Das Variieren der einzelnen Elemente des Konstruktionsprozesses (z.B. Input, Output, Operatoren) ließ eine Reihe von Arten des KoP entstehen.

DER KONSTRUKTEUR (3)

Aussage 19: (Definition)
- Konstrukteur ist ein Oberbegriff, eine Bezeichnung für alle Fachleute, die sich mit Konstruieren beschäftigen
- Operator "Konstrukteur" ist allgemein eine Gruppe von Konstrukteuren, welche das Konstruieren realisiert
- "Konstrukteur" ist ebenfalls eine Disziplin der Konstruktionswissenschaft, welche sämtliche Informationen über Konstrukteure beinhaltet, inklusive diejenigen über die Ausbildung.

Aussage 20: Der Konstrukteur ist der wichtigste Operator des KoP. Seine Arbeitsleistung ist abhängig von Kenntnissen, Fähigkeiten (Können) und Einstellung (Attitude). Das ideale Berufsbild des Konstrukteurs widerspiegelt die Anforderungen an den Konstrukteur.

Aussage 21: Die Vielfalt der Arbeiten und die Unterschiedlichkeit der Anforderungen für die einzelnen Arbeiten bedingen die Spezialisierung der Konstrukteure. Es entstehen mehrere Klassen von Mitarbeitern.

Aussage 22: (Definition) "Die Ausbildung zum Konstrukteur" ist ein Teilgebiet, welches alle Kenntnisse und Erfahrungen über die Ausbildungswege, -methoden, -formen für die Schul- und Nachschulphase beinhaltet.

DIE FACHINFORMATION (4)

Aussage 23: (Definition) "Fachinformation" im KoP ist jede Kenntnis technischer, wirtschaftlicher oder organisatorischer Art über Sachverhalte, welche beim Konstruieren der TS nötig sind. Dieses Wissen gruppiert sich in natur- und ingenieurwissenschaftliche, prozeßtechnische, TS-bezogene, Konstruieren-bezogene Informationsklassen.

"Fachinformation" ist zugleich ein Wissensgebiet der Konstruktionswissenschaft, welches sämtliche Kenntnisse über Fachinformation integriert wie z.B.: Eigenschaften, Verarbeitung von Information, Informationssysteme, Ordnungssysteme, Form der Information u.ä. Es handelt sich um ein Spezialgebiet der Informations- und Dokumentationswissenschaft.

Aussage 24: Die Lösung einer Konstruktionsaufgabe erfordert eine Menge von Fachinformationen. Ohne die erforderliche Information ist eine Lösung entweder überhaupt nicht möglich oder die Qualität ist entsprechend niedriger und das Risiko eines Mißerfolges steigt (vgl. Aussage 6).

Aussage 25: Der Konstrukteur bewahrt lediglich einen Bruchteil der nötigen Information in seinem Gedächtnis. Alle nötigen Informationen sollen in vorteilhafter Form an geeigneter Stelle für den Konstrukteur griffbereit sein. (Ziel des Gebietes Fachinformation).

KONSTRUKTIONSMETHODIK (5)

Aussage 26: (Definition) "Konstruktionsmethodik" ist ein Teilgebiet der Konstruktionswissenschaft, das das Verhalten beim Konstruieren zum Gegenstand hat. Inbegriffen sind die Lehre über das Vorgehen beim Lösen von komplexeren Konstruktionsaufgaben (Konstruktionsstrategie), Methoden, die hilfreich sind zur Bewältigung der kleineren Arbeitsschritte (Konstruktionstaktik) und allgemeine Arbeitsgrundsätze (Prinzipien).

Die Zielsetzung im Rahmen der Konstruktionsstrategie ist in einem allgemein gültigen Vorgehensalgorithmus zu finden, der trotz der komplexen Situation beim Konstruieren einen zuverläßigen Weg zur optimalen Lösung in möglichst kurzer Zeit zeigt und noch weitere Ziele erfüllt, wie z.B. Transparenz des Ablaufes für Teamarbeit, Planung, Rechnereinsatz.

Aussage 27: Es existiert eine Struktur der relativ konkreten Operationen und ihrer Reihenfolge, welche ein ideales Vorgehensmodell darstellt, das für alle Konstruktionsaufgaben gültig ist.

Aussage 28: (Definition) Ein Vorgehensmodell für das Konstruieren der TS zeigt eine logisch vorteilhafte Reihenfolge von Phasen (Operationen), welche die Eigenart des konstruierten Systems respektiert und den idealen Zustand der Operatoren voraussetzt.

Aussage 29: Für ein gegebenes Projekt existiert ein optimaler Vorgehensplan, welcher der konkreten Aufgabenstellung und den konkreten Operatoren des KoP angepaßt ist.

Aussage 30: Bekannt ist eine Reihe von allgemein anwendbaren Arbeitsmethoden und -prinzipien, welche als taktische Instrumente einzelner Schritte dienen können.

Aussage 31: Für eine konkrete Aufgabe und Situation läßt sich eine optimale Arbeitsmethode oder ein Arbeitsprinzip ausfindig machen.

DARSTELLEN beim Konstruieren (6)

Aussage 32: (Definition) Die Darstellung (Modell) ist eine vollständige oder partielle Abbildung eines Objektes (Original, Urbild) der Wirklichkeit oder Vorstellung. Die Ähnlichkeit reicht also von Identität bis zu Ähnlichkeit in einer einzigen Eigenschaft.

Aussage 33: Die Merkmale (Kategorien) der Darstellung sind: der Zweck (z.B. Kommunikation, Fixierung, Vorstellung u.a.), Objekt der Darstellung: einerseits die geforderte Information und der Adressat, anderseits sind es Darstellungsart, -code, -technik, -mittel und Hersteller als Darstellungsparameter. Die Wirtschaftlichkeit ist ein allgemeines Merkmal.

Aussage 34: Für gegebene Bedingungen einer konkreten Aufgabe existiert eine gewisse Kombination der Darstellungsparameter (s. die letzte Aussage), welche die günstigste, optimale Lösung des Darstellungsproblems bedeutet. Es ist die Aufgabe des Konstrukteurs, diese Kombination zu suchen (besonders mit Rücksicht auf den bedeutenden Anteil dieser Arbeiten an der Gesamtstruktur).

Aussage 35: (Definition) "Darstellung beim Konstruieren" ist ein Gebiet der Konstruktionswissenschaft, das alle Kenntnisse über die Darstellung der TS und weitere Tatsachen mit Rücksicht auf Gebrauch beim Konstruieren beinhaltet.
"Das technische Zeichnen" ist ein Teilgebiet der "Darstellung beim Konstruieren", das durch die zeichnerische Technik charakterisiert ist; es ist das wichtigste und verbreitetste Gebiet der Darstellung beim Konstruieren.

DIE ARBEITSMITTEL

Aussage 36: (Definition) "Arbeitsmittel" im KoP heißt jedes Objekt oder Gerät, welches an der Lösung beteiligt oder dem Konstrukteur beim Konstruieren irgendwie behilflich ist.

"Arbeitsmittel des KoP" ist ein Gebiet der Konstruktionswissenschaft, welches eine geordnete Übersicht über die vorhandenen Arbeitsmittel gibt, die einzelnen Mittel bewertet und ihren vorteilhaften Einsatzbereich festlegt.

Aussage 37: (Definition) "Rechnergestütztes Konstruieren" ist ein besonderes Teilgebiet der Arbeitsmittel, welches alle Möglichkeiten und Aspekte für EDV-Einsatz beim Konstruieren erörtert.

DIE LEITUNG des Konstruktionsprozesses (8)

Aussage 38: (Definition) Die Leitung des KoP übt im Konstruktionsprozeß die Aufbaufunktion sowie die Steuerungs- und Regelungs-(Koordinations-) Funktion aus. "Die Leitung des KoP" ist ein Gebiet der Konstruktionswissenschaft, welches die Fachinformationen über Leitung zusammenfaßt.

Aussage 39: Die Leitung des KoP erfordert wegen des speziellen Charakters der Konstruktionsarbeit und der Aufgaben eine besondere Auffassung und läßt sich durch routinemäßige Anwendung der Managementtechniken allein nicht erfolgreich bewerkstelligen.

Die Besonderheit der schöpferischen Arbeit (Risiko) und grundlegenden Entscheidungen (Verantwortung) sowie die engen Beziehungen zu allen Abteilungen des Betriebes stellen die Führung vor sehr komplexe Aufgaben.

Aussage 40: "Die Leitung" läßt sich in folgende grundlegende Operationen auflösen: Festlegen der Aufgaben, Planen, Anweisungen erteilen, Arbeitsmethoden festlegen, Arbeit koordinieren, Spezialisieren, Organisieren, Informationen beschaffen und abgeben, mit Menschen und Mitteln operieren, Kontrollieren, Anregen und Ausbilden.

DIE ARBEITSBEDINGUNGEN (9)

Aussage 41: (Definition) Arbeitsbedingungen des KoP stellen ein Element im Arbeitssystem des Konstrukteurs dar, das die Summe der Einflüsse (Beziehungen) der Umwelt repräsentiert.

"Arbeitsbedingungen des KoP" ist ein Gebiet der Konstruktionswissenschaft, welches sich mit Arbeitsbedingungen befaßt.

Aussage 42: Die eigentlichen Arbeitsbedingungen des KoP vertreten nur einen Teil der Umwelteinflüsse, welche direkt im Arbeitssystem vorhanden sind (Mikrobedingungen). Daneben machen sich auch die Makroeinflüsse bemerkbar; politische und soziale Situation allgemein, Familienverhältnisse usw.

Aussage 43: Die Klassen der Arbeitsbedingungen sind: physikalische Bedingungen (Raum, Licht, Lärm), psychologische Bedingungen (Arbeitsmilieu, menschliche Beziehungen), und organisatorische Bedingungen (Wirkungen von Leitung), Tradition.

Anhang 2   Aussagensystem der „Theorie der Maschinensysteme"

2.1. Jedes System besitzt zwei grundlegende Eigenschaften: Verhalten und Struktur. Das Verhalten ist die Menge der zeitlich aufeinanderfolgenden Zustände eines Systems. Die Struktur wird als eine Menge von Elementen des Systems und von den die Elemente miteinander verbindenden Relationen definiert.

2.2. Das Verhalten des Systems ist durch dessen Struktur gegeben.

2.3. Das verhältnismässig geschlossene System mit einer gegebenen Struktur hat nur ein einziges Verhalten; die Struktur determiniert dasselbe.

2.4. Das Verhalten legt nicht eindeutig die Struktur fest. Dieselbe Funktion lässt sich durch unterschiedliche Strukturen verwirklichen.

3.1. In der Gesellschaft entstehen immer neue Probleme, die neue Bedürfnisse wecken.

3.2. Bedürfnisse kann man durch bestimmte Objekte (Operanden) in bestimmten Zuständen befriedigen.

3.3. Die nötigen Objekte im gewünschten Zustand sind nicht vorhanden.

3.4. Um die gewünschten Zustände der Operanden zu erzielen, bedarf es gewisser Transformationen derselben.

3.5. Transformationen (Umwandlungen) werden in technischen Prozessen durchgeführt.

3.6. Als Operanden technischer Prozesse können Energie, Stoffe, Informationen und biologische Objekte dienen.

3.7. Zur Transformation der Operanden sind bestimmte Wirkungen und Bedingungen nötig.

3.8. Transformationen, Prozesse, Zustände, Wirkungen lassen sich in Teiltransformationen, -prozesse, -zustände, -wirkungen zerlegen.

3.9. Um eine Arbeitswirkung, das heisst Wirkung für nötige Transformationen, zu erzielen, muss man unbedingt noch weitere Wirkungen realisieren, namentlich: Neben-, Antriebs-, Steuer-, Regel- und Verbindungswirkungen.

3.10. Die Realisierung der Wirkung beruht auf physikalischen, chemischen oder biologischen Phänomenen (Kenntnissen).

3.11. Die Wirkungen werden allgemein vom System «Mensch – technisches System» oder «Mensch – MS» realisiert.

3.12. Das Prozessergebnis, das heisst gewünschter Zustand des Operanden und Effektivität der Prozesse, wird ausser dem System «Mensch – TS» noch durch Operatoren (Einflussfaktoren) wie Fachinformationen, Steuerung der Prozesse und Bedingungen der Umwelt beeinflusst.

5.1. Ein MS muss, um die gestellten Forderungen zu erfüllen, nicht nur die gewünschte Funktion ausüben können, sondern auch gewisse Eigenschaften in einem bestimmten Mass besitzen. Trotzdem zum Beispiel keine Forderung an Korrosionsbeständigkeit oder Lebensdauer (oder andere Eigenschaften) gestellt worden sind, besitzt das MS eine bestimmte Korrosionsbeständigkeit und Lebensdauer. Das MS ist immer Träger von allerlei Arten von Eigenschaften, ausschlaggebend ist jedoch das Mass dieser Eigenschaften (Qualität).

5.2. Jedes MS besitzt alle Arten von Eigenschaften, aber deren Mass kann verschieden sein, was die Gesamtqualität des MS bestimmt.

5.3. Jede Funktion (Verhalten) ist ein System von Teilfunktionen (Teilverhalten) bis hinab zu den elementaren Funktionen (Verhalten). Auf jeder Kompliziertheitsebene können wir mit verschiedenen Abstraktionsgraden arbeiten, von einer abstrakten Funktion bis zum Verhalten eines konkreten MS. Als elementare Funktionen werden die Verbindungs- und Trennungsfunktionen angenommen, die auf einer hohen Abstraktionsebene liegen und eine ganze Reihe von hierarchischen Stufen für verschiedene Bedingungen vereinigen.

5.4. Alle Arten von Eigenschaften werden mit elementaren Konstruktionseigenschaften (Struktur, Form, Abmessungen, Werkstoff, Oberfläche, Toleranzen, Herstellungsart) erzielt.

5.5. Jedes Maschinensystem lässt sich in Teilsysteme (Maschinen, Gruppen, Untergruppen) zerlegen, die in vorgesehenen Kombinationen die Teil- und Elementarfunktionen erfüllen.

5.6. Das Verhalten eines Maschinensystems ist nicht nur die Verhaltenssumme der Elemente, sondern es hängt von deren Kopplungen ab.

5.7. Die Grundfaktoren, von denen der Wert eines Maschinensystems abhängt, sind: Konstruktives Können des Konstrukteurs, Konstruktionszeit und die Anzahl der Verbesserungen.

6.1. Der «Lebenslauf» eines Maschinensystems ist ein Prozess, der als ein System von Teilprozessen (Etappen und Phasen) definierbar ist.

6.2. Die vier charakteristischen Grundetappen des Lebenslaufes sind: Entstehung, Distribution, Arbeitsprozess (Betrieb) und Liquidation des MS.

6.3. Jedes MS muss alle diese Etappen durchlaufen und den jeweiligen Anforderungen entsprechen, das heisst gewisse Eigenschaften besitzen.

6.4. Anzahl und Umfang der Phasen der vier Grundetappen hängen grundsätzlich von folgenden Faktoren ab: Kompliziertheit des MS, Konstruktionsoriginalität, Produktionsart, Besteller. Je nach Organisation und Tradition der ausführenden Institutionen lassen sich gewisse Phasen sehr unterschiedlich gestalten.

6.5. Über den Gesamtwert des MS wird überwiegend in der Phase der Konstruktion entschieden.

7.1. Die Entwicklung der Technik soll die humanen Ziele der Gesellschaft unterstützen und gewährleisten. Jeder Ingenieur und Techniker soll dafür sorgen, dass die Technik dieser Zielsetzung dient und nicht im Interesse einzelner oder parasitärer Gruppen missbraucht wird.

7.2. Die Entwicklung der MS im Zeitlauf der Jahre ist eine Kette elementarer Änderungen der Eigenschaften derselben.

7.3. Das Tempo der Entwicklung wird ständig beschleunigt, da kürzere Entwicklungszeiten verlangt werden, kürzere Verbrauchsdauer der MS üblich werden, Forderungen an gewisse Eigenschaften ihre Tendenz ändern.

7.4. Die Entwicklung des MS wird von drei Hauptfaktoren beeinflusst: technische Fähigkeit, wirtschaftliche Potenz und Motivierung für Entwicklung. Einen wichtigen Einfluss können auch die Rohstoffsituation des Landes sowie die Operatoren des Konstruktionsprozesses ausüben.

Anhang 3 Stellenbeschreibung des Projektleiters
(Idealisiertes Beispiel)

(1) <u>Bezeichnung der Stelle</u>: Projektleiter

(2) <u>Zielsetzungen der Stelle</u>:
Die Projekte (s.Bemerkungen) sollen das durch das Pflichtenheft formulierte Ziel mit minimalem Kostenaufwand zu einem bestimmten Zeitpunkt erreichen. Die oft langen Abläufe verlangen Steuerungsentscheidungen, welche von den Zwischenergebnissen abhängig sind und schnell getroffen werden müssen. Der Projektleiter bildet das Steuerungsorgan der Projektabläufe.

Bemerkung: Ein Projekt kann entweder Neu- oder Weiterentwicklung eines Produktes oder eine Produktüberarbeitung größeren Umfangs sein, wenn der Auftrag durch die Geschäftsleitung als Projekt erklärt wird.

(3) <u>Stellung des Projektleiters</u>
Der Projektleiter ist direkt dem zuständigen technischen Direktor des Fachbereiches unterstellt. Ausnahmen von dieser Regel (z.B. mehrere Funktionen des Projektleiters) werden von der Geschäftsleitung entschieden.

(4) <u>Verantwortung des Projektleiters</u>
Sie betrifft die richtige Koordination des Projektablaufes, so dass die Arbeiten sachlich und zeitlich gut ausgeführt werden. (Die fachliche Verantwortung trägt dabei der Abteilungsleiter.)
Im besonderen ist er verantwortlich für
- eine termingerechte Planung
- Wahl und Einsatz der Methoden (Wertanalyse, Kostenüberwachung).

(5) <u>Kompetenzen des Projektleiters</u>
- Mit dem Kunden verhandeln (Verhandlungsvollmacht wird in jedem Fall genau begrenzt)
- Projekt-Team bilden (mit Zustimmung der Abteilungsleitung)
- Zuteilung der Aufträge an die Abteilungen
- Einberufung und Vorsitz von Projekt- oder Wertanalyse-Teams
- Erteilung von Weisungen zur Koordinierung der Arbeiten über den Abteilungsleiter oder mit seiner Zustimmung
- Aufträge, welche das Projekt betreffen, erteilen

(6) <u>Aufgaben des Projektleiters</u>
- Der Projektleiter arbeitet einen Projektplan aus; der Plan beinhaltet nebst Art und Reihenfolge der auszuführenden Arbeiten den Personaleinsatz, die Projekt- und Produktkostenpläne
- Er koordiniert den Ablauf der Tätigkeiten nach Plan hinsichtlich sachlicher und zeitlicher Fragen
- Er überwacht den Verlauf von Projekt- und Produktkosten
- Er informiert die entsprechenden Instanzen über den Projektverlauf zu festgelegten Terminen
- Er setzt die zuständigen Leitungsorgane bei bedeutenden Abweichungen vom Plan in Kenntnis und unterbreitet Vorschläge zur Behebung der Schwierigkeiten
- Er erstellt und bereinigt die Freigabe-Dokumente

(7) <u>Beziehungen</u> (lediglich angedeutet, weil sie sehr von der Art der Organisation
abhängig sind)
Der Projektleiter bekommt:
- vom Betrieb (Verkaufsstelle) alle das Projekt betreffenden Dokumente
- von der Normenstelle die Normen
- usw.
Der Projektleiter übergibt:
- Situationsberichte an den technischen Direktor
- Aufträge an die betreffenden Abteilungen
- Informationen über das Projekt an die beteiligten Abteilungen
- Projektpläne an die beteiligten Abteilungen
- usw.

Anhang 4 Auswahl von DK-Klassen für den Konstrukteur im Maschinenbau

A. Hauptabteilungen, Abteilungen und Sektionen

Hauptabteilungen	Abteilungen	Sektionen Unterabteilungen
0 Allgemeines	60 Allgemeine Wissenschaft	620 Werkstoffprüfung, Warenkunde, Energiewirtschaft
1 Philosophie	61 Medizin	621 Allgemeiner Maschinenbau, Kerntechnik, Elektrotechnik
2 Religion, Theologie	62 Ingenieurwesen, Technik	622 Bergbau, Bergwerke
3 Spezialwissenschaften, Recht, Verwaltung	63 Landwirtschaft, Forstwirtschaft	623 Wehrtechnik, Heerestechnik
4 nicht belegt	64 Hauswirtschaft	624 Bauingenieurwesen im allgemeinen
5 Mathematik, Naturwissenschaft	65 Betriebsführung und Organisation	625 Technik der Verkehrswege zu Lande
6 Angewandte Wissenschaften, Medizin, Technik	66 Chemische Technik	626 Allgemeiner Wasserbau
7 Kunst, Kunstgewerbe, Photographie, Musik	67 Verschiedene Industrien und Gewerbe	627 Natürliche Binnengewässer
8 Schöne Literatur Sprachwissenschaften	68 Mechanische Technologie	628 Gesundheitstechnik
9 Heimatkunde, Geographie, Biographien, Geschichte	69 Baustoffe, Bauhandwerk, Bauarbeiten	629 Fahrzeugtechnik

B. Einige Fachgebiete des Maschinenbaues

621.1	Allgemeines über Wärmekraftmaschinen	621.81	Allgemeines über Maschinenelemente
621.22	Hydraulische Energie, Wasser	621.82	Zapfen, Lager, Wellen
621.3	Elektrotechnik	621.83	Getriebe, Nocken
621.4	Wärmekraftmaschinen	621.85	Übertragung durch biegsame Organe
621.5	Pneumatische Energie	621.86	Fördermittel im allgemeinen
621.6	Maschinen zum Fördern von Gasen und Flüssigkeiten	621.87	Krane, Aufzüge, Bagger
621.7	Spanlose Umformung im allgemeinen	621.88	Befestigungsmittel
621.8	Kraftübertragung, Getriebe	621.89	Schmierung
621.9	Spanende Umformung im allgemeinen	621-762	Dichtungen

C. Gebiete DK relevant zur Konstruktion

608	Erfindungen und Entdeckungen in Naturwissenschaft und angewandter Wissenschaft
62-1	Allgemeine Kennzeichen von Maschinen
621.002.2	Konstruktionsmethodik (nicht in Handausgabe)
658.512.2	Entwurf, Gestaltung, Konstruktion, Formgebung (Mech. Design)
001	Wissenschaft und Kenntnisse im allgemeinen
001.8	Allgemeine Methodenlehre
001.81	Technik der geistigen Arbeit

Anhang 5 Aufstellung der Informationsträgern in einem Gruppen-Informationssystem (Beispiel)

(01) Abhandlungen über grundlegendes Wissen und Ingenieurwissenschaften. Am besten benützt jeder Konstrukteur seine eigenen Taschenbücher, wo die meisten Informationen enthalten sind. Jene Disziplinen, die nicht vertreten sind, (z. B. Betriebswissenschaften) lassen sich durch geeignete Fachbücher behandeln. Für besonders wichtige Gebiete (wie z. B. Hydraulik für hydraulische Maschinen) müssen noch Monographien vorhanden sein.
(02) Unterlagen über Arbeitsprozess, so zum Beispiel in Werkzeugmaschinenbau und Fertigungstechnik
(03) Auszüge, Bemerkungen zu Gruppen (01) und (02)
(04) Allgemeine Theorie der MS-Nachschlagwerke (Enzyklopädie)
(05) Normen des Herstellerlandes, vielleicht wichtiger Exportländer
(06) Besondere Theorie der MS; wichtigste Arten der Fachbücher oder Lehrbücher, welche die MS des betreffenden Gebietes behandeln, einschliesslich zugehöriger Teilsysteme
(07) Besondere Abhandlungen über Leichtbau, Zuverlässigkeit, Lebensdauer und weitere charakteristische Eigenschaften der zu konstruierenden MS
(08) Werknormen; Auswahl aus Normen (z. B. DIN) für den Betrieb. Eigene Werknormen, Typisierungsreihen
(09) Vorschriften (Gesetze) relevant für das Fachgebiet (Sicherheit, Explosion, Feuer)
(10) Patente, die für das Fachgebiet von ausschlaggebender Bedeutung sind
(11) Verpackungsvorschriften, -empfehlungen und -systeme (Einfluss auf Form der Erzeugnisse)
(12) Transportvorschriften und -möglichkeiten. Tragfähigkeit der Kräne, Abmessungen der Tore, Bahnprofile, Schiffstransportbedingungen. Zuschläge für ausserordentliche Abmessungen, Gewichte
(13) Lagerungsvorschriften und -möglichkeiten
(14) Maschinenelemente und weitere elementare Systeme des Finalsystems. Fachbücher, Monographien, Aufsätze
(15) Karten (Passporte) eigener MS. Beschreibung mit wichtigen Eigenschaften vorteilhaft auf einheitlichen Formularen, Darstellungen (Masszeichnungen), kurze Bemerkungen über Betrieb, Reklamationen, Bezeichnungsnummern von Zusammenstellzeichnungen. Übersichtliche Zusammenfassungen von Bewertungen der MS, auch Entwicklung im Laufe der Zeit
(16) Karten (Passporte) von MS der Konkurrenz, ähnlich wie für eigene MS
(17) Versuchs- und Prüfungsprotokolle der konstruierten Maschinen samt Reklamationen der Fertigung des Benutzers, Bewertung verschiedener Institutionen
(18) Unternehmungsschriften über gekaufte Teilsysteme. Empfehlenswert ist eine übersichtliche Selbstanfertigung einheitlicher Karten mit allen nötigen Parametern, Darstellungen (Grundriss, Abmessungen) und Vergleich der technischen und wirtschaftlichen Eigenschaften
(19) Katalog von Wiederholteilen, am besten nach Funktionen geordnete Maschinenteilblätter mit entsprechenden Angaben
(20) Allgemeine Konstruktionslehre. Allgemeine Fachbücher über Konstruieren, Konstruktionsprozess
(21) Besondere Konstruktionslehre. Konkretisierte Erkenntnisse über Konstruieren im betreffenden Fachgebiet unter gegebenen Arbeits- und Umweltbedingungen. Aufsätze, Berichte, Notizen
(22) Vorgehensschema bei typischen Aufgaben im Arbeitsbereich mit wichtigsten und verbindlichen Kontrollpunkten, genauen Angaben über Art der übergebenen Unterlagen, Zusammenarbeit von Spezialisten
(23) Besondere Berechnungsverfahren, Flussdiagramme, Unterlagen

(24) Vorgehen und Unterlagen für grobe Berechnung der Herstellkosten (VDI-Richtlinien 2225)
(25) Resultatetabellen für oft vorkommende Berechnungen
(26) Typische Funktionsstrukturen der MS im Gebiet
(27) Auswahlleitblätter von Mitteln für geläufige Teilfunktionen im Gebiete vorteilhaft in Form von Matrix, Mittel, Bedingungen
(28) Besondere Konstruktionsrichtlinien für Entwurf von MS aller Kompliziertheitsstufen, besonders aber von Maschinenelementen
(29) Besondere Gestaltungsrichtlinien für typische MS aus verschiedenen Gesichtspunkten (Herstellung, Festigkeit, Ästhetik, Ergonomie usw.)
(30) Werkstofftabellen: Bezeichnung (nach Normen), Schmelzanalyse, physikalische Werte, Festigkeitswerte, technologische Eigenart, Wärmebehandlung, Schweissbarkeit, Verwendung (z. B. Bereich der Temperaturen), Lieferformen (Zustand, Profile, Abmessungen), Lieferant. Zusammenstellungen nach verschiedenen Gesichtspunkten: mechanische, technologische Gesichtspunkte (Härten, Einsetzen, Schweissen), spezielle Verwendung (z. B. Kesselbau, hitzebeständige Stähle, Federstahl), Lote, Tropentauglichkeit
(31) Auswahl der Werkstoffe, die das Werk am Lager hat. Marken, Profile, Abmessungen; Liefertermine für nicht gelagerte Werkstoffe
(32) Preisliste der Werkstoffe, entweder direkt im Währungssystem oder in relativen Zahlen (VDI-Richtlinien 2225)
(33) Gewichtstabellen für rasche Berechnung der Gewichte
(34) Übersicht der Fertigungsmöglichkeiten des Betriebes. Verzeichnis der Werkzeugmaschinen mit Parametern für die Bearbeitung. Besonders maximal und minimal zu bearbeitende Abmessungen und Präzision (z. B. max. Durchmesser 3500-H7 bedeutet, dass im Betrieb nur Karussell mit maximalem Bearbeitungsdurchmesser von 3500 mm und einer Präzision entsprechend H7 vorhanden ist). Bearbeitung im Auftrag ausserhalb des Betriebes, grobe Liefertermine
(35) Empfohlene Passungen, Verwendung, Verzeichnis der im Betrieb vorhandenen Kaliber
(36) Messmöglichkeiten des Betriebes. Grösste Präzision von Messinstrumenten im Betrieb, das heisst in der Fertigung, Qualitätskontrolle, Labor
(37) Datenzusammenstellungen aus Ingenieurwissenschaften, Normen usw.
(38) Darstellungsarten, Richtlinien und Betriebsusanzen für Ausarbeitung von Zeichnungen
(39) Änderungsdienstprinzipien, Hinweise, Durchführungsrichtlinien
(40) Konstruktionstagebücher, Berichte über einzelne Konstruktionsaufträge
(41) Kartei der wichtigsten Informationsträger (Bücher, Aufsätze) mit kurzen Angaben über die Bibliothek, wo sie zu finden sind. Recherchen, die für relevante Fragen des Fachgebietes ausgearbeitet worden sind. Verschiedene Literaturübersichten, zum Beispiel VDI-Zeitschrift, Kopien des einschlägigen Schrifttums von Fachbüchern
(42) Wichtige Zeitschriften, die direkt das Arbeitsgebiet betreffen (sonst alle Zeitschriften besser in Bibliothek), von wichtigen Aufsätzen Karten oder Kopien
(43) Verzeichnis gekaufter und zirkulierender Fachzeitschriften, Evidenz des Gelesenen
(44) Angaben über weitere Datenbanken (Verbindung, Adressen, Telephon, Inhalt, Anordnung), Auszug von DK für das Fachgebiet, Patentklassen
(45) Kartei der in Frage kommenden Spezialistenberater für gewisse Teilgebiete (Produktgestalter, Patentingenieur, Schweissingenieur und ähnliche)
(46) Organisationsstruktur der Unternehmung und Beziehungen unter Abteilungen, insbesondere mit Konstruktion

Anhang 6 Klassen der Eigenschaften der Maschinensysteme und gegenseitige Beziehungen

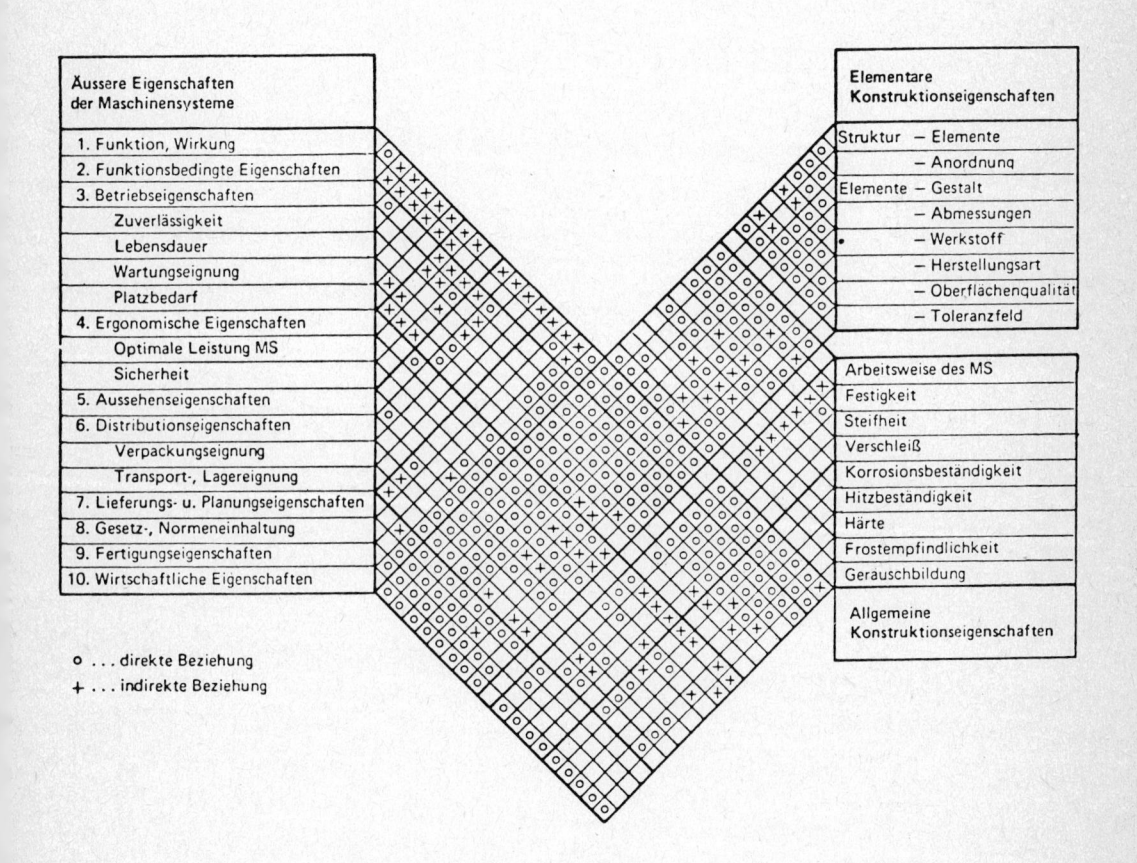

Äussere Eigenschaften der Maschinensysteme

1. Funktion, Wirkung
2. Funktionsbedingte Eigenschaften
3. Betriebseigenschaften
   - Zuverlässigkeit
   - Lebensdauer
   - Wartungseignung
   - Platzbedarf
4. Ergonomische Eigenschaften
   - Optimale Leistung MS
   - Sicherheit
5. Aussehenseigenschaften
6. Distributionseigenschaften
   - Verpackungseignung
   - Transport-, Lagereignung
7. Lieferungs- u. Planungseigenschaften
8. Gesetz-, Normeneinhaltung
9. Fertigungseigenschaften
10. Wirtschaftliche Eigenschaften

o ... direkte Beziehung
+ ... indirekte Beziehung

Elementare Konstruktionseigenschaften

- Struktur — Elemente
  — Anordnung
- Elemente — Gestalt
  — Abmessungen
  — Werkstoff
  — Herstellungsart
  — Oberflächenqualität
  — Toleranzfeld

Arbeitsweise des MS
- Festigkeit
- Steifheit
- Verschleiß
- Korrosionsbeständigkeit
- Hitzebeständigkeit
- Härte
- Frostempfindlichkeit
- Geräuschbildung

Allgemeine Konstruktionseigenschaften

Anhang 7   Einige Vorgehensmodelle beim Konstruieren

A. Asimov : Morphology of Design   [6]
B. Pabla -Matchett : Stadien des Arbeitsfortschrittes   [61]
C. Hansen : Konstruktionssystematik   [33,34]
D. Rodenacker : Physikalisch orientierte Konstruktion   [84,92]
E. Koller : Algorithmisch-physikalisch orientierte Konstruktionsmethodik [53]
F. Roth : Vergehensschritte und Hilfsmittel   [87,88]
G. VDI Richtlinie 2222 : Vorgehensplan   [123]
H. Konstruieren als Suche nach den Konstruktionseigenschaften

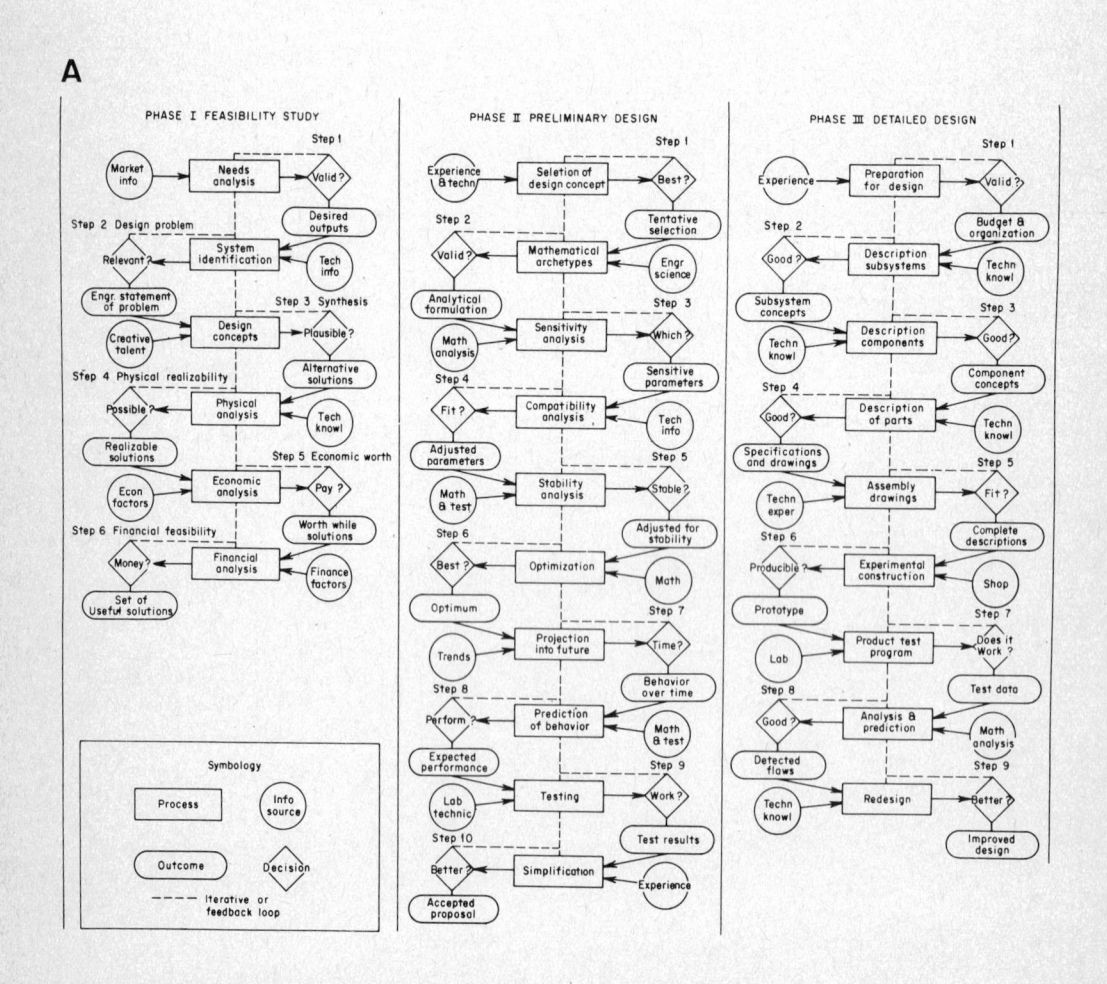

A

B

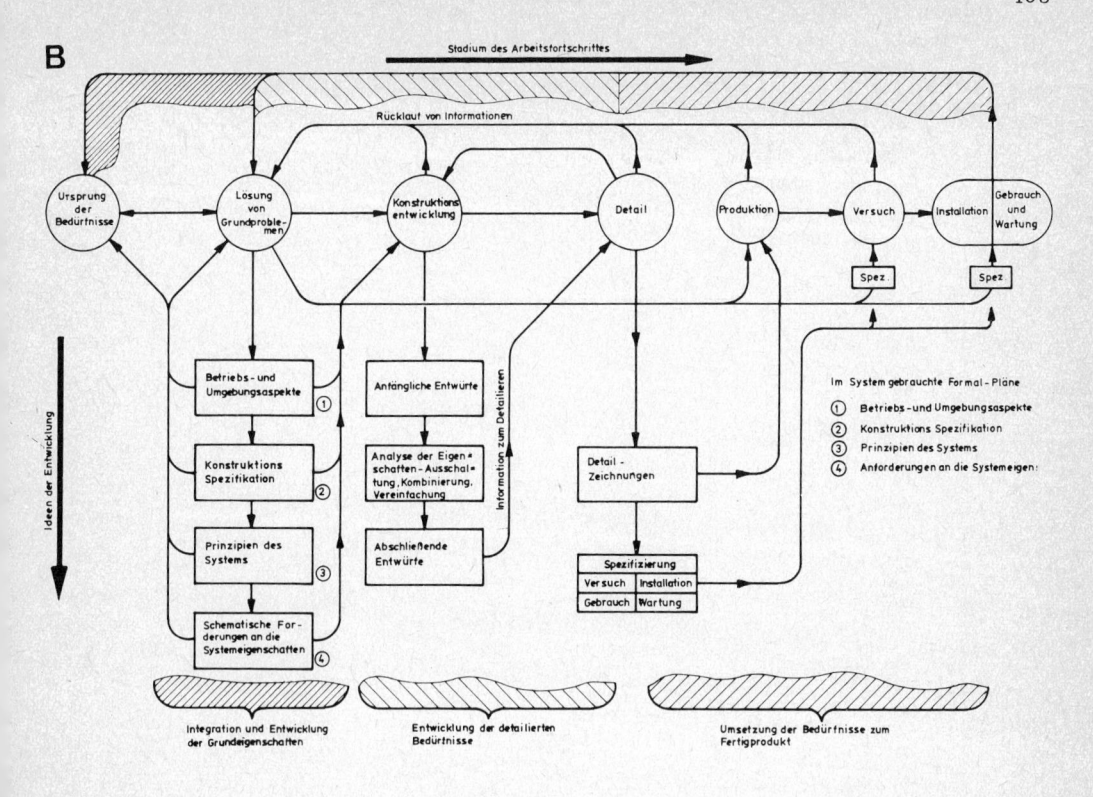

Stadium des Arbeitsfortschrittes →

Rücklauf von Informationen

Ursprung der Bedürfnisse → Lösung von Grundproblemen → Konstruktionsentwicklung → Detail → Produktion → Versuch → Installation → Gebrauch und Wartung

Spez. | Spez.

Ideen der Entwicklung ↓

- Betriebs- und Umgebungsaspekte ①
- Konstruktions Spezifikation ②
- Prinzipien des Systems ③
- Schematische Forderungen an die Systemeigenschaften ④

- Anfängliche Entwürfe
- Analyse der Eigenschaften - Ausschaltung, Kombinierung, Vereinfachung
- Abschließende Entwürfe

Information zum Detaillieren

- Detail-Zeichnungen
- Spezifizierung: Versuch | Installation | Gebrauch | Wartung

Im System gebrauchte Formal-Pläne
① Betriebs- und Umgebungsaspekte
② Konstruktions Spezifikation
③ Prinzipien des Systems
④ Anforderungen an die Systemeigen:

Integration und Entwicklung der Grundeigenschaften | Entwicklung der detaillierten Bedürfnisse | Umsetzung der Bedürfnisse zum Fertigprodukt

C

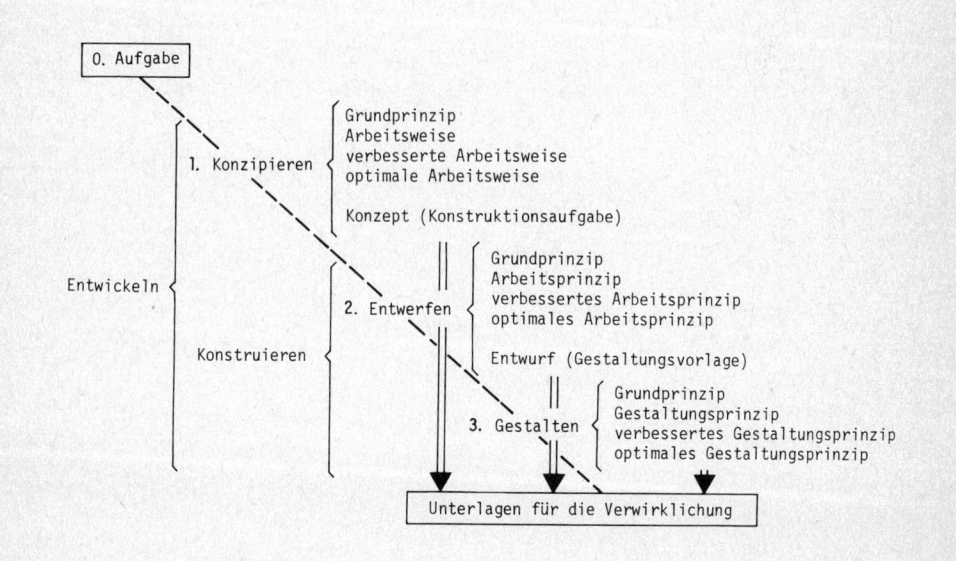

0. Aufgabe

Entwickeln {
  1. Konzipieren { Grundprinzip, Arbeitsweise, verbesserte Arbeitsweise, optimale Arbeitsweise
    Konzept (Konstruktionsaufgabe)

Konstruieren {
  2. Entwerfen { Grundprinzip, Arbeitsprinzip, verbessertes Arbeitsprinzip, optimales Arbeitsprinzip
    Entwurf (Gestaltungsvorlage)

  3. Gestalten { Grundprinzip, Gestaltungsprinzip, verbessertes Gestaltungsprinzip, optimales Gestaltungsprinzip

Unterlagen für die Verwirklichung

D

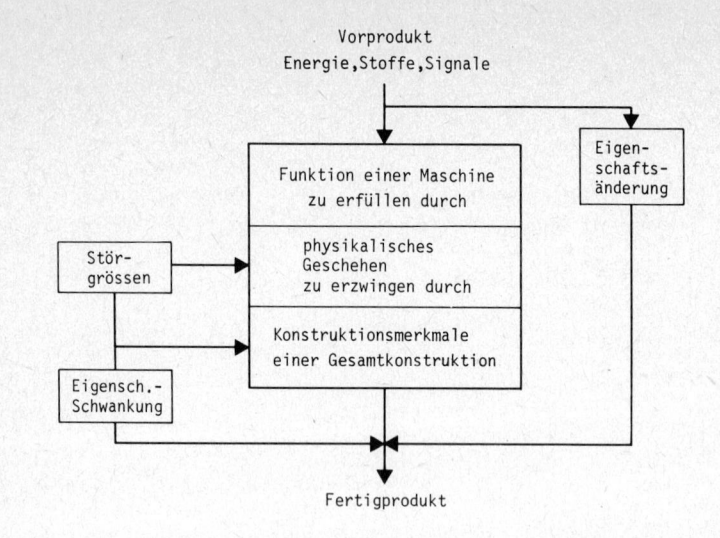

```
                    Vorprodukt
                Energie, Stoffe, Signale
                           │
                           ▼
        ┌──────────────────────────────┐    ┌──────────┐
        │   Funktion einer Maschine    │    │ Eigen-   │
        │      zu erfüllen durch       │◄───│ schafts- │
        │                              │    │ änderung │
        │      physikalisches          │    └──────────┘
  ┌─────┤      Geschehen               │
  │Stör-│      zu erzwingen durch      │
  │grös-├────►                         │
  │sen  │   Konstruktionsmerkmale      │
  └─────┘   einer Gesamtkonstruktion   │
  ┌─────┐                              │
  │Eig- ├────►                         │
  │ensch│                              │
  │Schw-│                              │
  │ank- │                              │
  │ung  │                              │
  └─────┘ └──────────────┬─────────────┘
                         ▼
                    Fertigprodukt
```

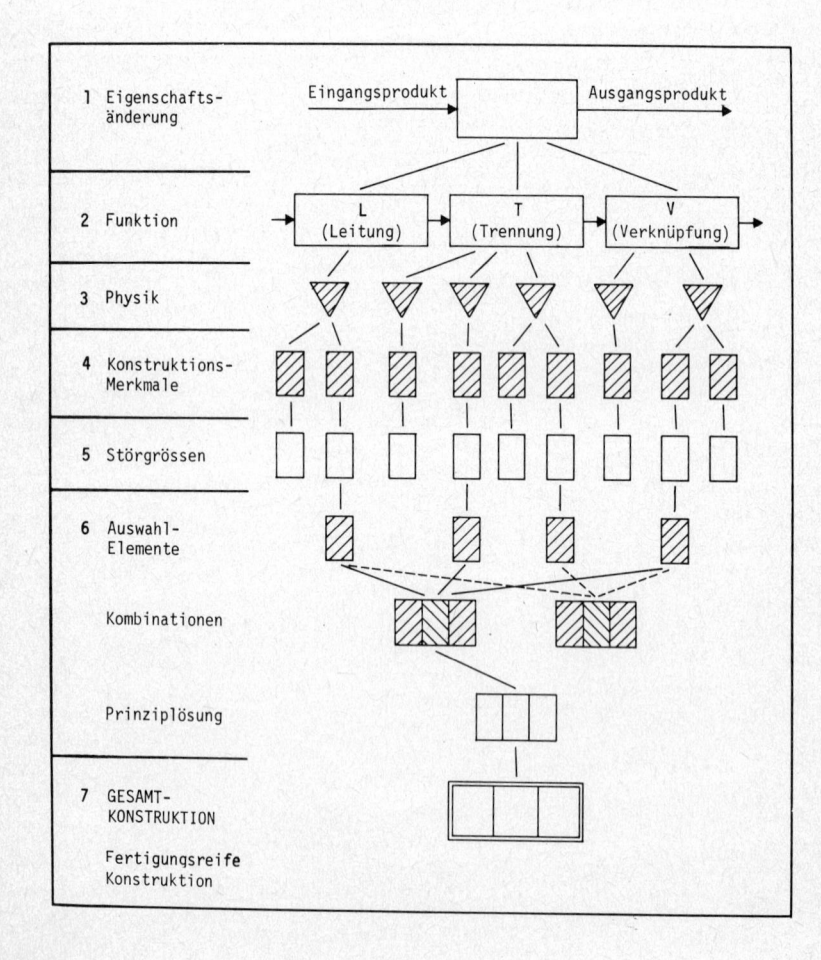

1 Eigenschafts-änderung	Eingangsprodukt → □ → Ausgangsprodukt
2 Funktion	L (Leitung) T (Trennung) V (Verknüpfung)
3 Physik	
4 Konstruktions-Merkmale	
5 Störgrössen	
6 Auswahl-Elemente	
Kombinationen	
Prinziplösung	
7 GESAMT-KONSTRUKTION Fertigungsreife Konstruktion	

195

E

Stationen		Tätigkeiten		Prüfungen, Entscheidung
1	Marktbedarf	1	Planen	
2	Produktbeschreibung	2	Erstellen	Entscheiden / Genehmigen
3	Aufgabenstellung	3	Formulieren	
4	Gesamtfunktion	4	Strukturieren	
5	Teilfunktionsstruktur	5	Strukturieren	
6	Elem.funk.struktur	6	Abstrahieren	
7	Grundfunktionsstruktur	7	Effektvariieren	
8	Effektvarianten	8	Effektträgervariieren	
9	Eff.-trägervarianten	9	Prinzipdarstellen	
10	Basislösungen	10	Gestaltvariieren	
11	Gestaltvarianten	11	Kombinieren	
12	Baugruppenvarianten	12	Kombinieren	
13	Systemvarianten	13	Entwerfen(Anordnen)	Festlegen des Konzepts / Wirtschaftl. Bewertung
14	Qualitativer Entwurf	14	Entw.(Dimensionieren)	Kalkulieren, Entscheiden
15	Maßstäbl. Entwurf	15	Untersuchen	
16	Endgültiger Entwurf	16	Ausarbeiten	
17	Zeichnungsunterlagen	17	Detaillieren	Kalkul., Fertig-freigabe
18	Fertigungsunterlagen	18	Fertig. vorbereiten	
19	Produkt	19	Fertigen	
20	Markt	20	Verkaufen	

Bereiche / Komplexität

Produkt-planung | Aufgabenanalyse | Qualitative Synthese | Quantitative Synthese | Produkt-fertigung
(Tätigkeitsbereich der Konstruktion) — **Produktentwicklung**

F

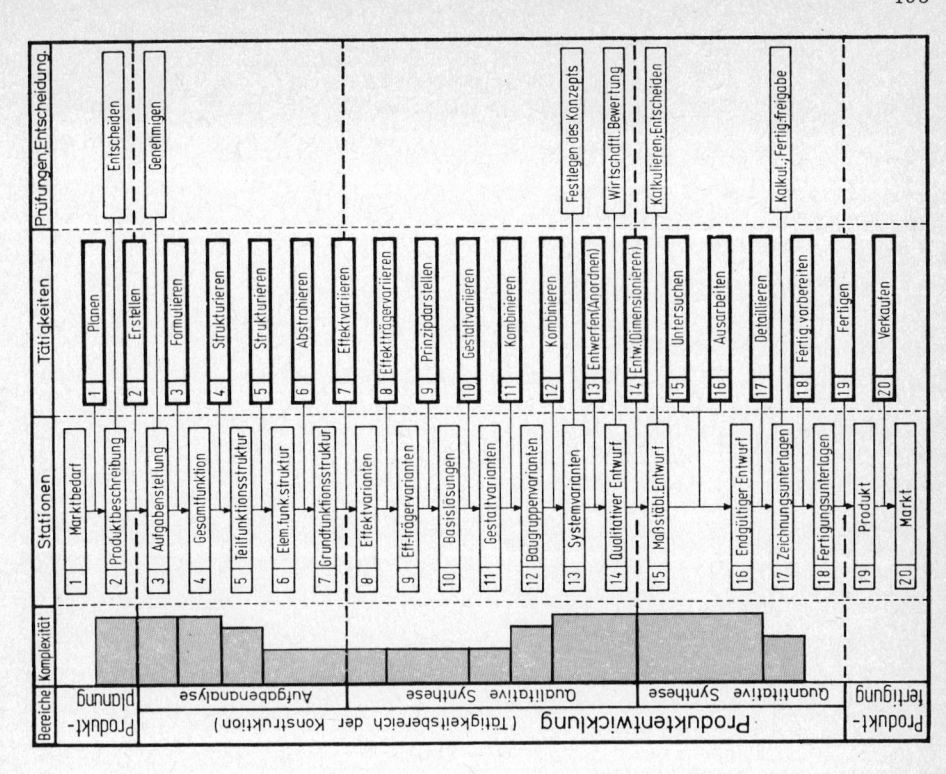

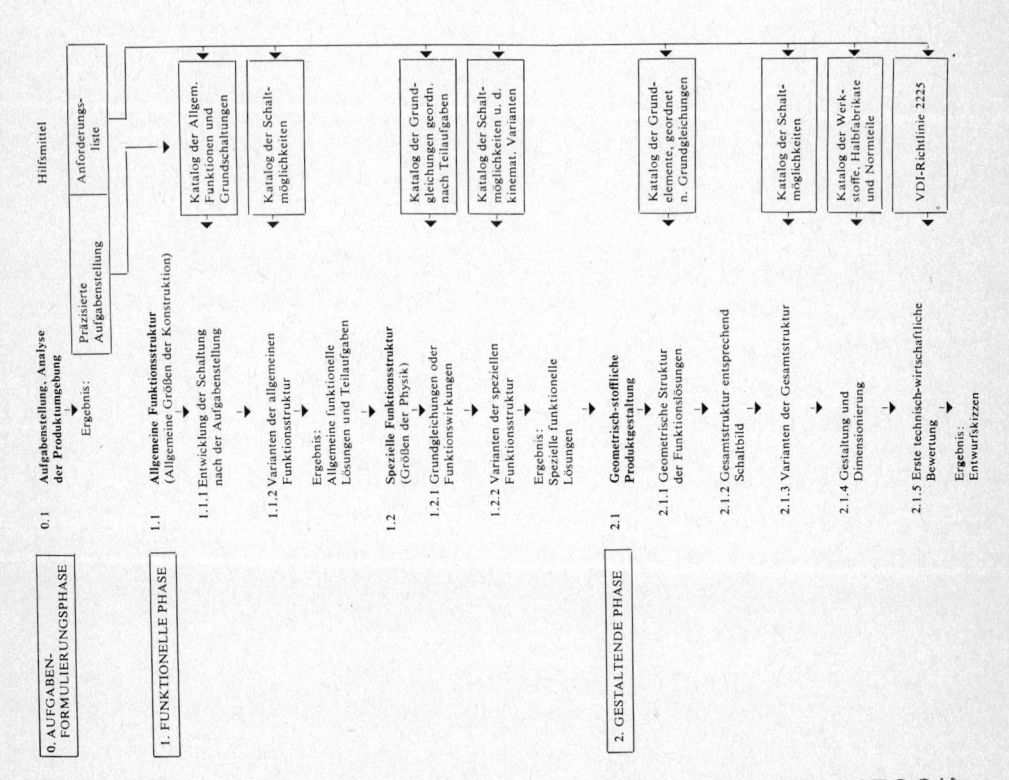

	Hilfsmittel
0. AUFGABEN-FORMULIERUNGSPHASE	Anforderungsliste
0.1 Aufgabenstellung, Analyse der Produktumgebung	
Ergebnis: Präzisierte Aufgabenstellung	
1. FUNKTIONELLE PHASE	
1.1 Allgemeine Funktionsstruktur (Allgemeine Größen der Konstruktion)	
1.1.1 Entwicklung der Schaltung nach der Aufgabenstellung	Katalog der Allgem. Funktionen und Grundschaltungen
1.1.2 Varianten der allgemeinen Funktionsstruktur	Katalog der Schaltmöglichkeiten
Ergebnis: Allgemeine funktionelle Lösungen und Teillaufgaben	
1.2 Spezielle Funktionsstruktur (Größen der Physik)	
1.2.1 Grundgleichungen oder Funktionswirkungen	Katalog der Grundgleichungen geordn. nach Teilaufgaben
1.2.2 Varianten der speziellen Funktionsstruktur	Katalog der Schaltmöglichkeiten u. d. kinemat. Varianten
Ergebnis: Spezielle funktionelle Lösungen	
2. GESTALTENDE PHASE	
2.1 Geometrisch-stoffliche Produktgestaltung	
2.1.1 Geometrische Struktur der Funktionslösungen	Katalog der Grundelemente, geordnet n. Grundgleichungen
2.1.2 Gesamtstruktur entsprechend Schaltbild	
2.1.3 Varianten der Gesamtstruktur	Katalog der Schaltmöglichkeiten
2.1.4 Gestaltung und Dimensionierung	Katalog der Werkstoffe, Halbfabrikate und Normteile
2.1.5 Erste technisch-wirtschaftliche Bewertung	VDI-Richtlinie 2225
Ergebnis: Entwurfskizzen	

WOLFGANG PITSCH
DIPL.-ING. ARCH.
TENGSTRASSE 10
TELEFON 089 / 37 82 22
8000 MÜNCHEN 40

G

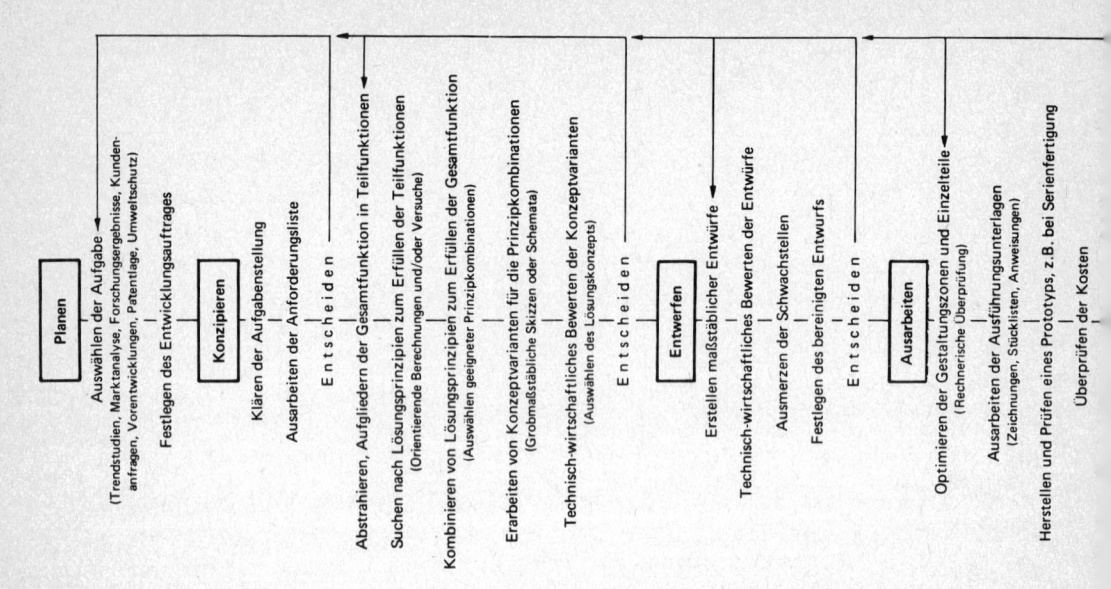

Planen
- Auswählen der Aufgabe
  (Trendstudien, Marktanalyse, Forschungsergebnisse, Kundenanfragen, Vorentwicklungen, Patentlage, Umweltschutz)
- Festlegen des Entwicklungsauftrages

Konzipieren
- Klären der Aufgabenstellung
- Ausarbeiten der Anforderungsliste

E n t s c h e i d e n

- Abstrahieren, Aufgliedern der Gesamtfunktion in Teilfunktionen
- Suchen nach Lösungsprinzipien zum Erfüllen der Teilfunktionen
  (Orientierende Berechnungen und/oder Versuche)
- Kombinieren von Lösungsprinzipien zum Erfüllen der Gesamtfunktion
  (Auswählen geeigneter Prinzipkombinationen)
- Erarbeiten von Konzeptvarianten für die Prinzipkombinationen
  (Grobmaßstäbliche Skizzen oder Schemata)
- Technisch-wirtschaftliches Bewerten der Konzeptvarianten
  (Auswählen des Lösungskonzepts)

E n t s c h e i d e n

Entwerfen
- Erstellen maßstäblicher Entwürfe
- Technisch-wirtschaftliches Bewerten der Entwürfe
- Ausmerzen der Schwachstellen
- Festlegen des bereinigten Entwurfs

E n t s c h e i d e n

Ausarbeiten
- Optimieren der Gestaltungszonen und Einzelteile
  (Rechnerische Überprüfung)
- Ausarbeiten der Ausführungsunterlagen
  (Zeichnungen, Stücklisten, Anweisungen)
- Herstellen und Prüfen eines Prototyps, z.B. bei Serienfertigung
- Überprüfen der Kosten

H

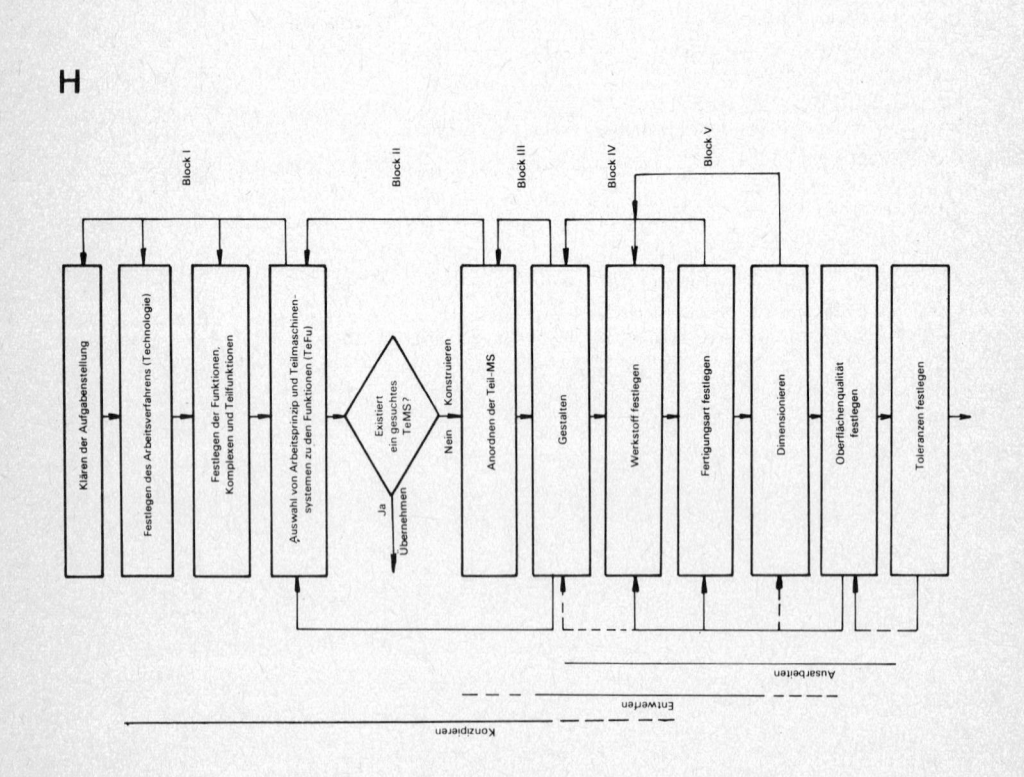

- Klären der Aufgabenstellung
- Festlegen des Arbeitsverfahrens (Technologie)
- Festlegen der Funktionen, Komplexen und Teilfunktionen
- Auswahl von Arbeitsprinzip und Teilmaschinensystemen zu den Funktionen (TeFu)
- Existiert ein gesuchtes TeMS?
  - Ja → Übernehmen
  - Nein → Konstruieren
- Anordnen der Teil-MS
- Gestalten
- Werkstoff festlegen
- Fertigungsart festlegen
- Dimensionieren
- Oberflächenqualität festlegen
- Toleranzen festlegen

Block I, Block II, Block III, Block IV, Block V

Konzipieren — Entwerfen — Ausarbeiten

Anhang 8   Aufstellung der Hilfsmittel des Konstrukteurs

A. <u>Hilfsmittel für graphische Darstellungsarbeiten</u>

(1) Zeichentische und Zeichenmaschinen:
   Verschiedene Arten und Größen von Zeichenbrettern, Zeichenmaschinen stellen eine Vielzahl von Variationen dar.
(2) Zeichenplatten für kleinere Formate A4, A3,
   eine sehr praktische Hilfe nicht nur in der Schule, auch für den Konstrukteur.
(3) Plotter und Fernsehschirm
   werden später im Abschnitt über rechnergestütztes Konstruieren erwähnt.
(4) Zeichenpapier und Folien,
   z.B. in Bogen, in Formaten mit vorgedrucktem Rand und Schriftfeld, Tabellen.
(5) Mittel zum Schneiden des Papiers:
   z.B. Schere, Messer, Draht, spezielles Gerät.
(6) Mittel zum Halten des Zeichenpapiers:
   z.B. Reissnägel, Klebband, Magnete, elektrostatische Platte.
(7) Mittel zum Bleistiftzeichnen:
   z.B. Bleistifte, Minenhalter diverser Ausführung, Minen (Minenhärte und Durchmesser variieren)
(8) Mittel zum Minenspitzen:
   z.B. Schmirgelpapier, Spitzmaschinen verschiedener Art
(9) Mittel zum Tuschzeichnen:
   z.B. Kunstschriftfeder, Reissfedern diverser Art, Graphos-System-Feder, Röhrchen-Tuschefüller verschiedener Art.
(10) Zeichentusche
(11) Mittel zum Zeichnen gerader Linien:
   z.B. Lineale, Zeichendreiecke (verschiedene Winkel und Grössen).
(12) Mittel zum Zeichnen von Kreisen und Ellipsen:
   z.B. Reisszirkel diverser Art und Grösse, Fallnullenzirkel, Verlängerungsstange, Ellipsenzirkel, Schablonen mit Aussen- und Innenumriß
(13) Mittel zum Zeichnen von Kurvenlinien:
   z.B. Kurvenlineale (feste oder biegsame Form)
(14) Mittel für Schriften und Symbole:
   z.B. Schablonen, Schreibmaschinen, Stempel, Ankleben oder Anreiben fertiger Buchstaben oder Symbole
(15) Mittel zum Entfernen der Linien und der Schrift:
   z.B. Radiergummi, Glasradierer, Rasierklinge, Radiermaschine, Flüssigkeiten
(16) Mittel zum Übertragen von Längen und Winkeln:
   z.B. Maßstäbe (Lineale), Normal-Reduktionsskala, Winkelmesser, Stechzirkel und Maßstab
(17) Mittel zum Zeichnen in der Perspektive:
   z.B. Perspektivpapier
(18) Mittel zum Schraffieren:
   z.B. Schraffurvorrichtungen
(19) Mittel zum Zeichnen in einem andern Maßstab:
   z.B. spezielle Stechzirkel, Pantographen, Projektionsgeräte
(20) Mittel zum Zeichnen an der Tafel:
   z.B. Tafel, Kreiden verschiedener Farben

B. **Klassen von Hilfsmitteln für Berechnungen**
 (1) Logarithmische Rechenschieber:
     z.B. Rechenstäbe, Rechenscheiben, Rechenzylinder diverser Art und Länge
 (2) Berechnungstafeln mit tabellierten Ergebnissen
 (3) Schiebbare oder drehbare Berechnungstafeln,
     Alternative zu den Berechnungstabellen
 (4) Mechanische Additoren,
     einfache Systeme zum Addieren (manchmal auf der Rückseite des Rechenschiebers)
 (5) Mechanische Rechner
 (6) Elektronische Taschenrechner
 (7) Nomogramm, Graphen - diverse Arten für rasche Berechnung zum Ablesen
 (8) Spezielle Mittel für graphische Methoden:
     z.B. Planimeter, Integratoren, Derivatoren
 (9) Vorgedruckte Berechnungsunterlagen,
     sie sind zwar an den Rechenoperationen nicht direkt beteiligt, bieten aber
     für oft durchzuführende Rechnungen eine große Hilfe
(10) Mittlere Datentechnik:
     z.B. Fakturiermaschinen, Lochkartenmaschinen
(11) Rechner:
     z.B. Kleinrechner, Grossrechner (s. Abschnitt 7.5)

Anhang 9 Bilder A–D

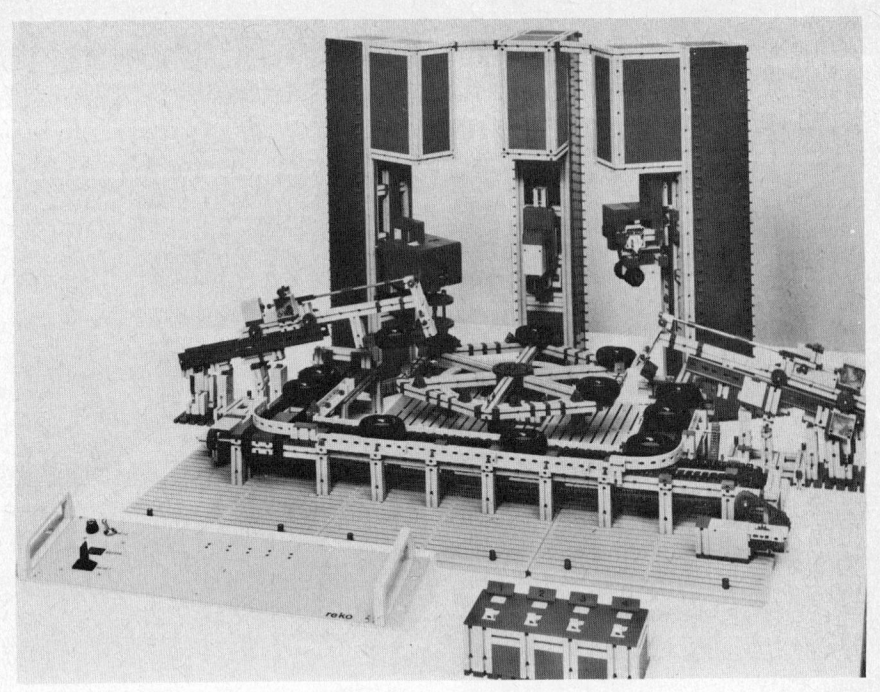

Bild A Fischertechnik - Modell: Transferstrasse mit drei gekoppelten Maschinen-
einheiten und Transporteinrichtung. Programmiert gesteuert.
Photo: Fischertechnik Tumlingen (D)

Bild B Die Steuerungs- und Regelungsfunktionen werden meist durch pneumatische,
hydropneumatische, hydraulische und elektrische oder elektronische Systeme
und ihre Kombinationen erfüllt. Das Versuchs-Modell kann vorteilhaft aus
bestehenden Baukasten-Elementen schnell zusammengesetzt werden.
Photo: Tschudin & Heid AG, Waldenburg (CH)

Bild C   Die formtreuen Modelle (vorteilhaft im Maßstab 1:1) aus Pappe oder Kunststoff dienen der Überprüfung der Aussehens-, Bedienungs- oder ergonomischen Eigenschaften der Maschinensysteme vor der Ausarbeitungsphase.
Hersteller und Photo: Dänische Technische Hochschule, Lyngby (DK)

Bild D   Die Einrichtung eines Konstruktionsbüros ist nicht nur durch Zeichenmaschinen gekennzeichnet; ein wichtiger Bestandteil sind auch Versuchseinrichtungen. Büro, Photo: Danfoss A/S Dänemark.

Literaturverzeichnis

Das Literaturverzeichnis soll neben den allgemeinen Angaben auch die Auswahl der Bücher für die einzelnen Themenkreise erleichtern. Deshalb ist jede Literaturangabe grundsätzlich charakterisiert. Die Symbole in den einzelnen Kolonnen, welche der Aufteilung der Theorie des Konstruktionsprozesses entsprechen, bedeuten:

▼ komplexe Behandlung mehrerer Faktoren des KoP (nur in Kolonne 2)
▽ ausführliche Behandlung der Problematik, integriert
\/ mehrere Angaben, jedoch nicht integriert
⌐ Teilgebiet verarbeitet.

Die erste Kolonne betrifft den Themenkreis der allgemeinen Konstruktionswissenschaft, ausgenommen das Gebiet der Theorie des Konstruktionsprozesses.

	KW	\multicolumn{8}{c}{Kapitel der TKoP}
		2	3	4	5	6	7	8	9
1. Alger,J.R.M., Hays,C.V.: Creative Synthesis in Design Englewood Cliffs N.J.: Prentice Hall 1967		▽		▽					
2. Altschuller,G.S.: Erfinden – ein Problem? Berlin: Verlag Tribüne 1973				▽					
3. Andreasen,M.M.: Briefe 1975	▼								
4. Andreasen,M.M., Stahl,H., Tjalve,E.: Design Engineering as a Project oriented subject, DTH 1974	▽	⌐							
5. Archer,L.B.: Technological Innovation – a methodology London: Interlink 1971					▽				
6. Asimow,M.: Introduction to Design Englewood Cliffs N.J.: Prentice Hall 1967	▼								
7. Baatz,U.: Bildschirmunterstütztes Konstruieren Düsseldorf: VDI Verlag 1973						⌐	⌐		
8. Bär,G.: Aufgabe und Stellung des Konstrukteurs in der Schwerindustrie. Konstruktion 22(1970) Nr.1				▽			\/		
9. Beitz,W.: Übersicht über Konstruktionsmethoden Konstruktion 24(1972) Nr.2 und 3					▽				
10. Beitz,W.: Möglichkeiten methodischer Lösungsfindung bei der Konstruktion. Konstruktion 23(1971) Nr.5					▽				
11. Berard,E.: Principles of Machine Design New York: Ronald Press 1955	▽								
12. Bosch ten: Berechnung der Maschinenelemente Berlin: Springer, Reprint 1972	▽			⌐					
13. Brandenberger,H.: Funktionsgerechtes Konstruieren Zürich: Schweiz.Druck & Verlagshaus 1967	▽		⌐	⌐					⌐
14. Brandenberger,H.: Fertigungsgerechtes Konstruieren Zürich: Schweiz.Druck & Verlagshaus 1949	▽		⌐	⌐					⌐
15. Brankamp,K.: Planung und Entwicklung neuer Industrieprodukte. Berlin: De-Gruyter 1971					▽		▽		
16. Bross,I.D.J.: Design for Decision New York: Mac Millan 1953							⌐		

	K	Kapitel der TKoP						
	W	2	3	4	5	6	7	8	9
17. Bullinger,H., Hichert,R.: Rationalisierung im Konstruktions- und Entwicklungsbereich. Werkzeugmaschine International, 1973 Nr.6		▽—————————————————————							
18. Cain,W.D.: Engineering Product Design. London: Business Books Ltd. 1969		▽			▽	7			
19. Claussen,U.: Konstruieren mit Rechnern. Berlin: Springer 1971					7		7		
20. Dietrych,J.: Konstrukcja i Konstrucwanie. Warszawa: Wydawnictwo Naukowo 1968		▽	▽						
21. Dixon,J.R.: Design Engineering. New York: Mc Graw-Hill 1966		7		▽					
22. Earle,J.H.: Engineering Design Graphics. Reading: Addison-Wesley Publ. 1969					▽				
23. Edel,D.H.: Introduction to Creative Design. Englewood Cliffs N.J.: Prentice Hall 1967				7	7	▽			
24. Eder,J.: Vortragsreihe "Konstruktion" XII.Internat. Wiss. Kolloquium. Ilmenau: Technische Hochschule 1967				V	7				
25. Ewald,O.: Lösungssammlungen für das methodische Konstruieren. Düsseldorf: VDI Verlag 1975					7				
26. Gehde,H.: Organisation und Rationalisierung im Konstruktionsbereich. Die Konstruktionsoperatoren. Schweiz.Maschinenmarkt 75(1975) Nr.11,13,16,20		▽————————————————————							
27. Giesecke,F.E.: Engineering Graphics. London: The Mac Millan Company 1971						▽			
28. Glegg,G.L.: The Science of Design (The Selection of Design and the Design of Design). Cambridge: The University Press 1973		▽	▽						
29. Gordon,W.J.: Synectics – The development of Creative Capacity. New York: Harper & Row 1961						7			
30. Gosling,W.: The Design of Engineering Systems. London: Heywood 1962		▽			7				
31. Gregory,S.A.(Hrg): The Design Method. London: Butterworths 1966		▽————————————————————							
32. Hall,A.D.: A Methodology for Systems Engineering. Princeton: D.Van Nostrand 1962		V			▽	7			
33. Hansen,F.: Konstruktionssystematik, 2.Auflage. Berlin: VEB Verlag Technik 1966				V	7	▽			
34. Hansen,F.: Konstruktionswissenschaft. München: Carl Hanser 1974		▽	▽						
35. Harrisberger, H.: Engineermanship (A Philosophy of Design). Belmont: Brooks Cole Publ. 1966		V	▽						
36. Heinrich,W.: Optimale Konstruktionsverfahren ermöglichen eine Rationalisierung des Konstruktionsprozesses. Manuskript 1967						▽			
37. Hubka,V.: Theorie der Maschinensysteme. Berlin: Springer 1973		▽				V			
38. Hubka,V.: Konstruktionswissenschaft. VDI-Zeitschrift 116(1974) Nr.11 und 13		▽	▽						
39. Hubka,V.: Bewerten und Entscheiden beim Konstruieren. Schw.Maschinenmarkt 74(1974) Nr.20, 22, 24						7			
40. Hubka,V.: Der Konstrukteur als Informationsbraucher. Schw.Maschinenmarkt 73(1973) Nr.38, 40, 42				▽					
41. Hubka,V.: Rationalisierung der Konstruktionsarbeit. Industrielle Organisation 42 (1973) Nr.7		▽————————————————————							

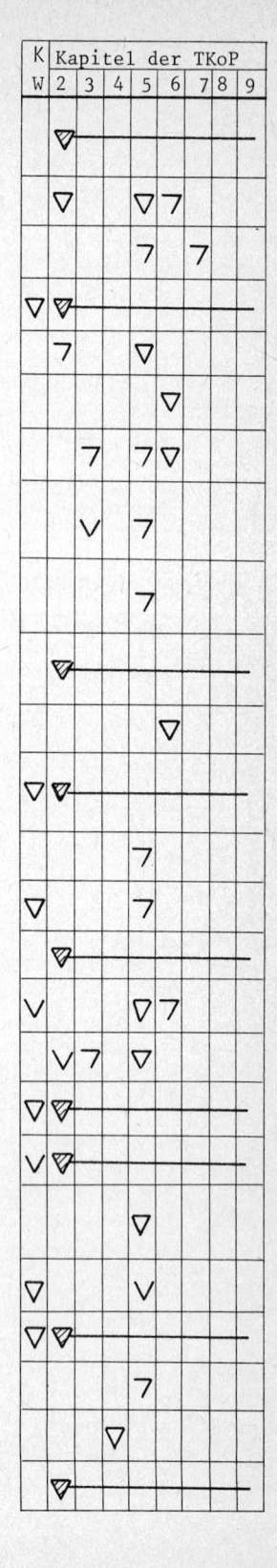

	K/W	2	3	4	5	6	7	8	9
42. Hubka,V.: Ist Konstruktionslehre notwendig? Techn. Rundschau 1971 Nr.18	▽					7			
43. Hubka,V.: Der grundlegende Algorithmus für die Lösung von Konstruktionsaufgaben. Ilmenau: TH Ilmenau 1967						7			
44. Jefferson,T.D.: Introduction to Mechanical Design New York: The Ronald Press 1953	▽	▽							
45. Jones,Ch.J.(Hrg): Conference on Design Method Oxford: Pergamon Press 1963			▽────────						
46. Jones,Ch.J.: Design Methods London: Wiley Interscience 1970					▽				
47. Jukl,E.: Der Ingenieur im Industriebetrieb im Lichte der soziologischen Forschung. Pilzen: VSSE 1969	∨						7		
48. Jüptner,H.: Konstruktionssystematik und kreatives Entwerfen. Fortschritt-Berichte Nr.23 Düsseldorf: VDI Verlag 1970					7	7			
49. Kesselring,F.: Bewertung von Konstruktionen Düsseldorf, VDI Verlag 1951						7			
50. Kesselring,F.: Technische Kompositionslehre Berlin: Springer 1954	▽	▽────────							
51. Klaus,G.: Wörterbuch der Kybernetik Frankfurt a.M.: Fischer Bücherei 1969	▽								
52. Klir,J., Valach,M.: Cybernetic Modelling London: Jliffe 1967	▽					7	7		
53. Koller,R.: Eine algorithmisch-physikalisch orientierte Konstruktionsmethodik VDI-Zeitschrift 1973, Nr.2 und 4						▽			
54. Koller,R.: Physikalische Grundfunktionen zur Konzeption technischer Systeme Industrie Anzeiger 1975, Nr.2						7			
55. Kovar,J.: Untersuchungen der Konstruktionsarbeit Skoda-Werke Pilzen 1966	7	7							
56. Krick,E.: The Introduction to Engineering and Engin. Design. New York: John Wiley 1965		▽────────							
57. Krüger,A.: Investitionsarme Produktivitätssteigerung im Konstruktionsbereich. KEM 1971 Nr. 10	∨						∨	∨	
58. Leech,D.J.: Management of Engineering Design New York: John Wiley 1972						▽	▽	∨	
59. Leyer,A.: Maschinenkonstruktionslehre, H.1 (1963) H.2 (1964) H.3 (1966), H.4 (1968) Basel: Birkhäuser Verlag	▽						7	7	
60. Leyer,A.: Konstruktion und die Kategorien der Wissenschaft. Technica 1968 Nr.18	▽			7	7				
61. Matchett,E.: FDM - A Means of Controlled Thinking and Personal Growth Prag: Referat CSUTS 1967						▽			
62. Matousek,R.: Konstruktionslehre des allgemeinen Maschinenbaus. Berlin: Springer 1957	▽	▽────────							
63. Mewes,D.: Der Informationsbedarf im Konstr.Maschinenbau Düsseldorf: VDI Verlag 1973					▽	7			
64. Miller,W., Starr: The Structure of Human Decisions Englewood Cliffs N.J.: Prentice Hall 1967						7			
65. Morrison,D.: Engineering Design New York: Mc GrawHill 1969	▽					▽	7		
66. Morris,Ch.: Foundation of the Theory of Signs Chicago: The University Press 1937	▽						7		

Ref	KW	2	3	4	5	6	7	8	9
67. Mudge, E.A.: Value Engineering. New York: Mc Graw Hill 1971	▽				✓				
68. Niemann, G.: Maschinenelemente Band I, 6. Neudruck. Berlin: Springer 1963	▽	✓	✓		✓				
69. Nowak, G.: Das Kostendenken des Ingenieurs. Düsseldorf: VDI Verlag 1973	▽				✓				
70. Osborn, A.F.: Applied Imagination, New York: Scribener's Sons 1963					✓				
71. Ott, H.H.: Konstruktionsmethodik, Stichworte zur Vorlesung. Zürich: ETH 1975	✓								
72. Pahl, G. und Beitz, W.: Für die Konstruktionspraxis Aufsatzreihe in Konstruktion Bd 24(1972) Bd 25(1973) Bd 26 (1974)				▽					
73. Pahl, G.: Intuitiv betonte Methoden zur Lösungsfindung, Konstruktion 24 (1972) Nr.9					✓				
74. Pahl, G.: Klären der Aufgabenstellung und Erarbeitung der Anforderungsliste. Konstruktion 24(1972) Nr.5					✓				
75. Pearson, D.S.: Creativeness for Engineers. Ann Arbor: Edwards Brothers 1960					✓				
76. Peat, A.P: Cost Reduction Charts for Designers. Brighton: The Machinery Publishing 1968	▽				✓				
77. Pfannkoch, E.: Arbeitsmappe für den Konstrukteur. Düsseldorf: VDI Verlag 1973	▽	✓							
78. Pitts, G.: Techniques in Engineering Design. New York: John Wiley 1973			▽			✓	✓	✓	
79. Polya, G.: Schule des Denkens (How to solve it). Bern: A.Francke AG 1949				▽					
80. Reuleaux, F., Moll: Construktionslehre für den Maschinenbau. Braunschweig: Vieweg 1851	▽	✓			✓				
81. Riedler, A.: Das Maschinenzeichnen. Berlin: Springer 1919	✓			▽					
82. Roadstrum, W.: Excellence in Engineering. New York: John Wiley 1967									
83. Rodenacker, W.G.: Wege zur Konstruktionsmethodik. Konstruktion, 20(1968) Nr.10		✓		▽					
84. Rodenacker, W.G.: Methodisches Konstruieren. Berlin: Springer 1970				▽					
85. Ropohl, G.: Systemstechnik – Grundlagen und Anwendung. München/Wien: Carl Hanser 1975	▽				✓				
86. Rosenstein, A.B., Rathbone, Schweerer: Engineering Communication. Englewood Cliffs N.J.: Prentice Hall 1964						▽			
87. Roth, K.: Aufbau und Verwendung von Katalogen für das methodische Konstruieren. Konstruktion 24 (1972) Nr.11					✓				
88. Roth, K., Franke, Simonek: Algorithmisches Auswahlverfahren zu Konstruktion mit Katalogen. Feinwerktechnik 75 (1975) Nr.8					✓				
89. Schac, K.K.: Osnova oplimizocii i avtomalizycii projekto Konstruktorskich rabot s pomocja EVM. Moskau: Verlag Maschinenbau 1969			✓				✓		
90. Serre, G.: Leçons de dessin industriel. Paris: Dunod 1968	▽			▽					
91. Shigley, J.G.: Mechanical Engineering Design. New York: Mc Graw Hill 1963	▽			▽					

#	Reference	KW	2	3	4	5	6	7	8	9
92.	Steinwachs,O.: Rationalisierung des konstruktiven Entwicklungsprozesses durch methodische Arbeitsweise. KEM 1973 Nr.1					▽				
93.	Steuer,K.: Theorie des Konstruierens in der Ingenieurausbildung. Leipzig: VEB Fachbuchverlag 1968	▽	▽	7		▽				
94.	Tjalve,E., Andreasen,M.M.: Zeichnen als Konstruktionswerkzeug. Konstruktion 27 (1975) Nr.2					▽				
95.	Tschochner,H.: Konstruieren und Gestalten. Essen: Girardet 1954	▽	▽							
96.	Turner,B.: Design Management. London: In Com Tec 1970	▽	▽							
97.	Ulrich,H.: Förderung der schöpferischen Kräfte in der Unternehmung. Industr.Organisation, 1959 Nr.4			7		7				
98.	Vidosic,J.P.: Elements of Design Engineering. New York: Ronald Press 1969		▽							
99.	Voigt,C.D.: Systematik und Einsatz der Wertanalyse. Berlin: Siemens Aktiengesellschaft 1970					7				
100.	Wächter,R.: Beitrag zur Theorie des Entwickelns (Konstruierens). Feinwerktechnik 71(1967) Nr.8					7				
101.	Weber,L.: Die Rationalisierungsmöglichkeit der REFA im Konstruktionsbüro. Prag: CSUTS 1967		▽							
102.	Wiendahl,H.P., Grabowski: Systematische Erfassung von Konstruktionstätigkeiten. Konstr.24(1972) Nr.5		7							
103.	Wilson,I.M.: From Idea to Working Model. New York: John Wiley 1970		▽							
104.	Wögerbauer,H.: Die Technik des Konstruierens. München: Oldenbourg 1943		▽	7	▽					
105.	Woodson,T.T.: Introduction to Engineer Design. New York: Mc Graw Hill 1966		▽							
106.	Zwicky,F.: Entdecken, Erfinden, Forschen. München: Droemer Knaur 1966					7				
107.	Abhandlung und Berichte über technisches Schulwesen. Bericht über die Hochschultagung Dresden 1928				7					
108.	Canon of Ethics for Engineers. New York: Council for Professional Development				7					
109.	Engineering Design "Feilden Report". London: Her Majesty's Office 1963		▽							
110.	Engineering Education Report (Holloway). Massachusetts: MIT 1973				7					
111.	Engpass Konstruktion (Münchener Gespräche 1963,1964). Konstruktion Bd 15(1963) Nr.11, Bd 16(1964) Nr.7		▽							
112.	Konstruieren - eine Ingenieuraufgabe? Tagungsbericht vom Oktober 1963 und 1964. Zürich: SIA 1964		▽							
113.	Untersuchungen zur Verbesserung und Rationalisierung der Arbeit am Reißbrett. Forschungsberichte des Landes Nordrhein-Westfalen 875. Aachen: 1960				7			7		
114.	VDI Richtlinie 2210 (Entwurf) Blatt 1: Datenverarbeitung in der Konstruktion, Analyse des Konstruktionsprozesses im Hinblick auf den EDV-Einsatz. Düsseldorf: VDI Verlag				▽			7		
115.	VDI Richtlinie 2211 (Entwurf) Blatt 1: Datenverarbeitung in der Konstruktion. Methoden und Hilfsmittel. Aufgabe, Prinzip und Einsatz von Informationssystemen. Düsseldorf: VDI Verlag 1973					▽		7		

					Kapitel der TKoP				
KW	2	3	4	5	6	7	8	9
116. VDI Richtlinie 2211 (Entwurf) Blatt 2: Datenverarbeitung Methoden und Hilfsmittel: Berechnungen in der Konstruktion. Düsseldorf: VDI Verlag 1973						7		7	
117. VDI Richtlinie 2211 (Entwurf) Blatt 3: Datenverarb. Methoden und Hilfsmittel, Maschinelle Herstellung von Zeichnungen. Düsseldorf: VDI Verlag 1973							7	7	
118. VDI Richtlinie 2212 (Entwurf): Datenverarbeitung Methoden und Hilfsmittel für systematische Lösungssuche. Düsseldorf: VDI Verlag 1975						7		7	
119. VDI Richtlinie 2213 (Entwurf): Datenverarbeitung zur integrierten Herstellung von Fertigungsunterlagen. Düsseldorf: VDI Verlag 1975							7	7	
120. VDI Richtlinie 2214 (Entwurf): Datenverarbeitung Programmherstellung. Düsseldorf: VDI Verlag 1974							7		
121. VDI Richtlinie 2215 (Entwurf): Datenverarbeitung Organisatorische Voraussetzungen und allgemeine Hilfsmittel. Düsseldorf: VDI Verlag 1974				7			7		
122. VDI Richtlinie 2216 (Entwurf): Datenverarbeitung Planung und Abwicklung. Düsseldorf: VDI Verl. 1976							7		
123. VDI Richtlinie 2222 (Entwurf): Konstruktionsmethodik, Konzipieren technischer Produkte Düsseldorf: VDI Verlag 1973					∇				
124. VDI Richtlinie 2223: Begriffe und Bezeichnungen im Konstruktionsbereich. Düsseldorf: VDI 1969	7								
125. VDI Richtlinie 2224: Formgebung technischer Erzeugnisse. Düsseldorf: VDI Verlag 1972	∇				7				
126. VDI Richtlinie 2225 Blatt 1,2: Technisch-wissenschaftliches Konstruieren. Düsseldorf: VDI 1970						7			
127. VDI Richtlinie 2801: Wertanalyse. Begriffsbestimmungen und Beschreibung der Methode Düsseldorf: VDI Verlag 1970							7		
128. VDI Richtlinie 2802: Wertanalyse. Vergleichsrechnungen. Düsseldorf: VDI Verlag 1971							7		
129. VDI Bericht 219: Konstruktion als Wissenschaft Düsseldorf: VDI Verlag 1975.					∇	7	7		

Sachverzeichnis

Abstraktionsachse 90
Aggregieren 99
Ähnlichkeitsbereich 129
Aneignung der Methoden 127
Arbeitsbedingungen 171
- im Konstruktionsbüro 172
- , physikalische 172
- , psychologische 176
Arbeitsgrundsätze 113
Arbeitsmethoden 66
Arbeitsmittel 144
- Anforderungen 145
- Klassen 145
- Systeme 151
Ausarbeiten 25, 101
Ausbildung des Konstrukteurs 42

Baustruktur 82, 109
Begriffe der Konstr.-Methodik 75
Beleuchtung 174
Bewerten 100
Büro 173

CAD (Computer-Aided Design) 152

Darstellung beim Konstruieren 125
Darstellungsachse 91
Darstellungsart 126, 130, 132
Darstellungsgebiet 143
Darstellungstechnik 139
Detaillierung (s.Ausarbeiten) 24
DK-Klassen   Anhang 4

Effektivität des KoP 19
Einschränkungen 85
Einwirkungen 78
Entwerfen 25, 100
Entwurf 111
Erkenntnistheorie 76

Fachinformation 48
Farben 175
Filmtechnik 151
Funktion 80, 82
- Abstraktionsgrad 80
- Kompliziertheitsgrad 80
- Art nach Zweck 81
- , elementare 81
- Struktur 81, 98, 105
- Träger 82, 107

Gesundheitszustand 177

Herstellungsart 25
Hilfsmittel 144, Anhang 8
- für meth.Konstruieren 117
- für Informationstätigkeit 56

Information 48
- Eigenschaften 48
- Arten 49
- Ordnungssysteme 51
- Träger, Banken 52, 61
- Systeme 56, 63
- Bedarf des Konstrukteurs 58

Information und Dokumentation 48
Informationstheorie 128
Intuition 68

Kausalität 83
Kommunikation 128, 165
Konstruieren 1
- Wesen des 86
- Bewegungsrichtungen beim 89
- , rechnergestütztes 152
Konstrukteur 26
- Berufsbild 34
- Bewertung 36
Konstruktionsgefühl 68
Konstruktionskapazität 23
Konstruktionskosten 24
Konstruktionsmethodik 71
Konstruktionsprozeß 3
- Struktur des 8
- allg. Modell des 16
- Arten des 24
- Bewertungskriterien 17
- Charakter 7
Konstruktionsstrategie 92
Konstruktionstaktik 112
Konstruktionszeit 20
Konzept 100, 109
Konzipieren 98
Kreativität 70

Lärm 175
Leitung des Konstruierens 155
Leitungslehre 156
Leitungsprinzipien 157
Logik 76
Lösung-ideale 86
Lösungsvarietät 86

Mängel beim Konstruieren 118
Maschinensystem
- Theorie 79, Anh.2, Anh.6
- Familien 102
Methoden 112
Mikrofilm 151
Mitarbeiter im KoP 39, 43
Modell 125
- Merkmale 126
- Anforderungen an 131
- , dreidimensionales 136
Modellsystematik 130
Morphologischer Kasten 107
Motivieren 169

Neuentwicklung 24

Operatoren des KoP 14
Optimieren 100
Organisieren 164
Original 128

Parametermatrix 107, 121
Planen 159
Prinzipskizze 109
Produktivität des KoP 19
Projektleiter Anh.3
Prozeß
- , der technische 77
- Konstruktions- 3
- Struktur 78
- Theorie 77

Rechnergestütztes Konstruieren 152

Spezialisierung im KoP 38, 164
Struktur des KoP 8
- , zeitliche 19

Typ, Typengröße 109

Umwandlungskonstruktion 25

Variantenkonstruktion 25
Video-Technik 152
Vorgehen beim Konstruieren 66
- , nicht methodisches 67
- , methodisches 69, 71
Vorgehensmodell
- Übersicht 93
- , verallgemeinertes 94
- Asimov Anhang 7A

- PABLA Anhang 7B
- Hansen Anhang 7C
- Rodenacher Anhang 7D
- Koller Anhang 7E
- Roth Anhang 7F
- VDI Richtlinie 2222 Anh.7G

Weiterbildung 45
Weiterentwicklung 24

Zeitaufwand für Konstruktion 22, 160
Zeichnung 135
- Arten 135
- Informationskraft 136